공간의 이해

김철수 | 김수봉 | 공성훈 공저

AN INTRODUCTION TO SPACE

계명대학교 출판부

머리말

오늘날 '공간' 이라는 단어는 매우 다양한 분야에서 널리 사용되고 있다. 인간은 어떤 형태로든지 물체와 관계를 맺고 그 관계 속에서 의미와 가치를 느끼며 살아간다. 공간이 단순히 물체로서 존재할 때는 그저 위치하거나 운동하는 물리적 장치에 불과하지만, 인간에 있어서는 사고 · 감정 · 행동 등을 통한 삶의 질(quality of life)에 직접적인 영향을 미치는 의미 있는 생활공간(장소)이다.

최근 소득의 증대와 생활가치관의 변화에 따라 시민들은 보다 수준 높은 공간환경을 요구하고 있다. 그러나 지금까지 급속한 도시화과정 속에서 지나친 개발의 경제성 및 효율성을 추구해온 결과, 휴먼 스케일에 맞지 않는 고층 · 고밀 건물의 건축, 오픈 스페이스의 부족, 건축 · 도시공간의 공공성 결여, 정체성 없는 도시경관 및 이미지 형성 그리고 사이버공간 이용의 보편화에 따른 범죄 증가 등이 사회문제로 대두되고 있다.

이에 따라 21세기에 들어오면서 이른바 쾌적하고 지속가능한 발전(sustainable development)이 인간 정주공간의 창출을 위한 새로운 패러다임으로 부각됨에 따라 생활공간의 심미적 · 경제적 · 문화적 가치의 중요성에 대한 재인식, 인간적이고 환경친화적인 건축 · 도시 · 조경공간의 조성 그리고 매력있는 공공공간 디자인이 요구되고 있다.

이 책은 인간의 삶의 터전으로서의 공간에 대한 이해를 돕기 위한 것으로서, 주요내용은 크게 다음 세 부분으로 이루어져 있다. 먼저 1~5장에서는 공간의 개념과 의미, 공간의 지각과 체험, 공간과 인간행태, 공간과 스케일, 개인적 공간과 영역성 등 공간에 대한 기초이론을 다루고 있고, 6~10장에서는 건축공간 · 도시공간 · 친수공간 · 녹지공간 · 옥상공간을 주제로 하여 그 구성요소, 기능과 형태 등에 대해 설명하고 있다. 그리고 11~13장에서는 공간과 사회생활, 공간과 문화예술, 한국의 전통문화(풍수)와 전통공간, 공간디자인의 목표와 기본원리 등 공간과 일상생활의 관련성 및 미래 공간디자인의 과제와 방향을 다루고 있다.

따라서 이 책은 건축 · 도시계획 · 조경 · 실내디자인 · 산업디자인 등 공간/환경 디자인 분야를 전공하는 학생이나 전문가에게 인간생활공간에 대한 기초지식의 이해는 물론 창의적인 공간디자이너로서 갖추어야 할 기본소양을 함양하는 데 크게 기여하게 될 것으로 기대된다.

2013. 2

저자 일동

차 례

5 개인적 공간 | 김수봉

6 건축공간 | 김철수 · 공성훈

7 도시공간 | 김철수

8 친수공간 | 김수봉

1 공간론

1.1 공간의 개념과 의미

1. 공간의 본질

1) 공간이란?

우리는 일상생활을 하면서 주거공간 · 건축공간 · 도시공간 · 실내공간 · 외부공간 · 공간예술 · 공간구성 등 '공간'이라는 단어를 하루에도 몇 번씩이나 사용하고 있다. 그렇다면 '공간(空間)'이란 무엇인가? 이 의문은 '시간'이란 무엇인가라는 의문과 함께 인간에게는 가장 원초적이고 본질적인 의문가운데 하나이다. 더욱이 공간이란 정말로 비어 있는 것인가? 아니면 매우 희박하게 채워져 있는 것인가? 라는 의문에까지 이르면 우리는 공간의 개념에 대해 심각한 혼돈에 빠져버리게 된다.

공(空)이란 하늘과 땅 사이와 같이 비어 있으면서 계속 퍼져가는 성질의 것으로, 감촉 할 수도 측정할 수도 없는 것인 동시에, 꽉 차 있는 물질의 본질적인 형식이기도 하다. 또 간(間)이란 풀이하면 문(門) 사이로 햇빛(日)이 비친다는 것이니 속이 빈 사이의 틈을 의미하지만, 바꾸어 말하자면 공간에 있어서의 관계를 뜻한다. 따라서 공간이라는 문자가 가지는 의미는 '비움(void)과 관계(relationship)'로 이해할 수 있으며, 공간에 대한 이러한 인식은 특히 동양사상에 두드러지고 있다. 우리가 인간을 사람(人)에 사이(間)를 붙여 사람과 사람의 사이(관계)라는 의미로 사용하는 것도 매우 흥미롭다.

한편, 공간은 영어로는 끝없이 퍼져가는 무한의 우주공간을 뜻하는 space에 가깝다. 독일어에서 공간을 의미하는 raum이라는 단어는 영어의 방(room)의 뜻을 가지고 있는데, 이것은 원래 밭으로 경작하기 위해 삼림을 벌채하고 만든 빈터, 즉 자연 그대로의 공간이 아니라 사람에 의해 인위적으로 만들어진 한정된 공간(범위)을 의미한다.

2) 공간의 개념과 의미

공간은 일반적으로 물리적인 경계에 의해 둘러싸여져 있는 것이고, 또 하나는 심리적인 경계에 의해 둘러싸여 있는 것을 의미한다. 그런데 둘러싸인 '확장' 속에 가장 밀접한 것은 우리들의 거주공간일 것이다. 인간은 그 마음의 본성으로 보아 둘러싸인 울타리 안에서 비로소 안정감을 느낄 수 있다. 옛날에는 촌락과 도시를 불문하고, 경우에 따라서는 국가조차도 성벽이나 해자(moat)나 자연물로 둘러싸여 있었던 것은 기본적으로 이러한 심리에 근거를 둔 것이다.

예를 들어, 우리들의 생활의 직접적인 근거지이고 일상적인 거주공간으로서, 집에는 많든 적든 간에 칸막이가 설치되어 있다. 실제 우리들이 자신의 집에 들어가서 휴식과 편안함을 느끼는 가장 큰 이유는 그것이 제공해주는 칸막이 덕분이다. 방이나 거실 어느 것이나 칸막이로 나누어진 공간이고, '둘러싸인 확장', 즉 유한(有限) 공간의 가장 구체적인 예이다. 영어의 룸(room)이 오늘날 '거실'과 '공간'을 의미한다고 하는 것은 이러한 점에서 매우 흥미롭다.

3) 공간의 형태와 존재방식

우리가 형태라고 말하는 대부분의 것은 공간의 일부를 둘러쌈으로, 혹은 사물을 하나로 묶는 것으로 만들어지기 때문에 당연히 본질적으로 막힌 것이다. 사실 완전히 막혀 있지 않아도, 적어도 막혀(정리되어) 있다고 하는 이미지를 주지 않으면 형태라고는 말할 수 없을 것이다.

이렇게 형태가 기본적으로 막힌 것이라고 한다면, 형태는 그것만으로도 어느 정도의 완결성을 가지고 있는 것이기 때문에 형태로서의 공간은 하나하나가 독립해서 존재하고, 따라서 그 공간(형태)은 그 밖의 다른 공간과는 연속하지 않으며, 외부를 향해서는 비연속적인 존재방식을 갖는다고 할 수 있다.

4) 공간과 물체

모든 사물(물체)은 그 크고 작음을 불문하고 근본적으로 형태를 갖고 있기 때문에, 사물은 유한한 연장으로서의 공간이다. 이렇게 하여 사물과 연장(=공간)을 동일시하는 관념이 성립하게 된다.

그러나 물체와 공간을 동일시한다면, 우선 거기에서 적어도 두 가지의 중요한 문제가 생긴다. 첫째는, 공간은 물체와 같기 때문에 공간은 반드시 어떤 물체로 채워져 있는 실공간(實空間)이 되고, 아무것도 채워져 있지 않아 비어있는 허공간(虛空間)이 될 수 없다. 그런데 물체가 운동을 할 때에는 그 물체는 허공간 속을 움직이고 있을 것이다. 즉 운동이라고 하는 것이 성립하기 위해서는 허공간이 되어야만 가능해진다.

둘째는 공간은 당연히 분할할 수 있다. 즉 이 우주에 존재하는 어떠한 물체도 그것을 어디까지나 분할할 수 있는 것이고, 이 분할에는 결코 한계가 없다고 하는 것이다. 그것은 물질이나 물체로 이루어진 자연의 세계에는 궁극적인 구성단위라고 하는 것이 존재하지 않는다는 것을 의미한다. 단위라고 하는 것은 원래 분할할 수 없는 것이기 때문이다.

즉, 공간이 물체와 동일한 것이 아니고, 물체로부터 구별되는 무엇인가라고 한다면, 그것은 물체가 존재하는 장소가 될 것이다, 원래 '있다' 혹은 '존재한다' 라고 하는 단어는 대개 인간이 마음으로 느낄 수 있는 모든 관념 속에서 가장 기본적인 것이다.

2. 공간개념의 변화

그리스의 철학자들은 공간을 반성의 대상으로 삼았다. 플라톤은 이러한 문제를 발전시켜 공간과학으로서의 기하학을 도입하였으며, 아리스토텔레스는 장소(topos)이론을 전개했다.

아리스토텔레스에 의하면 공간이란 모든 장소의 총화, 즉 방향성과 정성적인 특성을 갖춘 동적인 장(field)의 개념으로 설명된다. 이와 같은 아리스토텔레스의 접근은 원시적인 실용적 공간개념을 체계화하려는 시도라고 할 수도 있으나, 오늘날의 개념과도 연관되는 내용을 앞서 보여준 것으로 이해된다.

이후에 전개된 공간개념들은 아리스토텔레스보다도 공간은 무한하고 균질한 것이고 세계를 구성하는 기본적인 차원의 하나로서 정의되는 유클리드기하학에 기초를 두고 있었다. 유클리드적 공간개념은 17세기 데카르트가 도입한 직교좌표체계에 의하여 명확한 도구적 개념인 공간을 다루는 물리적 · 수학적 개념으로 정착되었다.

그러나 이와 같은 유클리드기하학에 대한 신뢰는 19세기의 비유클리드기하학의 성립과 더불어 아인슈타인의 4차원적 시공(時空)개념 즉, 빛의 속도로 이동하게 되면 시간이 멈춘다는 이른바 상대성이론에 의하여 무너졌다. 새로운 기하학이 유클리드기하학보다도 물리적 공간의 근사치를 보다 분명히 설명할 수 있다는 것이 실증되었던 것이다. 뿐만 아니라 어떠한 기하학이라도 그것은 자연 속에서 발견되는 것이 아니라 오히려 인간이 구축하는 것이라는 사실이 확인되었다.

3. 공간과 시간 체험

1) 공간과 시간

공간은 인간과의 관계에 있어서만의 공간이다. 게다가 인간이라고 하는 것은 추상적인 사람이 아닌 현실세계에 살고 있는 우리라는 구체적인 것이다. 여기에서의 공간은 말하자면 인간이 살고 느끼고 있는 공간이다. 그리고 사람이 사는 공간은 반드시 시간을 동반한다.

공간은 시간과 관계하기 때문이야말로 현실적인 것이 되고, 살아 있다는 것이 되는 것이다. 원래 인간이 산다는 것, 그 자체가 공간과 시간과의 관계를 전제로 하여 성립되는 것이다. 결국 살기 위해서는 얼마간의 장소가 반드시 필요하며, 또 산다는 것은 하나의 과정이고, 그것은 시간적인 경과이기 때문이다. 예를 들면, 이 집에서 우리가 가족과 함께 보내는 일상생활은 일정한 시간경과와 심신양면에 걸치는 구성원의 공동행위를 포함하고 있고, 그것 자체가 작으면서도 하나의 역사라고 말할 수 있다. 이것은 주택은 물론 마을이나 도시의 경우도 마찬가지이다.

우리가 살고 있는 현대에 와서 넘치는 정보의 양과 그것이 전해지는 속도에 대해서는 이제 와서 새삼스럽게 말할 필요가 없을 정도이고, 또한 전 세계를 실시간(real time)으로 연결지어 버렸다. 결국 전 세계를 동시화시켰기 때문이다. 예를 들면, 서울 · 도쿄 · 런던 · 뉴욕은 동일한 사건을 동시에 보도하고 있다. 이런 의미에서 세계의 동일화에 의해 공간적인 거리가 거의 극복되었다고 할 수 있다. 즉 정보화의 발달이 어떤 의미에서 공간(거리)을 무의미하게 만들어 버린 것이다.

2) 공간의 형성

우리는 어떤 물체에 의해 한정되고 비균질적인 특성에 의해 주변과 구별됨으로써 비로소 공간을 체험하게 된다. 마치 어떤 사건들로 인해 시간의 개념이 일어나는 것과 같다. 즉 무한적이고 균질적인 공간과 시간이라는 것은 추상적인 개념이며, 기본적으로는 인간생활과 무관한 것이다.

그러나 공간은 실제로 우리의 생활에 있어서 추상적인 개념이 아니라 방 · 건물 · 광장 등과 같이 물체가 존재하여 인간이 지각할 수 있도록 유한성과 비균질성이 있을 때 의미가 있다. 우리는 바닥이나 벽, 천정을 여러 재료를 사용하여 구체적인 공간을 형성할 수 있다.

〈그림 1-1〉 공간의 형성
(출처: Ashihara, 1970:17)

예컨대, 야외에 가서 돗자리를 폄으로써 자연 속에 가정적인 공간이 생기지만, 그것을 걷어내면 원래의 들판으로 돌아가 버린다. 또 빗속을 연인이 함께 걸을 때 우산을 폄으로써 두 사람만의 작은 세계가 만들어지지만, 우산을 접으면 두 사람의 공간은 없어지고 만다.

또한 햇볕이 내리쬐는 평탄한 대지에 벽돌을 쌓아 하나의 벽을 만들었다고 하자. 그렇게 하면 거기에는 아무래도 연인들이 껴안으며 속삭이는데 적합한 햇빛 닿는 공간이 생기고 그 뒤쪽에는 햇빛이 닿지 않는 차가운 공간이 생길 것이다. 그러나 이 벽돌벽을 헐어내면 원래의 변함없는 대지로 돌아가는 것이다. 그리고 지면의 위에 덮개(天蓋)와 같은 것을 달았다고 하면 더운 지방에서는 따가운 햇볕으로부터 이간을 지키는 공간이 생긴다. 이 덮개를 없애버리면 평탄한 대지로 되돌아간다. 이와 같이 벽이나 천정을 만들어내므로 거기에 건축공간을 창조할 수가 있는 것이다.

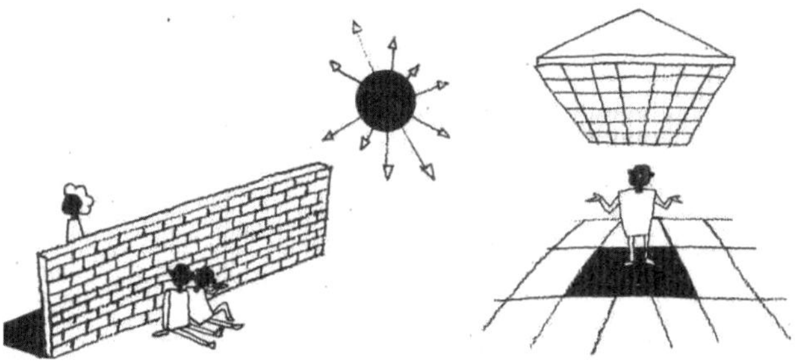

<그림 1-2> 외부공간의 형성 개념
(출처: Ashihara, 1970:15)

1.2 공간과 장소

1. 장소의 개념

장소(place)란 중심을 가지는 내부로서 제한되는 면적이 확대된 요소이며, 경계에 의해 특화된 공간이고, 유한의 확대와 중심성을 특성으로 하며, 그 기본형태는 원형이다. 장소의 의미는 보호성에 있다. 주거로서의 집은 그 전형적인 예이다.

장소의 개념을 단순한 물리적 속성으로부터 설명뿐만 아니라 하나의 심리학적인 개념으로 발전시킨 사람이 캔터(D. Canter)이다. <그림1-3>은 캔터가 행동·개념·물리적 속성의 3자 관련의 결과로서 장소가 생겨난 다는 것을 나타내는 개념 모델이다. 이 모델이 나타내는 또 다른 중요성은 어느 요소로부터 출발해도 특정의 장소성(notion of place)을 형성하게 된다는 것이다.

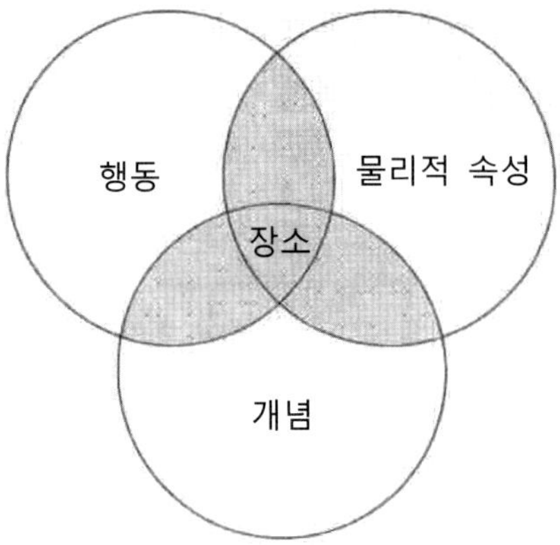

〈그림 1-3〉 장소의 성질을 비유하는 시각적 모델
(출처: 대한건축학회, 공간학사전, 2010, p.56)

많은 경우 어느 특정 그룹의 행동패턴으로부터 특정 장소의 개념을 형성하며, 이 개념은 뚜렷한 정량적 지표를 가지는 것은 아니지만, 행동심리적 패턴과 장소의 물리적 속성을 결부시킴으로써 보다 공공적인 이미지를 형성하고 또한 상징적인 가치를 갖게 된다는 것이다.

2. 장소의 체험

앞에서 설명한 바와 같이, 공간을 한정하는 물체와 장소들을 개입시키지 않고 체험적 공간을 논의하는 것은 불가능하다. 어린이의 공간은 그가 좀 더 영속적인 물체와 장소들을 깨달으며 손을 뻗게 됨에 따라 더욱 분절되며 확장된다. 즉, 공간(space)은 그것이 물체로 한정(definition)되고 어떤 의미를 가질 때 장소(place)로 변환된다.

나무들은 캠퍼스에 더 많은 그늘을 주며, 더 푸르고, 더 즐겁게 보이도록 심어진다. 그것들은 장소를 만들어내는 공간디자인 결과의 일부분이다. 몇 개의 나뭇잎으로서는 나무들은 아직 미적인 효과를 많이 줄 수 없다. 그러나 이미 그 나무들은 따뜻한 인간적 만남을 위한 무대를 제공할 수 있는 것이다. 각각의 어린 나무들은 친근감을 위한 잠재적인 장소이다. 그러나 그 이용형태는 인간의 상상력의 연출과 기회에 좌우되기 때문에 완벽하게 예측될 수는 없다.

일반적으로 모든 사람에게 고향은 가장 친근한 장소이다. 고향은 건축적 특징과 역사적 매력이 부족하며 평범하더라도 사람들은 다른 사람들이 자기의 고향에 대해 비평할 때 분개한다. 우리가 어린이었을 때 그 나무들을 오르고, 그 비포장 길에 자전거를 타며, 그 연못에서 헤엄치던 장소가 있었던 고향은 수많은 세월이 흘러가도 영원히 좋은 추억으로 남아 있기 때문이다.

3. 장소와 시간

역사는 깊이를 가지고, 시간은 가치를 부여한다. 이런 생각들은 인공물에 둘러싸여 사는 사람들에게서 더욱 발전하는 듯이 보이며, 그들은 그 인공물을 만드는 데 얼마나 오랜 시간이 걸리는지 알게 된다. 중세의 대성당은 한 세기 이상 걸린 건설노력의 결과이다. 인간의 여러 세대들에 있어서 기념비적이고 역사적인 건축물은 공공의 시계이다. 그것이 위치된 도시는 또한 오래된 나무의 나이테와 똑같이 생기는 도시의 연속적인 성벽에서 구체화된 시간적 깊이가 나타난다.

그러나 중국에서는 큰 건물들이나 심지어 도시들도 건설되는데 그리 오랜 시간이 걸리지 않았다. 중국인들은 영원성을 목표로 한 것이 아니라 신속히 건설했기 때문이다. 예를 들면 한나라의 수도 장안(長安)은 B.C. 192년 봄에 시작하여 B.C. 190년 가을에 완성되었다. 수나라의 황제 문제(文帝)는 A.D. 581년 권력을 잡았을 때, 전례 없는 규모로 수도를 건설하였는데, 그는 단지 2년 후에 그 신도시로 왕궁과 주거지를 옮겼다.

유럽 도시들의 경관은 중국과는 다르게 역사적이며 건축유적들의 박물관이다. 선사시대의 거석기념물(스톤헨지), 그리스의 신전, 로마의 수도원, 중세의 교회, 르네상스의 궁전과 성벽 등이 현재의 도시경관에 영향을 주며 아주 많이 남아있다. 한 도시의 여러 시대 건축양식의 뚜렷한 변화는 우리들에 도시역사를 작은 장소들로 이루어진 긴 연대기로 볼 수 있게 해준다. <그림 1-4>는 수세기에 걸친 성벽의 연속적 확장을 통해 파리가 성장해온 과정을 보여주고 있다.

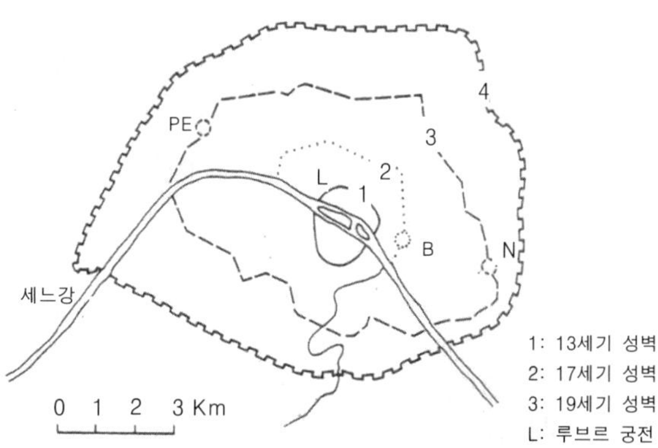

<그림 1-4> 파리의 성장하는 연속적 성벽

1.3 공간의 구조와 성격

1.공간의 구조

1) 실존적 공간의 구성요소

실존적 공간이란 자기의 신체를 중심으로 하여 체험이나 학습 등에 기초를 두어 주체의 의식에 형성된 공간·환경의 이미지를 가리키는 말이다. 의미를 내포한 공간에서 주체의 외부에 존재하는 실재적·객관적 공간과 대립한 공간개념이다.

실존(existence)이라고 하는 개념은 원래 실존철학의 용어이지만 건축이나 도시계획에서는 슐츠(C. N. Schulz)의 저서「실존·공간·건축」(Existence, Space & Architecture)에서 다양한 건축·도시공간의 보편적인 종류를 중심과 장소, 방향과 통로, 구역과 영역의 3개 도식으로 설명하고 있다. 그리고 이것들은 위상적 공간개념에 있어서 근접·연속·폐합의 각 관계에 대응하고 있다.

인간의 공간인식이 사물의 체험에 의해 단계적으로 형성된다고 볼 때 실존적 공간은 다음과 같은 특성을 갖는다.

2) 중심(center)과 장소(place)

공간은 개별적으로 독자적인 관계에 의해 형성됨으로써 비로소 장소로서의 성격을 갖게 된다. 인간의 공간지각이 자발적으로 이루어진다는 점에서 공간은 지각의 주체인 인간을 축(axis)으로 하여 중심화 된다.

모든 중심은 특정한 활동이 수행되는 장소이며, 사회적인 상호작용이 일어나는 공간이다. 장소는 중심이 있고 내부로 향한 힘이 느껴지는 면적이 있는 공간으로 '넓이' 와 '중심성' 이라는 두 가지 구성요소를 갖는다. 장소의 또 다른 특징으로는 그것이 어떤 일정한 '크기' 로 규정된다는 것이며, 그것을 공간적으로 둘러싸고 있는 외부와 대조를 이루는 '내부' 의 개념이 발생한다는 점이다. 그래서 우리는 아무런 성격도 갖지 않는 중성적이고 무한정한 공간을 장소라 하지는 않는다. 장소는 단순히 목적이 없는 공간이 아니며, 물리적 공간과 주체간의 상호작용의 결과가 주체에 의해 인식되고 질서가 부여된 내향적(內向的)공간으로 체험이 가능한 상징적·심리적 공간이다.

3) 방향(direction)과 통로(path)

모든 장소는 방향성이 있다. 그 장소가 갖는 방향성에 의해 그 공간에 특별한 의미가 부여되기도 한다. 그리고 방향으로 나아가는 과정적 공간이나 방향과 방향간의 경계는 통로로 규정된다. 즉, 방향과 통로는 장소라는 이름의 한 공간과 다른 공간을 '선(line)'의 개념으로 연결하여 구조화하는 것으로 공간간의 관계성 형성에 기초가 된다. 물론 가장 단순한 통로는 하나의 장소와 다른 장소를 기점과 종점으로 하여 연결하는 선적인 공간이다. 그러나 공간조직이 복잡해지면 그 곳에 포함된 장소들 사이에 위계(hierarchy)가 발생하는데, 이들 장소를 연결하여 구조화시키는 통로에도 그와 유사한 위계가 나타나게 된다. 그리하여 성격이 다른 다양한 통로가 생기게 된다.

즉, 장소가 통로를 요구하고, 통로가 새로운 장소를 발생시키는 연쇄적인 관계를 이루는 것이다. 또한 위계는 통로에 '방향성'을 부여한다. 실존적 공간에서 방향의 성격은 주로 인간의 공간 의식과 행위에 의해서 결정되지만, 자연적 방위에 의한 축(axis)도 공간 인식에 영향을 미치는 중요한 요인이 된다.

4) 구역(area)과 영역(domain)

영역은 공간적 범위를 기호화·구획화시켜 주는 경계에 의해 성립되는 것으로써, 어떤 활동이 어떤 공간에서 일어날 수 있는지에 관한 태도·감정·행동이 관련되어 발생하는 복합적인 체계이다. 사람들이 자신에게 주어진 물리적·사회적 환경에서 취하는 모든 '행태(behavior)' 자체가 영역이며, 이러한 공간행태들의 군집이 이루는 행태적 환경을 영역간의 경계가 구조화시킴으로서 인간과 공간간의 관계성이 비롯된다. 영역은 실존적 공간에서 공간을 동질화시키는 기능을 갖는다.

영역은 공간이미지를 완성시키고, 어떠한 이미지체계 아래에서 그것이 하나의 긴밀한 공간이 되도록 한다. 영역도 공간의 일반적인 속성을 가지고 있기 때문에 인간의 활동을 유발시킬 가능성이 있는 장소로 작용한다. 그러므로 장소를 소유한다는 것은 여러 가지의 통로와 장소에 의해 공간을 더 작은 영역으로 분화하고 다시 구조화하는 것을 의미하는 것이다.

〈그림 1-5〉 실물적 공간구조의 개념
(출처: Norberg-Schulz, Existence, Space & Architecture, Praeger Publisher, 1976, pp.19~23)

2. 공간의 성격

1) 공간의 지각

철학과 자연과학에 근거한 공간의 개념들을 현상적인 공간에서 우리가 쉽게 인식하고 실현하기에는 어려움이 따른다. 공간은 그 자체로서 지각될 수가 없고, 오로지 형태의 네가티브(negative)로서만 인식될 수 있기 때문에 공간을 인간화하는 실존으로서의 형태의 중요성이 부각되는 것이다. 공간에서 사물의 형상을 형태의 포지티브(positive)라 하며, 공간에서 사물이 차지하는 공간의 형상을 형태의 네가티브라 한다. 공간 그 자체는 감지할 수 없는 것이지만 공간을 충만시키는 것, 예를 들어 빛 또는 물체와 같은 물리적 요소를 매개로 하여 감지할 수 있다.

공간은 사물과 사물간의 상관관계에 의해 인식되며, 사물은 다시 인간에 대해 정신적 영향을 발생시킨다. 공간은 그저 비어있는 단순한 공허(空虛)이거나 무제한적인 용기(容器)가 아니며, 지각할 수 있는 사물의 존재를 전제로 하여 성립하고 이러한 사물들 간의 관계를 통해 공간에 대한 인식의 틀이 형성된다. 우리는 공간을 용량(volume)으로 파악하는 과정에서 주변 대상물들 간의 상관적인 역학적 작용에 의해 크기와 방향, 밀도 등을 가진 하나의 총체적인 힘으로 느끼게 되는 것이다. 즉, 우리가 공간을 경험할 때 공간을 개별적인 요소로 지각하는 것이 아니라 통합된 요소로 인지하게 된다는 의미이다.

2) 형태와 색채

우리는 공간의 계획이나 설계에서 "형태는 기능을 따라야 한다(Form must follow Function)"는 것이 이상적이라고 말해 왔다. 이것은 그 말이 나타내는 것보다 더 깊은 뜻을 지니고 있다. 즉 미적 고려는 기능의 일부분이라고 생각해야 하며, 어떠한 사물이든 물체이든 가장 효과적인 도구(형태 · 재료의 마감에 있어서)로서 그것을 만들어내는 기능을 하기위해서 설계되어야 한다는 것이다.

고대 중국의 양감적(量感的) 색채설계론에 의하면, 인간은 자연의 색채에 익숙해졌기 때문에 안정된 질서나 양식(pattern)을 벗어나게 되면 어떤 혐오를 갖게 된다. 따라서 사람이 만드는 내부 및 외부공간에 대해서 아주 자연스러운 색채를 선택한다.

3) 빛과 조명(light and lighting)

빛의 방향과 질은 공간의 성격을 결정짓는 요소이다. 빛은 경계를 날카롭게 혹은 둔하게 하고, 윤곽이나 질감을 강조하기도 하며, 형상을 없애거나 나타나게 하고, 크기를 확대하거나 축소하기도 한다. 그림자는 주의를 집중시키는 초점으로서 혹은 전체적인 시각적 형태를 구성하는 요소로서 이용되기도 하며, 길게 연속된 그림자는 표면의 조형을 묘사하기도 한다.

디자이너는 인공조명을 통해 대상물의 그 색상이나 방향 · 움직임 · 강도가 모두 임의로 조작할 수 있으므로 전혀 새로운 분위기를 조성할 수 있다. 공간을 수정하거나 새롭게 창조할 수도 있으며, 물체를 튀어나오게 할 수도 있고, 그리고 질감을 변화시킬 수도 있다. 또한 중요한 지점에는 흥미를 유발하기 위해서 변화 있는 인공조명을 설치할 수도 있다.

1.4 공간의 위치와 상징성

1. 공간적 위치와 행동

1) 생활 속의 공간언어

사람들은 일상생활 속에서 공간과 관련된 단어를 사용하지 않고는 어떤 상황을 설명할 수 없다. 다음과 같은 장면을 상상해 보자.

"우리집 **앞**길에서 조금 **멀리** 떨어진 좁은 **뒷**골목의 교회 **가까이**에 친구집이 있다. 집 **밖**에는 찬바람이 거세게 불고 있지만 거실 **안**의 **가장자리**에는 벽난로가 있고, 거실바닥의 **한 가운데**는 양탄자가 깔려 있어 따뜻하다. 그의 **왼쪽**에는 아내가 앉아 있고, 그는 **오른손**에 커피를 마시면서 TV를 보고 있다."

이 글에서 굵은 고딕 글씨체는 모두 공간적 성질, 즉, 위치 · 거리 · 방향 등을 표현하는 단어이다. 예를 들어, 앞-뒤 · 안-밖 · 가장자리-한가운데는 공간적 위치를 나타내고 있고, 멀리-가까이는 거리를 표현하고 있으며, 왼쪽-오른쪽은 방향을 나타내고 있다. 그리고 이 문장에서 또 하나 흥미로운 것은 이들의 대부분이 반대어를 동반하여 짝을 이루고 있기 때문에 보다 확실하게 공간적 위치를 강조하고 있다는 점이다.

2) 공간적 위치와 행동

우리들의 일상적인 행동에 있어서 필요한 공간정보의 기초를 만드는 것은 공간질서이고, 이것의 가장 기본적인 것은 사물과 사물, 또는 자기와 사물과의 위치 · 거리의 관계이다.

우리는 이 관계에 기초하여 우리들은 자기의 공간적 위치를 인정하고, 행동을 향해서 자기를 규정하는 것이 가능하다. 이것은 정위(定位 orientation) 보통 자기가 지금 어디를 향하고 있고, 어떤 자세로 있는가라고 하는 확인이라고 할 수 있다. 즉, 지각과 사고에 의해서, 부여된 공간정보는 행동에 앞서 우선 정위를 위하여 유용한 것이다. 그런데 공간정보의 기초가 되고 우리들의 일상적인 정위에 도움이 되는 공간질서의 가장 기본적인 것으로서 상·하, 좌·우, 전·후, 사이(間) 등을 우선 생각할 수 있다. 그리고 이것들의 관계의 기준이라고 생각할 수 있는 방위(동서남북)가 있다.

2. 정위(定位)

1) 상·하

상·하에 대한 관념은 일반적으로 고·저의 관념과 연결되어 있지만, 상·하와 고·저는 같은 것을 의미하지는 않는다. 예를 들어, 여기에 해발 3000m의 산이 있고, 저기에 2000m의 산이 있다고 한다면, 두 개의 산 사이에 고·저의 차이는 있어도 거기에 상·하의 관계는 없다. 그러나 높은 쪽 산의 정상과 낮은 쪽 산의 정상을 (관념상으로 접근시켜서) 서로를 나란히 놓고 비교할 때 비로소, 전자는 후자의 위에 있고, 후자는 전자의 아래에 있다고 하는 것을 말할 수 있는데, 이것은 비교되고 있는 산의 정상은 같은 위치계열에 있기 때문이다.

또 두 개의 상자가 겹쳐 쌓여져 있는 경우에는 그것이 좀 더 확실한 경우인데, 이때는 높은 쪽의 상자는 위에 있고, 낮은 쪽의 상자는 아래에 있다. 여기서 두 개의 상자는 실제로는 동일한 위치계열에 있기 때문이다.

여기서 하나 더 주목해야 할 것은, 상·하라고 하는 공간관계가 전·후와 비교해서 확실하고 객관적인 지지를 갖고 있다고 하는 점이다. 물론 우리들의 신체에 입각해서 보면, 직립 자세를 취할 때 머리가 있는 쪽이 위이고 다리가 있는 쪽이 아래이기 때문에 상·하는 좌·우나 전·후에 비해 확실한 기준을 갖는다.

2) 좌·우

좌·우라고 하는 관념은 원래 신체에 대한 통념에서 유래한다. 예를 들면 심장이 있는 쪽을 왼쪽이라고 한다든지, 주로 쓰는 팔을 오른쪽이라고 하는 방식이다.

좌·우를 결정하는 좀 더 확실한 기준으로 생각할 수 있는 것이 동서남북의 방위이다. 이것은 일반적으로 방위라고 하는 것은 극히 높은 객관성과 일반성을 갖고 있고, 이른바 만인이 동등하게 인정하고 있기 때문이다.

그러나 나의 오른(왼) 손은 언제나 나의 오른(왼)손이고 결코 변하는 일은 없다. 따라서 나를 기준으로 하여 보면, 내가 180도 회전하는 것으로 나무는 우측에서 좌측으로 이동하는 것이다. 또 이렇게 하여 180도 회전했을 때, 나의 오른(왼)손은 회전하지 않은 이전의 오른(왼)손이 있었던 위치로 온다.

3) 전 · 후

전(앞) · 후(뒤)의 경우도 좌 · 우와 마찬가지이다. 원래 우리들의 신체에 밀접해 있고, 1차적으로 얼굴이 향해 있는 방향, 그리고 2차적으로 가슴이나 배를 앞으로 하고, 그 반대 방향, 즉 등이나 엉덩이쪽을 뒤로 하는 것이 세계의 공통적인 사고방식이다.

예를 들면, 등이나 엉덩이라고 하는 언어가 그대로 뒤를 의미하는 것은 널리 이해되고 있다. 단지 전 · 후는 좌 · 우와 달리 공간용어로써 뿐만이 아니고, 시간용어로써도 이용된다는 것은 주목해야 할 가치가 있다. 그러나 전 · 후의 방향은 우리들에게 있어서 좌 · 우만큼 확실하지 않다. 이러한 것은 우리들이 반듯이 누워 있을 때, 전 · 후는 애매하게 되어 버렸기 때문이다.

3. 방위의 의미와 상징성

1) 방위의 의미

상 · 하 또는 좌 · 우는 사람의 방향에 따라 변할 수 있다는 점에서 상대적인 공간질서라고 한다면, 동서남북이라고 하는 방위는 어떠한 경우에서도 변할 수 없다는 점에서 절대적인 공간질서라고 할 수 있다.

세계의 여러 민족들은 각각 방위에 대해서 무엇인가의 신비적인 의미와 상징을 부여하고 있다. 예를 들면, 중국에서는 동으로 청룡(青龍), 서로는 백호(白虎), 남으로는 주작(朱雀), 북으로는 현무(玄武)라고 하는 식으로 배치되어 있기도 하다. 그리스에서도 동서남북이라는 식으로 각각 별도의 신을 갖고 있다.

따라서 동서남북은 위치와 방향을 결정하는 정위(定位)에 있어서 가장 중요한 것이라고 생각되어 왔다. 영어에서 소개나 안내를 의미하는 단어인 오리엔테이션(orientation)은 원래 어느 방향이 동쪽(orient)인가라는 것을 안다는 것을 의미하고 있다. 이것은 인간에 있어서 4개의 방위 중에서 동쪽이 가장 기본적인 것이라는 것을 가리키고 있는 것이다.

2) 방위 · 축

서양의 기독교에서는 동쪽을 예배하는 방향 혹은 그와 같이 예배당을 배치하는 것을 의미한다. 이것은 '하나님께서는 동쪽에 있는 에덴이라는 곳에 동산을 마련하시고 당신께 빚어 만드신 사람을 거기로 데려다가 살게 하셨다' 라고 하는 구약성서의 기록에 바탕을 두었기 때문이라고 하기도 하고, 태양을 그리스도의 상징으로 하였기 때문이라는 주장도 있다. 따라서 초기 그리스도교의 교회에서는 동쪽을 향하여 예배하는 것을 원칙으로 하였다.

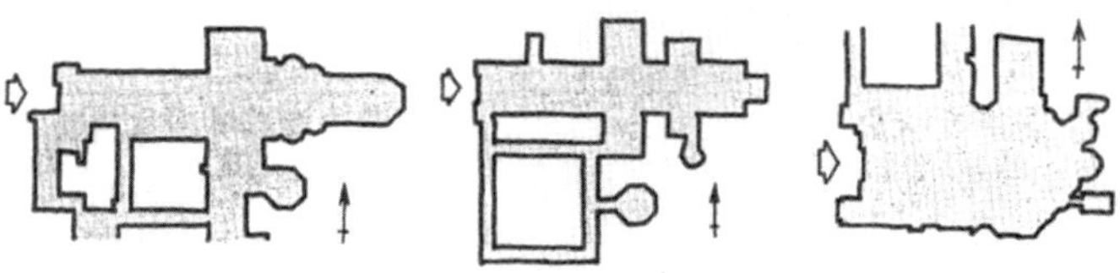

〈그림 1-6〉 고딕사원의 방위
(출처: 김한수 옮김, 공간디자인의 원점, 기문당, 1996, p.118)

한편, 고대 중국에서는 북극성이라고 하는 움직이지 않는 하나의 별에 눈을 돌려 이것을 우주의 중심으로 하는 남북축의 사상이 있다. 중국에서는 이 축(자오선)을 중심으로 하여 도시공간의 평면형태가 결정되고, 왕궁 · 도로 등의 주요 시설의 배치가 이루어졌다. 즉, 남대문에서 시작되는 도시의 대로는 북쪽으로 연결되어 황성의 주작문(朱雀門)에 도달한다. 자금성에서는 이 성스러운 축선상에 황제와 황후의 주거가 있고, 2개의 건물 중간에 황제와 황후를 위한 밤의 궁전이 있었다.

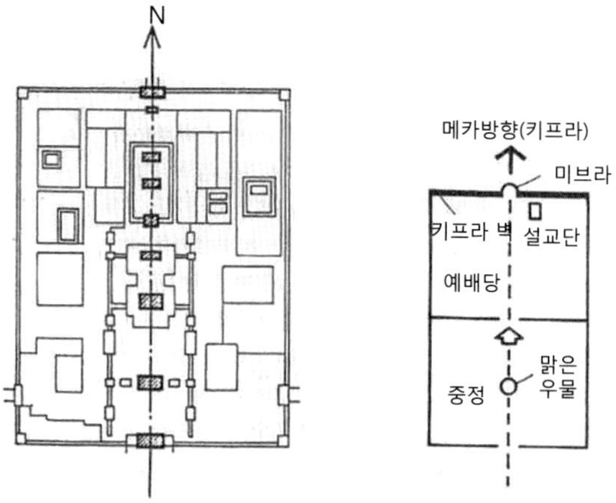

〈그림 1-7〉 자금성의 축선과 회교사원의 배치개념

또한 이슬람교의 회교도(무슬림)들도 처음에는 예루살렘 방향을 향하여 기도를 하였다 그러나 마호메트가 유다교도와 적대시한 후부터 그 방향이 마호메트의 탄생지인 메카(Mecca)로 향하게 되었다고 한다. 어떤 이유이든 오늘날 회교사원(mosque)은 메카의 키블라(qibla)로 향하는 축선상에 건립하는 것이 원칙이다. 그래서 무슬림들은 미브라프(mihrab)라고 하는 우묵하게 들어간 벽, 즉 키프라벽을 향해 예배한다.

4. 공간과 세계관

1) 신비적 공간

신비(신화)는 흔히 사실과 대비되는 개념이다. 신비적인 공간의 중요한 두 가지가 구별될 수 있다. 첫째, 신비적 공간은 경험적으로 알게 된 것을 에워싸는 불완전한 지식의 희미한 영역으로써 그것은 실용적인 공간을 형성한다. 둘째, 신비적 공간은 사람들이 그들의 실제적인 활동을 수행하는 공간화된 가치의 개념, 즉 세계관의 구성요소이다.

정위(定位)된 신비적 공간은 각 문화들에 있어 그 세부가 상당히 다르지만 어떤 일반적인 성격을 갖는다. 하나는 인간중심주의이다. 그것은 인간을 확실히 우주의 중심에 둔다. 남서부 미국의 푸에블로(Pueblo) 인디안의 관점은 넓게 공유된다. 그들에게 있어서 지구는 우주의 중심이고 중요한 대상이다. 그래서 태양·달·별·은하수는 지구의 부속물들이다. 그들의 기능은 지구를 인간이 살 수 있게 하는 것이다.(Yi-Fu Tuan: 117)

2) 신비적 공간과 세계관

고대 중국인의 세계관은 매우 인간중심적이다. 한(漢)나라 시대까지 거슬러 기와지붕 디자인을 생각해보자. 이 기와지붕은 우주의 축소판이다. 지구가 직사각형이고 한정되어 있듯이 기와지붕도 사각형인 것이다.

동물의 상징들은 4가지 측면에 있다. 동쪽의 끝은 청룡(靑龍)이 있는데, 이것은 식물의 색과 나무의 요소를 설명한다. 해가 떠오르는 방향을 차지하며, 그것은 또한 봄을 상징한다. 남쪽은 주작(朱雀)과 정오의 태양의 불이며, 여름을 상징한다. 서쪽은 금속성이고 가을의 백호(白虎)이며, 무기와 전쟁, 실행과 수확, 결실과 황혼의 정적, 후회와 기억, 되돌릴 수 없는 과거의 잘못을 상징하고 있다. 북쪽은 현무(玄武)로서 겨울의 어두움이며, 모든 만물의 새로운 시작에 관계가 있다. 그리고 우주의 중심에는 노란 땅 위에 인간이 있다.

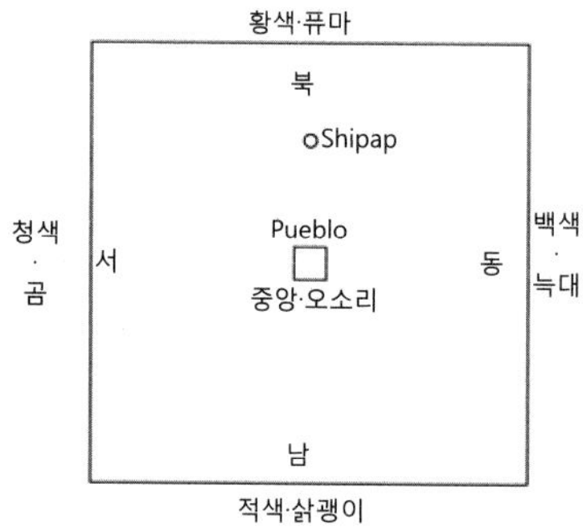

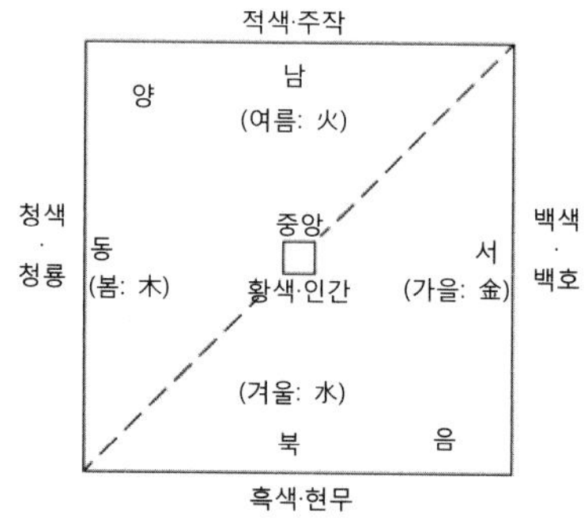

〈그림 1-8〉 푸에블로 인디안의 세계관 〈그림 1-9〉 고대 중국인의 세계관
(출처: Yi-Fu Tuan, Space and Place, University of Minnesota Press, 1979, p.94)

5. 공간의 형태와 위계

고대에 있어서 도시의 창조는 곧 우주의 창조였으며, 우주론적인 도시형태는 가장 기본적인 도형(diagram)인 원과 정방형(정사각형)으로 나타났다. 이들 가운데 어느 것이 먼저 나온 것인가는 조형이론상 많이 거론되어 왔지만, 커다란 자연석을 환상(環狀)으로 배열한 거석기념물인 영국의 스톤헨지(stonehenge)나 원시주거의 발달을 보면 원이 앞섰다.

또한 동양의 세계관은 하늘(天)은 스스로 원(圓,○)이고, 땅(地)은 스스로 방(方,□)이며, 인간(人)은 스스로 각(角,△)이라는 이른바 천·지·인 사고를 바탕으로 하였으며, 이러한 우주관의 상징성은 정치적·종교적인 토지 및 건축물의 평면형태 구성에 적극 적용되었다. 그리고 동양의 우주관에서도 역시 하늘을 상징하는 원이 땅을 상징하는 정방형보다 우선한 것으로 간주된다.

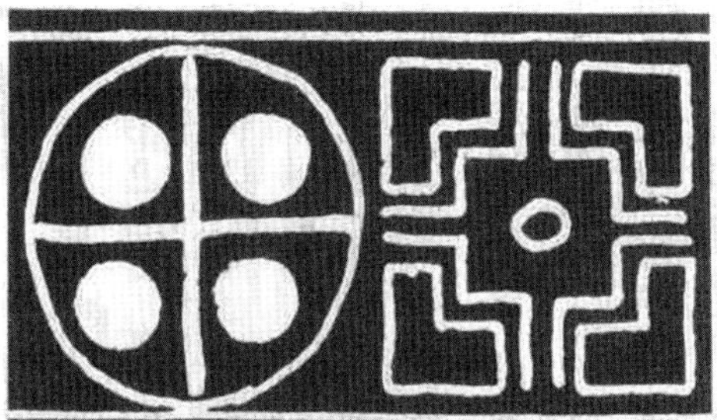

〈그림 1-10〉 원과 정방형 공간구성

고대 마을이나 도시공간의 구성에 있어서 가장 핵심적인 과제는 중심과 양극개념의 형상화였다. 사람마음의 중심(中心) 즉, 공간의 중심이 존재함으로써 사회적 결속이 강화되고, 이를 핵으로 하여 영역이 형성되며,

장소성이 부각된다. 그리고 이 중심부는 모든 건축·도시공간의 구성에 있어서 상징적 의미나 실제의 기능상 위계(hierarchy)가 가장 높은 중요한 시설이 배치되었다.

한편, 개방과 폐쇄, 넓은 곳과 좁은 곳 등과 같이 서로 대립되는 양극(polar)의 개념도 우리 일상적인 도시환경의 구성과 관련하여 뚜렷한 의미가 있다.

따라서 도시공간의 형태와 위계를 조직화함에 있어 중심부의 크기와 형태의 설정 및 기능을 배분하는 것이 가장 큰 관심사였고, 양극은 중심축과 대칭(symmetry)의 개념으로 발전되어 주요 시설이나 가로망의 배치에 가장 널리 사용되었다.

그러나 여기에서 정방형의 도시공간을 동서축과 남북축에 의하여 十자로 나눈 것과 직선적인 형태의 도시패턴으로서 격자형(grid)과는 구분할 필요가 있다. 즉, 미국의 여러 도시에서 계획된 격자형의 가로패턴은 우주의 상징적 측면보다 토지이용의 편리성과 경제성을 위해 취해진 형태이다.

1.5 공간의 형태와 질서

1. 공간형태의 기본유형

무엇이 어떤 유형에 속한다는 공통되는 패턴이 찾아질 때, 전형적인 예를 가지고 분류·기술을 실시하는 연구를 유형학(typology)이라고 한다. 틴(F. Teen)에 의하면, 공간유형 구분의 제일의 목표인 평면형태는 원과 거기에 내접하는 정다각형과, 그것들을 이동·회전하는 것에 의해서 얻을 수 있는 입체이다. 그 이외의 형태는 치수에 의한 변형, 뺄셈적인 변형, 덧셈적인 변형이라고 생각할 수 있다.

구심적 형태는 지배적인 중앙의 형태와 몇 개의 2차적 형태로부터 성립되고, 방사상 형태는 중심의 형태로부터 외측에 성장하는 선상(linear) 형태로부터 각각이 성립된다. 클러스터(cluster) 형태는 중심의 형태로부터 외측에 성장하는 선상 형태로부터 각각이 성립된다. 클러스터 형태는 서로 근접하는 형태, 혹은 같은 시각적 특징을 공유하는 형태에 의해서 성립되고, 격자(grid) 형태는 상호관계가 3차원 격자형으로 규정된 형태이다.

또한 형태는 상관(相關)과 분절(分節)에 의해서 한층 더 전개된다. 상관은 다른 형태 혹은 방향이 다른 동일한 형태가 서로 겹쳐 서로가 그 형태의 지배성을 경쟁하는 경우이다. 원과 정방형의 상관, 회전한 그리드 형태끼리의 상관 등이 있다. 분절은 출구와 입구의 처리, 표면의 재질감 등의 차이로부터 이끌린다.

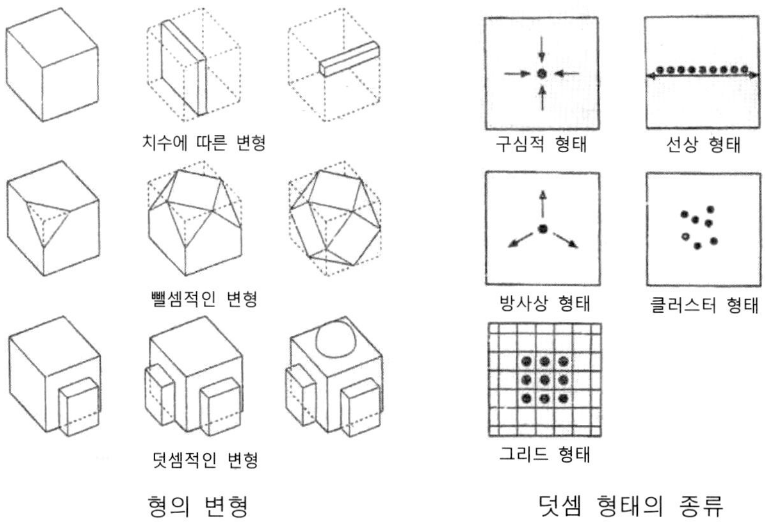

〈그림 1-11〉 공간의 변형과 형태
(출처: 일본건축학회편, 공간학사전, 기문당, 2010, p.107)

또한 틴은 이상의 형태 및 공간이 복수로 구성되는 경우에도 같은 유형화를 실시하여 구심적 구성, 선상 구성, 방사상 구성, 클러스터 구성, 그리드 구성이라고 부르고 있다.

2. 공간의 질서

인간의 생활공간으로서의 도시와 건축에 대해 뚜렷하게 의식되는 질서 개념은 중심과 주변 안과 밖, 겉(바깥쪽)과 속(안쪽) 등이다. 의미의 장소에는 반드시 그 '중심과 주변'이 존재하여 어느 공간의 중심으로부터의 거리는 그 공간에 소속하는 인간의 사회적 서열과 관련된다. 또 중심과 주변은 2차원적인 자장(磁場)에 있어 정면과 좌우, 중앙과 말단, 상하, 전후라고 하는 질서가 나타난다.

건축이 내부공간을 둘러싸는 것이라고 한다면, 그 '안과 밖' 도 중요한 의미를 갖는다. 중심과 주변이 공간의 의미의 단계적인 질서를 표현하는 반면, 그 공간의 의미의 의미에 소속하는지, 않는지를 단적으로 표현한다.

'겉과 속' 이라고 하는 개념은 그 공간의 사회성의 본연의 자세에 관련되는 것으로 겉이란 사회의 정당화된 권력 혹은 제도를 향한 공간을 가리키고 뒤는 반대의 방향으로 향한 공간을 가리킨다. 또한 안쪽은 사회로부터 격리되어 은폐된 사적인 공간을 가리킨다.

도시와 건축에 있어서의 물리적인 형태로서의 공간질서는 직각격자가 가장 일반적인 질서형태이며, 다음은 방사상 혹은 동심원(同心圓) 형태이다. 전자가 균질한 규격성을 표현한다면, 후자는 앞에서 말한 중심과 주변이라고 하는 서열적인 의미를 강하게 표출한다.

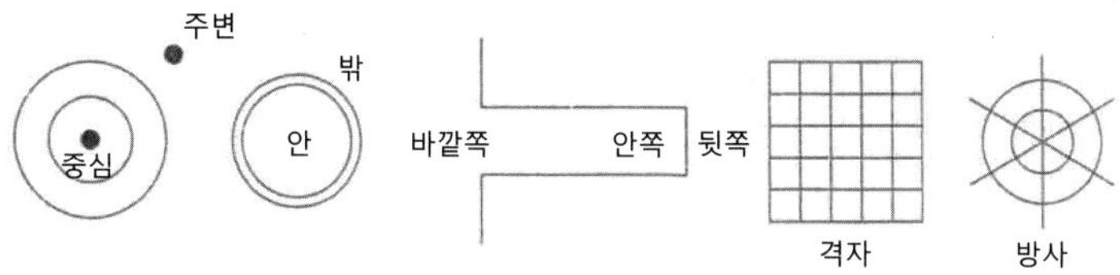

〈그림 1-12〉 공간질서의 기본개념
(출처: 일본건축학회편, 앞의 책, p.190)

3. 프랙탈 이론

만델브로트(B. Mandelbrot)가 제안한 프랙탈 이론(Fractal Theory)은 자연계에 존재하는 구름·산·해안선·수목 등과 같이 유클리드기하학으로 설명할 수 없는 단편적이고 불규칙한 형태를 기술하는 이론이다. 예를 들어, 리아스식 해안은 그 일부를 확대해도 역시 리아스식 해안의 특징적인 형태를 잃지 않으며, 또한 불규칙하고 단편적인 도형은 부분을 확대했을 때에 전체와 같은 형태를 얻을 수 있는 것이 특징이다.

<그림 1-13>은 프랙탈 이론의 예로 나타낸 코흐곡선(Koch Snowflake)이라고 하는 유명한 도형이다. 이 그림의 부분으로부터 1/3의 부분을 꺼내 보면 그것은 전체를 1/3에 축소한 도형과 일치한다. 부분으로부터 1/9의 부분을 꺼내도 같다. 이렇게 도형의 어떤 부분이든 전체와 닮아 있는 성질을 자기상사성(similarities)이라고 한다.

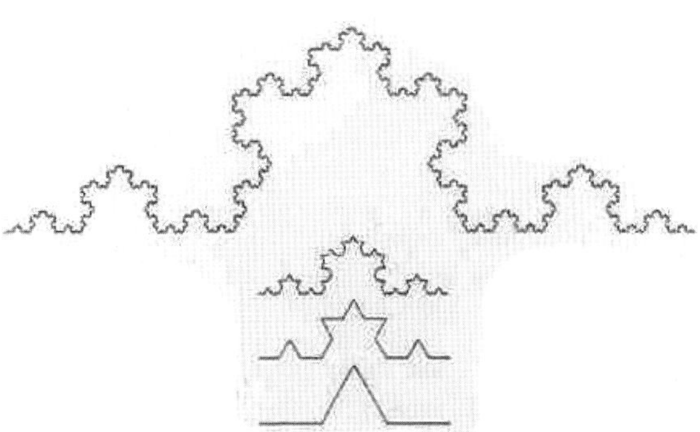

〈그림 1-13〉 코흐곡선(자기상사성)

참고문헌

1) 권영걸, 공간디자인 16강, 도서출판국제, 2008.
2) 김철수, 도시공간계획사, 기문당, 2009.
3) 대한건축학회, 한영호 외 옮김, 건축공간론, 기문당, 2010.
4) 오카다 고세이, 김한수 옮김, 공간디자인의 원점, 기문당, 1996.
5) 일본건축학회, 한영호 외 옮김, 공간학사전, 기문당, 2010.
6) 이규목, 도시와 상징, 일지사, 1988.
7) 이중우, 건축사상과 공간, 기문당, 2002.
8) 일본건축학회, 최희원 옮김, 도시 · 건축공간의 과학, 기문당, 2011.
9) 정무웅 외, 건축디자인과 인간행태, 문운당, 2009.
10) 나카노 하지무, 최재석 옮김, 공간과 인간, 도서출판국제, 1999.
11) Ashihara, Y., Exterior Design in Architecture, Van Nostrand Reinhold Co., 1970.
12) Bennett, C., Space for People, Prentice - Hall, Inc., 1977.
13) Giedion, S., Space., Time & Architecture(Fifth Edition), Harvard University. Press, 1973.
14) Norberg-Schulz, C., Existence, Space & Architecture, New York: Praeger Publisher, 1976.
15) Relph, E., Place and Placeness, London: Pion Limited, 1976.
16) Simonds, J.O., Landscape Architecture, New York: McGraw-Hill Book Co., 1998.
17) Wu, N.I., Chinese and Iudia Architecture, New York: George Braziller, 1963.
18) Yi Fu Tuan, Space and Place, University of Minnesota Press, 1979.

2 공간의 체험

2.1 인간의 감각기능

1. 인간의 뇌 기능

인간의 신체를 조절하는 곳은 신경계통이다. 이 신경계통은 인간의 두뇌에서 시작되고, 신체의 행동들과 기능들을 제대로 움직이고 조절되도록 하는 역할을 한다.

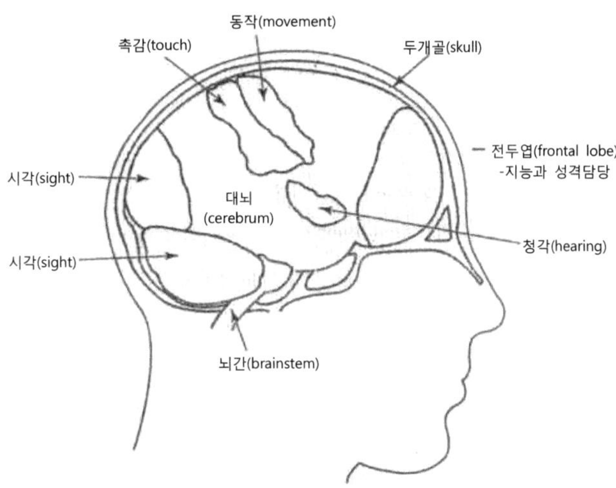

<그림 2-1> 인간 두뇌의 단면
(출처: 정무웅 외, 건축디자인과 인간행태, 문운당, 2009, p.118)

<그림 2-1>은 아직까지도 미지의 영역을 많이 간직하고 인간의 뇌의 단면에서 각각의 부분들이 어떤 기능을 하고 있는가를 개념적으로 간략히 나타낸 것이다. 시각 · 청각 · 후각 · 촉각 · 미각 등의 여러 감각들은 눈 ·

귀 · 코 · 피부 · 혀 등에 있는 신경을 통해 각각이 처한 환경에 대한 정보를 인간의 뇌에 전달한다. 그러면 그 뇌에서 각 정보들을 종합하고 분석하여, 주어진 환경에 적절히 대응하는 무의식적이거나 의식적인 행동들이 이루어진다.

2. 감각과 지각

1) 감각(sensation)

감각이란 시각 · 청각 · 후각 · 미각 · 촉각(압각 · 온각 · 냉각 · 통각) · 운동감각 · 평형감각 등 감각 수용기에 대한 자극에 의해서 일으켜지는, 흥분에 직접적으로 대응하는 주체적인 경험 및 그 과정 등을 말한다.

같은 종류의 용어로는 지각(perception)이 있다. 오늘날 감각과 지각은 명확하게 구분하고 있지 않지만, 굳이 구별하자면 감각은 의미성 · 감정 · 의지 · 기억 · 인격 · 사회환경 등의 영향이 적은 극히 단순화된 자극에 대응하는 경험이나 과정 등을 말하는 경우에 사용되는 것이 많고, 지각의 기초 혹은 초기 단계를 가리키는 것이라 할 수 있다.

인간은 환경으로부터 다양한 감각에 의해 여러 가지 자극이나 정보를 받아 환경과 서로 관계를 가지고 생활하고 있다. 환경은 인간을 둘러싸고 있고 인간에게 다양한 정보를 주고 있으며, 인간의 행동은 환경에 의해 영향을 받는다. 환경은 경우에 따라서 직접 행동을 규제하기도 하고, 의식하지 못하는 레벨로 영향을 주기도 한다.

환경이 인간에게 주는 영향은 공간디자인에 의해서 관계될 수 있다. 공간이 바뀌면 인간에 대한 무엇인가가 바뀔 가능성이 있다. 그것을 개척해 요구하는 것이 공간디자인의 의의일 것이다. 따라서 우리들은 인간이 공간으로부터 어떠한 감각을 받는지를 이해할 필요가 있다.

2) 지각(perception)

지각이란 현재 앞에 있는 사물과 사건, 상황을 아는 것과 받아들이는 과정을 말한다. 깨달음에 대해 중점을 두고 있으며, 정신적인 움직임을 말하기도 한다. 인간과 동물 등의 생명체는 외부의 정보에 자극을 받아 수신기 역할을 하고 있는 눈 · 귀 · 코 · 혀 · 피부 등의 감각기관을 통하여 느낌을 알게 된다.

외부 정보의 수용은 ① 감각 → ② 지각 → ③ 인지의 3단계로 나누어진다. 지각에는 감각내용으로 시지각 · 청지각 · 후지각 · 미지각 · 촉지각 · 체내감각으로 나누어진다. 이 중에서 시지각이 가장 자극의 정보량이 많고 다른 지각에 비해서 우위에 있다. 그러나 정보량이 적은 촉지각과 후지각은 지각한 내용이 단순하지만 오랫동안 기억에 남는다.

그밖에 운동지각 · 시간지각 · 공간지각과 같은 시간 · 공간에 관한 것이 있으며, 이들의 수용기 감각을 한층 복합시킨 시공간지각 · 청공간지각 · 촉공간지각 등이 있다.

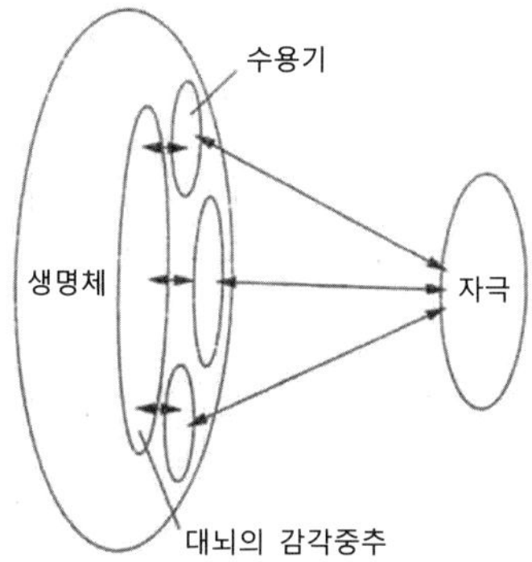

〈그림 2-2〉 감각 · 지각과정

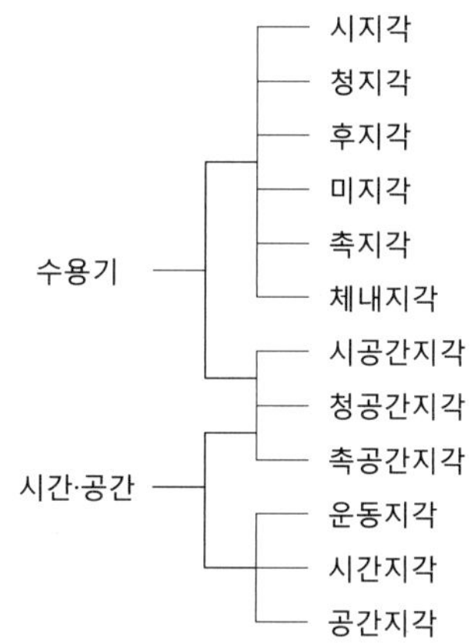

〈그림 2-3〉 지각의 종류

3. 시각과 빛환경

1) 시각

인간의 오감(五感)중에서 시각이 건축에서 가장 큰 부분을 차지한다. 이는 건축이 공간을 구성하는 것이고, 인간은 시각을 통해서 직접 만져보지 않더라도 그 공간에 대한 종합적인 정보를 얻고 있다.

그 공간의 크기가 어떠한지, 그 공간의 막힌 곳과 개구부가 어디인지, 어떤 재료로 지어졌다고 보이는지, 색상은 어떠한지, 밝은지 어두운지 등에 관한 종합적인 공간정보를 인간은 시각을 통해서 얻고 있다. 인간의 시각은 인체의 눈에서 얻어지는 정보가 시신경을 통해서 뇌로 전달되어 그 시각정보가 분석되고 인지된다.

2) 빛 환경

빛의 사전적 정의는 시신경을 자극하여 물체를 볼 수 있게 하는 일종의 전자기파라고 한다. 그러나 이 모든 전자기파의 스펙트럼은 사람이 보는 것은 아니라 극히 일부 스펙트럼만 볼 수 있다. 사람은 빛의 파장범위가 380~770나노미터(nm)일 때 볼 수 있고, 이 범위를 가시광선(visible spectrum)이라고 한다.

태양의 빛이 지구 대기를 지나 지상에 도달할 때 이 가시광선 영역의 빛의 양이 가장 많은데, 긴 파장을 갖고 있는 빨강색으로부터 보라색으로 갈수록 파장이 짧아진다. 빨강(700~610), 주황(610~590), 노랑(590~570), 초록(570~500), 파랑(500~450), 남(450~400), 보라(400~380) 각각의 색깔은 다른 파장을 가지고 있다. 일상생활에서 비가 온 뒤 무지개가 생길 때 이 가시광선 내에서의 빛을 색깔별로 확연히 구분하여 볼 수 있다.

빛의 원리를 잘 이용한 건축가로는 코르뷔제(Le Corbusier)를 들 수 있다. 그는 롱샹교회(Chapelle Notre Dame du Haut in Ronchamp)에서 자연광의 흰색 빛을 사용함으로써 신비스러운 건축내부의 분위기를 연출하였다.

〈그림 2-4〉 롱샹교회의 내부벽면(왼쪽)과 외부벽면(오른쪽)

건축공간에서 자연광을 충분히 이용한다고 하더라도 모든 공간과 시간에 필요한 자연광을 항상 마련해 줄 수는 없다. 그 대안으로 나온 것이 백열등·형광등 등과 같은 인공조명의 사용이다. 조명이 밝은 정도를 말하는 조도를 럭스(lx)라고 하는데, 보통 300~500럭스 정도를 실내 공간에서 마련해 주어야 사람들이 일반적인 업무를 볼 수 있다. 사람들이 보도블록 등에 넘어지지 않고 밤거리를 다닐 수 있는 정도의 조도는 20~50럭스 정도이다.

3) 시지각의 특성

(1) 그림과 배경(figure & ground)

형태심리학의 기초 개념으로, 도형 형성의 법칙으로 주목받아 돋보이는 부분을 '그림', 그 바탕이 되는 부분을 '배경(땅)'이라고 한다. 주로 시지각(視知覺에) 있어서의 도형의 특색을 나타내는 것이지만, 지각 전반으로 이용되기도 한다. 이 성질은 2가지의 영역이 존재할 경우에 그림과 땅의 분화가 일어난다.

그림과 배경에 분화한 2가지의 영역에는 밝기의 차이가 있어 윤곽선으로 구획될 수 있다. 그림(圖)이 되는 영역은 형태가 확실하여 윤곽선은 그림에 속한다. 그림은 배경의 앞에 떠올라 보이며, 배경은 그 배후에 펴져 보인다. 그림은 형태가 있는 물체로, 땅은 재질로서의 성격을 띠고 있으며, 이것이 합쳐서 지도(地圖)가 된다.

도형 안의 2가지의 형태는 그러한 형태의 그림이 되기 쉬움의 정도가 비슷하여 그림으로서 지각되거나 배경으로서 지각된다. 이것을 도형과 배경의 반전(反轉)이라고 한다. 덴마크의 심리학자 루빈(O. Rubin)은 1915년에 시각에 있어서 배경의 반전 관계의 연구로 '잔의 그림' 이라고 일컫는 서로 마주 보는 소녀의 얼굴 혹은 잔으로 보이는 반전 도형을 발표하였다. 루빈의 '잔의 그림' 의 흑백을 역전하고, 건축의 야경과 주경이라는 관계를 비교해 보면, 투과성이 있는 근대건축에 대해 그림과 땅의 역전이 일어날 수 있다.

일반의 도형에서는 그림과 배경의 결정에 많은 요인이 관계하고 있기 때문에 반전하는 것은 쉽지 않다. 그림과 배경의 반전에는 두 가지 도형이 교대로 나타나며, 한쪽이 나타나면 다른 한쪽은 나타나지 않는 특성을 가지고 있다.

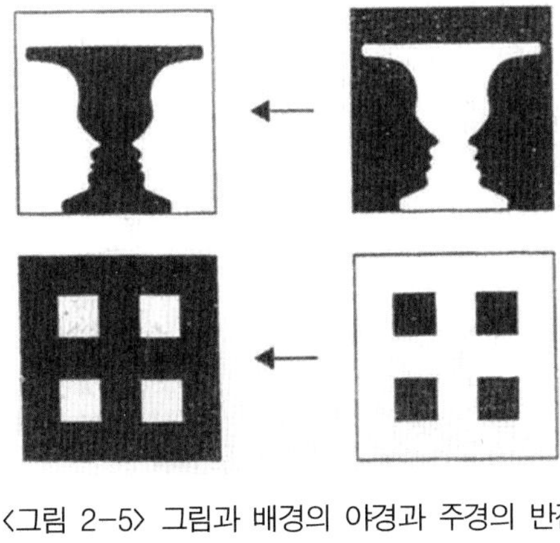

〈그림 2-5〉 그림과 배경의 야경과 주경의 반전
(출처: 일본건축학회 편, 공간학사전, 기문당, 2010, p.24)

(2) 착시(visual illusion)

일상적으로 행해지는 방법으로서의 '착각' 은 심리적인 동요같이 어떠한 이유로 잘못 지각되는 것을 말하지만 심리학에서는 자극으로부터 예측되는 결과와 항상 어긋나 지각되어지는 정상적인 현상을 가리킨다. 시각에 대해서는 이것을 특히 착시라고 한다. 재미있고 다양한 착시 도형이 디자인되고 있지만 그 원인을 통일적으로 설명하는 이론은 확립되어 있지 않다.

실제의 자연에서 체험되는 착시로는 완만하고 긴 내리막길 주변의 수목이 재배된 풍경에서 오르막으로 보이는 경우를 들 수 있다. 주의하지 않으면 자동차가 속도가 너무 빨라지는 상황이 생긴다. 이것은 수직 · 수평의 착시적인 틀이 중력방향을 느끼는 평형감각보다 우위에 있기 때문이다.

건축물에서 착시를 고려한 예로는 그리스의 파르테논신전이나, 일본의 신사(神社) 입구에 세운 문의 지붕에 휘어진 상태를 들 수 있다. 이것은 좌우에 길게 늘어난 수평선이 시야의 중심으로부터 멀어짐에 따라서 외측에 부풀어 오른 것처럼 보이는 경향을 보정한 것이라고 설명되고 있다.

〈그림 2-6〉 파르테논 신전의 기단과 코니스

(3) 게시탈트 이론(Gestalt Theory)

사물은 사물 자체로서 보다는 부분의 속성을 전체와의 연관성 속에서, 하나의 구조(structure)로 파악하는 것이 중요하다. 그러므로 지형 · 식물 · 건물 · 도로 등의 경관 구성요소들은 형태심리학적 관점에서 구조적으로 분해 · 결합해 봄으로써 다양한 경관요소들을 보다 쉽고 간명하게 이해할 수 있다.

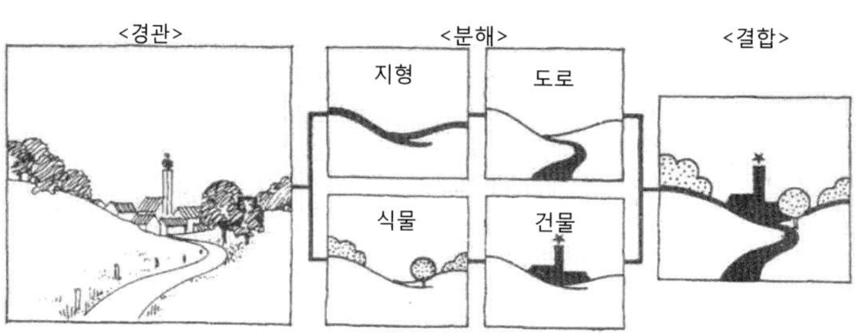

〈그림 2-7〉 게시탈트에 의한 경관 분석
(출처: 김철수, 단지계획, 기문당, 2012, p.80)

4. 촉각과 열환경

1) 촉각

인간 신체의 대부분은 피부로 둘러싸여 있다. 머리카락이나 손톱 등도 피부의 일부분이고, 우리의 신체를 해로운 외부환경으로부터 막아주는 방패와 같은 역할을 하는 곳이 피부라고 말할 수 있을 것이다. 이 피부에 촉감을 느끼는 신경이 있기 때문에, 우리는 뜨겁거나 차가운 것을 느끼고 고통이나 압력을 느낀다.

또한 이 피부에 온도와 고통, 압력을 느끼는 신경이 분포한다. 특히 손가락에는 많은 신경이 분포해 있어서 감촉(texture)과 온도를 느끼게 한다.

2) 열환경

인간은 체온을 항상 섭씨 36.5도 정도로 유지해야 살 수 있는 항온동물이다. 체온이 섭씨 1도만 차이가 나도 인간은 불편을 느끼거나 아프다. 하지만 인간이 사는 외부환경은 기온이 언제나 일정하지 않다.

각 계절에 따라 인간이 어느 정도의 온도와 습도에서 가장 쾌적하게 일을 할 수 있는지에 관해 많은 연구들이 이루어졌는데, 쾌적 범위(comfort zone)가 여름과 겨울에 따라 다르다. 그 이유는 인간은 항온동물일지라도 계절에 따라 입고 있는 옷이 다르기 때문에, 겨울은 조금 더 추운 실내환경에서, 여름은 조금 더 더운 실내환경에서 지낼 수 있는 것이다.

이 쾌적 범위에는 온도뿐만 아니라 습도도 중요한 역할을 한다. 여름에 같은 온도라도 습도가 불쾌감을 주지 않을 만큼이라면 사람은 더 시원하게 느낀다. 액체 상태인 물이 기체 상태인 수증기로 변화하기 위해서는 주변의 열을 빼앗아야 하기 때문에 사람이 여름에 물 주변공간에서 더욱 시원하게 느끼게 된다.

5. 청각과 소리환경

1) 청각

인간을 포함한 척추동물은 귀로 소리를 듣는다고 한다. 사실상 공기를 타고 전파되는 소리의 파동(sound wave)을 귀는 모으는 역할을 한다.

청력에 문제가 없는 사람이 보통 들을 수 있는 소리의 크기와 범위는 꽤 넓다. 아주 시끄러워서 머리가 아프다고 표현하는 80데시벨(decibel: dB)이하 정도로 나는 소리라면, 다양한 배경소리로부터 특정 소리를 구분해 내기도 하고, 머리 양쪽에 2개의 귀가 있어서 소리가 나는 방향도 구분해 낸다.

2) 소리환경

소리를 이해하기 위해서는 진동수(frequency) · 데시벨 등과 같은 용어를 알아야 한다. 진동수는 주파수라고도 하는데, 분자가 보이는 일정한 왕복운동이 1초 동안 일어난 횟수를 의미한다. 이 진동수의 단위가 헤르츠(Hz)이다. 보통 청력에 문제가 없는 젊고 건강한 사람이면 20~20,000헤르츠 범위의 소리를 들을 수 있다.

사람은 0데시벨에서부터 듣기 시작해서 80데시벨이 넘으면 고막이 찢어지거나 청세포의 기능에 문제가 생기는 등의 이유로 청력을 잃기 시작한다. 그러나 살거나 일하고 있는 공간의 배경음 레벨(background sound level)이 80데시벨보다 낮다고 하더라도 60~70데시벨 정도가 지속적으로 유지되면 인간은 짜증이 나고 불쾌감을 느끼며 신경질적인 상태가 된다.

130: 비행기가 이륙할 때 100m 떨어진 거리에서 들었을 때 나는 소리
110: 가까운 곳에서 오토바이가 달리는 소리
90: 공사현장의 콘크리트 절단기 소리, 문이 꽝하고 닫힐 때 나는 소리
70: 성인남자가 조금 큰 목소리로 얘기할 때, 비닐포장지가 부스럭거리는 소리
60: 성인남자가 보통 목소리로 얘기할 때, 고속도로 가까이에서 듣는 자동차 달리는 소리
50: 사무실에서의 업무활동 소리
30: 밤 늦은 시간 조용할 때의 소리
10: 사람이 숨쉬는 소리, 나뭇잎이 바람에 흔들리는 소리

그러면 조용하면 무조건 좋은 것인가? 반드시 모든 활동에 좋은 것은 아니다. 예를 들어, 사무실의 배경음 레벨이 25~30데시벨 이하일 때 오히려 자극이 부족하여 최적의 업무효율을 얻을 수 없다. 그 자극이 너무 없으면 사람은 더 흥이 나지 않고 다소 무기력한 경향이 있고, 자극이 너무 지나치면 짜증이 나고 신경질적인 상태가 되는 것이다. 개인 차이는 있지만, 사람은 일상생활에서 흥이 날만한 자극이 필요한 것이다.

6. 후각과 기환경

1) 후각

사람이 숨쉬기 위해서 공기를 코나 입으로 들이마시면, 목구멍에 있는 기관(氣管)으로 들어간다. 기관은 기관지로 불리는 2개의 작은 튜브들이 되고, 각각의 기관지는 폐로 연결된다. 이 폐에는 수백만 개의 작은 공기주머니들이 있어서 들이마신 공기 중의 산소가 이 공기 주머니의 벽을 통

해서 피로 들어간다.

냄새는 사람이 들이마신 공기의 화학물질들이 코의 후각상피에 있는 후세포와 접촉하면서 그 냄새를 감지하게 되는 것이다. 이 공기 중에 산소는 21% 정도가 들어있고, 78% 정도는 질소로 이루어져 있다.

2) 기(氣)환경

건축의 실내공기환경에 탄소 · 질소 · 먼지 등의 성분이 많으면 눈이 빨개지거나 코의 점막에 염증이 생기는 초기증상에서 부터 두통 · 알레르기 · 천식 · 아토피 피부지환 등이 발병하고, 심하게는 신경계에 문제가 생겨서 의식불명의 상태가 되기도 한다.

실내공기환경뿐만 아니라 건물을 짓거나 그 운영에 있어서 지구온난화의 주범이라고 알려진 이산화탄소 배출량을 줄일 수 있는 방법들이 많이 고려되고 있다. 그러므로 태양광 · 태양열 · 풍력 등 친환경적 대체에너지 사용에 대해 과거보다 더 적극적으로 관심을 기울이고 있다.

그 외에도 각 건물의 잔디지붕을 사용하여 여름에는 좀 더 시원하고 겨울에는 좀더 따뜻하도록 설계가 많이 되고 있는 추세이다. 또한 건물 내에 굴뚝효과(chimney effect)를 주어 자연환기가 이루어져 자연냉방의 효과를 가지도록 하고, 건물 외부에는 바람의 길을 내주어 열섬(heat island)현상이 건물주변에 일어나지 않도록 고려되고 있다.

2.2 공간의 지각과 체험

1. 경험의 구성

경험(experience)은 사람이 실체를 알고 구축하는 여러 가지 상태들을 망라하는 용어이다. 이 상태들은 냄새 · 맛 · 접촉이라는 보다 직접적이고 수동적인 감각에서부터 적극적인 시각적 지각과 상징화의 간접적 상태까지 범위가 미친다.

경험은 감정(feeling)과 사고(thought)로 구성된다. 인간 감정은 분리된 감각들의 연속이 아니다. 오히려 기억과 기대는 감각적 자극들을 경험의 흐름 속에 넣을 수 있기 때문에 우리는 우리가 사고의 생명에 대해 이야기 하듯이 감정의 생명에 대해 이야기 할 수 있다. 감정이 주관적 상태를 기록하는 것이라면, 사고는 객관적 실체를 기록하는 것으로 여기는 것이 공통된 경향이다.

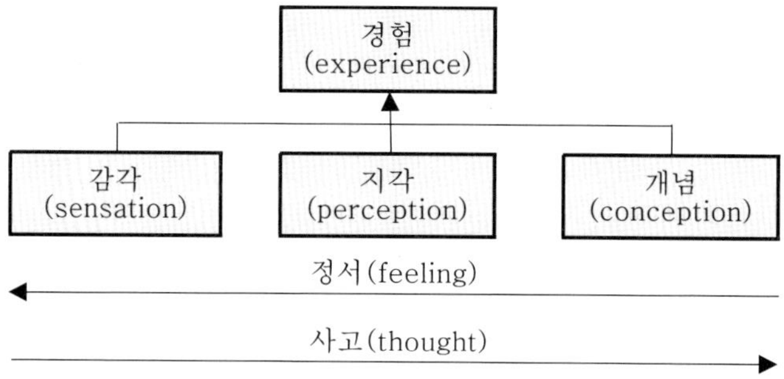

〈그림 2-8〉 공간의 지각과 경험
(출처: Yi-Fu, Tuan, 1979:8)

2. 공간의 경험

인간의 경험은 시각을 비롯하여 촉각·청각·후각 등의 감각기능과 마음(생각) 등에 의해 지각된다. 우리가 시각을 통해 사물을 본다는 것은 단순히 빛의 자극들을 기록하는 것이 아니라 '본다(I see)'는 것은 곧 '이해한다(I understand)'는 뜻으로 이해하듯이, 그 환경이나 공간에 대한 자국·체험의 의미 있는 기초들을 제공한다. 즉, 인간적 공간의 조직은 특이하게 대부분 시력에 의존하여, 다른 감각들은 시각적 공간을 확대하고 풍부하게 하는 보조적 역할을 한다고 볼 수 있다.

촉각은 능력과 협력함으로써 비거리적(nondistancing) 감각들은 공간적 및 기하학적 성격에 대한 우리의 이해를 크게 풍부하게 해준다. 물체를 만지는 사람은 그 질감뿐만 아니라 크기나 형상의 그 기하학적 성질들도 느낀다. 피부는 다른 감각들의 도움 없이 단지 움직이는 능력과 신체의 구조에만 의존하면서 공간을 체험할 수 있다.

거리감과 공간감은 청각에 큰 영향을 받는다. 소리는 볼 수 없는 머리 뒤의 지역들을 포함하여 인간의 공간적 의식을 확대한다. 더욱 중요한 것은, 소리는 공간적 경험을 극화하는 것이다. 소리 없는 공간은 그 내부에 활동의 가시적 흐름이 있더라도 조용하고 생명이 없는 듯이 느껴진다. 그것은 마치 소리가 나간 TV화면이나 눈(雪)의 담요로 덮인 도시 속에 있는 것과 같다. 특히 눈으로 물체를 볼 수 없는 장님들에게 모든 소리들은 공간적 상황을 판단하는 결정적인 실마리를 제공해준다.

다음은 후각(냄새)이다. 인간의 코는 훨씬 더 쇠퇴한 기관이지만 우리는 위험이나 매력의 자원을 찾기 위해 눈에 의존한다. 그러나 뛰어난 시각세계의 지탱과 함께 인간의 코도 방향을 구분할 수 있고, 냄새의 강도를 통해 상대적 거리를 측정할 수 있다. 특히 육식동물들이 먹이를 뒤쫓아 갈 때 그들은 날카로운 후각에 의존한다.

3. 운동지각

어떤 감각기관과 경험들이 인간으로 하여금 공간과 공간적 특질에 대한 강한 감정을 가질 수 있게 하는가? 시각과 촉각 그리고 운동지각이다. 다리를 차거나 팔을 펼치는 간단한 능력과 같은 운동들은 공간의 의식에 기본적이다. 공간은 이동할 수 있는 방을 가질 때 즉각 경험된다. 더욱이 한 장소에서 다른 장소로 이동함으로써, 사람은 방향감을 획득한다.

공간은 움직이는 능력에 의해 주어진다. 운동들은 간혹 대상들과 장소들을 향하거나 또는 대상들과 장소들에 의해 거부된다. 따라서 공간은 대상들이나 장소들의 상대적 위치로서, 또 장소들을 분리하거나 연결하는 거리들과 넓은 장소로서, 그리고 더욱 추상적으로 장소들의 망상조직(network)에 의해 한정된 지역으로 다양하게 경험될 수 있다.

4. 마음

인간들은 자연의 기하학적 패턴들을 인식하고 마음에 추상적 공간들을 만들어 낼 뿐만 아니라, 또한 유형의 물질에 그들의 감정·이미지·사고 등을 구체화 하려고 노력한다. 그 결과는 조각적 및 건축적 공간이고 큰 규모로는 도시공간이다.

마음은 환경에 있어서 기하학적 디자인들과 공간구성의 원리들을 구분한다. 예를 들어, 다코타(Dakota) 인디언들은 새둥지의 모습에서부터 별들의 항로에까지 거의 모든 것에서 자연의 둥근 형태들의 증거를 찾는다. 이와 대조적으로 푸에블로(Pueblo) 인디언들은 공간들을 장방형의 기하학으로 보려는 경향이다. 이것들은 해석된 공간의 실례들인데, 이것들은 감각적 자료 훨씬 넘어 측정하는 정신력에 좌우된다.

2.3 공간의 인지·평가

1. 공간의 파악

공간은 여러 차원에서 분석·파악된다. 일반적으로 공간분석방법은 건축·도시에 존재하는 공간의 물리적 차원의 측정·기술·그림이 되는 물적 요소 추출과 그것들이 사람들에게 주는 심리적 효과 분석이 있다.

측정의 차원에는 공간의 거리·용적의 추정으로부터 시작되며 사람들의 생리·심리적 자아영역(보이지 않는 공간)의 계측이 있다. 공간의 기술로서는 체험되는 공간 연속성의 언어적 · 시각량으로서의 기술 시도가 있다. 또한 보다 개념적인 차원으로서 건축형태에 대한 기호론적 해독 연구가 있다.

그리고 사람들이 매일 체험하고 있는 건물의 공간구성에 대한 기억 형태나 이미지 등 기억의 재생을 추출 · 해독하는 여러 가지의 방법으로 이미지지도, 사인지도(sign map), 요소상기(要素想起), 퍼즐맵 등으로 불리는 공간재생법이며, 사람들의 공간기억의 양상을 해명하는 것이다. 이것들에 의해서 건축 · 도시공간의 알기 쉬움, 사람들이 인식하고 있는 의미 등에 초점을 맞출 수 있다. 설계의 장면에서는 전문가와 비전문가의 공간 파악의 차이를 이해할 필요가 있다.

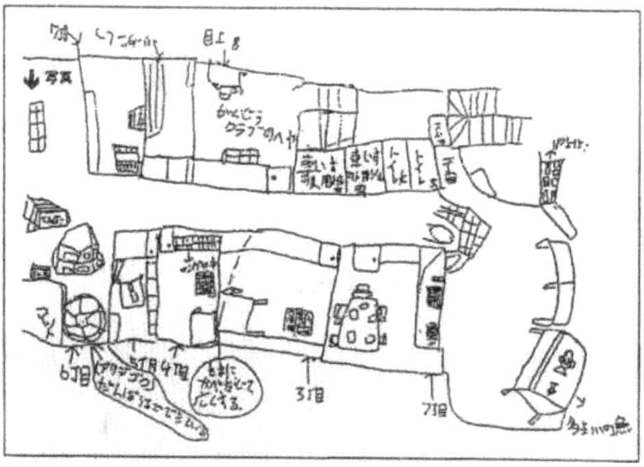

<그림 2-9> 세타가야구 후카자오 아동관의 이미지 맵
(출처: 한영호 옮김, 앞의 책, p.70)

2. 공간인지조사

사람이 도시나 건축공간의 본연의 자세를 어떻게 파악하고 있는가의 구조를 분명히 할 수 있으면 건축이나 도시의 공간구성에 관한 지혜와 식견을 얻을 수 있다. 이 인지영역은 개개인의 행동영역과 깊은 관계가 있지만 지역이나 건축의 공간구성의 본연의 자세에 의해서도 강한 영향을 받는다.

사람의 공간파악의 구조를 찾기 시작하는 대표적인 방법으로서 다음의 2가지가 있다. 첫째는 이미지맵법(Image Map Method)으로서 이것은 피험자에게 대상으로 하는 공간의 지도를 자유롭게 묘사시키는 방법이다.

둘째, 요소상기법(要素想起法)은 예를 들어, 대상의 지역공간에 실재하는 건물 · 도로 · 벤치 · 전화부스 등의 공간요소를 나타내며, 각각 인지의 유무나 평가를 나타내게 하는 방법으로서 대량의 데이터를 습득하기 쉽게 통계적인 처리를 가능하게 한다. 전자는 피험자에게 일정한 정보를 주지 않는 자료를 얻을 수 있지만 통계적 처리가 어렵기 때문에 평가하는 연구자의 판단에 맡겨지는 부분이 많다. 후자는 수리적 분석이 가능하지만 피험자에게 미리 일정한 자료를 주게 된다.

3. 공간의 평가

1) 평가의 의의

공간의 평가에는 2가지 측면이 있다. 첫째는 공간을 도시 · 건축환경의 물리적 속성으로서 파악하여 넓은 의미로서는 구축환경을 완수해야 할 목적의 충족도를 평가하는 것이다. 건축의 목적에는 예로부터 내려오는 학설이 있지만, 고대 로마의 건축가 비트루비우스(M. Vitruvius)의 용(用) · 강(强) · 미(美)가 출발점이다. 그런데 이 세 가지 요건은 근대주의운동에서는 그로피우스(W. Gropius)에 의해 주장된 기능 · 기술 · 표현으로 바꿀 수도 있다.

둘째는 도시나 건축의 총체를 사람들의 일상생활을 포함하여 담는 도구로서의 공간에 초점을 맞춰 공간의 물리적 속성(크기 · 형태 · 색채)이나 사회 · 행동적 영향으로서의 평가를 묻는 것이다.

2) 거리인지 평가

거리를 문자 그대로 기하 수학적인 의미로 해석하면, 보고 있는 대상과 눈을 연결하는 직선의 길이로 그 자체를 직접 볼 수 없다. 그러나 우리가 특별히 의식하지 않아도 보고 있는 대상까지의 거리를 판단할 수 있다.

인간의 모습 등 잘 알고 있는 대상에 대해서는 외관의 크기로 거리를 추정할 수 있다. 그러나 하늘을 나는 비행기까지의 거리를 읽는 것은 어렵다고 말하지만 이러한 상황은 예외적이며 눈으로 보이는 많은 대상은 지상에 있으며 지면에는 어떤 재질감이 있다. 깁슨(J. Gibson)이 '거리는 공중을 지나지 않고 지면을 따라서 펴지고 있는 것' 이라고 한 것처럼, 관찰자의 발밑으로부터 대상까지 서서히 멀어지는 것에 따라 감소하는 재질감의 밀도, 구배나 폭, 굴곡 수, 목적지점의 가시성 등의 요인이 보고되고 있다. 그러한 원인으로는 신체적 부하, 풍경의 유동속도, 정보처리 부하 등을 생각할 수 있다.

도시 내의 두 지점 간의 거리라고 하는 광역의 이동에 수반하는 거리감각은 인지도와 실제의 지도와의 '일그러짐' 으로써 논해지는 거리 지각의 일종이지만 거리 인지로서 구별되는 경우도 있다.

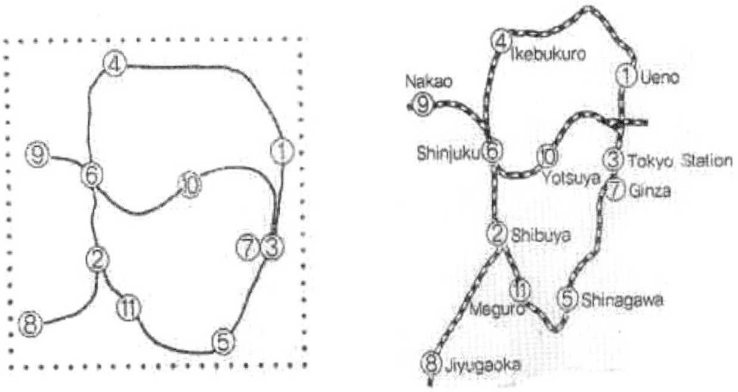

〈그림 2-10〉 도쿄 거리의 인지(일그러짐)
(출처: 일본건축학회, 한영호 역, 기문당, 2010, p.21)

3) 심리적 평가

물리적 공간·환경의 정서적 의미를 언어를 통해 평가하는 방법으로는 SD 방법이 가장 흔히 사용된다. SD방법(Semantic Differential Method)이란, 오스굿(C. E. Osgood)이 제안한 심리 측정방법으로써 본래는 언어의 의미를 연구한 것이었다. 공간연구의 분야에 있어서는 조사대상이 되는 공간이 사람들에게 주는 영향(분위기)을 파악하기 위해서 이용하는 것이 많다.

실제의 방법으로는 대상공간을 표현하는 데 적합한 형용사·형용동사를 다수 수집하여 반대어와 짝이 되는(bi-polar) 형용사를 편성하여 만든다. 그리고 조사목적에 부합되는 것을 검토·채용하여, 이것을 임의로 늘어놓아 평가척도로서 대상공간마다 피험자에게 평가받는다. 여기서 심리적인 평가구조를 얻기 위해 앞의 인자분석(Factor Analysis)에 의해 수학적 처리를 실시한다.

도시의 공간·환경의 의미론적 차이점 평가를 위해 사용하는 명사 및 형용사의 짝을 몇 가지 소개하면 다음과 같다.

- 단일한 ↔ 다양한
- 단순한 ↔ 복잡한
- 거친 ↔ 매끄러운
- 정적 ↔ 동적
- 특이한 ↔ 평범한
- 조용한 ↔ 시끄러운
- 흥미있는 ↔ 따분한
- 모호한 ↔ 확실한
- 딱딱한 ↔ 부드러운
- 긴장된 ↔ 이완된
- 생기찬 ↔ 풀죽은
- 좋아하는 ↔ 싫어하는

4) 이용후평가(POE)

이용후평가(POE: Post-Occupancy Evaluation)라 함은 건축환경(designed evironment)이 조성되고 얼마 동안의 이용기간을 거친 후, 그 설계 혹은 계획에 대한 평가를 함으로써 설계의도가 그대로 반영되고 있는지, 이용자의 행태에 적합한 공간구성이 이루어졌는지, 주변환경과 잘 조화를 이루고 있는지 등을 주관적으로 평가·진단해보는 것이며, 이 평가결과를 토대로 개선방안을 마련하며 동시에 다음의 유사한 프로젝트에 기초자료로 이용하고자 하는 것이다.

이용후평가는 처음에는 주로 건물을 대상으로 하였다. 그러나 점차 옥외공간을 포함하는 광범위한 인공환경으로 그 대상을 넓혀가고 있는데, 프리드먼(A. Z. Friedmann)은 환경설계평가의 기본목표를 다음과 같이 요약하고 있다.

- 인간과 인공환경의 관계성을 파악함으로써 인간행태(human behavior)에 대한 이해를 증진
- 기존 환경의 개선 및 새로운 환경의 설계를 위한 의사결정(design decision)에 평가자료를 반영
- 장래 환경디자인 교육에 필요한 중요한 자료를 마련
- 환경설계에 관련되는 정책 및 프로그램 분석을 위해 필요한 자료를 마련
- 넓은 의미의 환경영향평가를 위한 이용자 만족도 및 환경의 적합성 예측을 위한 능력개발을 시도

또한 프리드만은 주로 옥외공간(outdoor space)을 대상으로 한 환경설계평가 시 고려해야 할 4가지 사항으로 이용자·주변환경·물리적 및 사회적 환경·설계행위를 제시하고 있다.

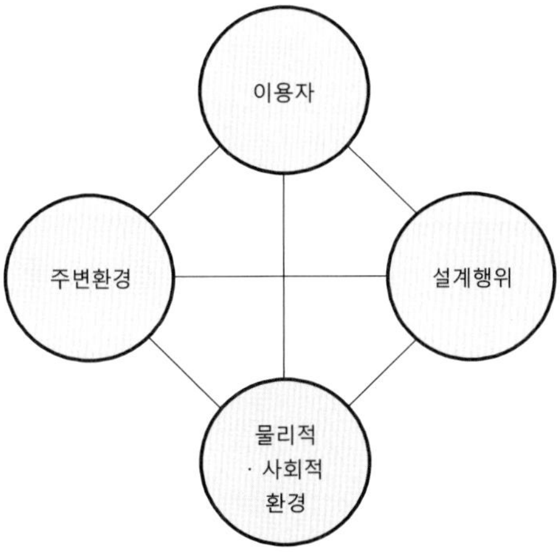

〈그림 2-11〉 이용후평가를 위한 고려사항
(출처: 김철수, 단지계획, 기문당, 2012, p.385)

참고문헌

1) 김철수, 단지계획, 기문당, 2012
2) 오카다 고세이, 김한수 옮김, 공간디자인의 원점, 기문당, 1996
3) 일본건축학회, 최희원 옮김, 도시 · 건축공간의 과학, 기문당, 2011.
4) 일본건축학회, 한영호 외 옮김, 공간학사전, 기문당, 2010
5) 정무웅 외, 건축디자인과 인간행태, 문운당, 2009
6) Bennett, C., Space for People, Prentice - Hall, Inc., 1977.
7) Fisher, J.D., Environmental Psychology(2nd Edition), CBS College Publishing, 1984.
8) Friedmann, A.Z., Environmental Design Evaluation, 1978
9) Yi Fu Tuan, Space and Place, University of Minnesota Press, 1979

3 공간과 행태

3.1 인간과 공간

1. 인간의 공간성

인간이 다른 동물과 어떤 점에서 확실하게 차이가 나는가? 물론 이러한 문제에 대해서 두 발로 서서 걷는다든가, 불이나 언어를 사용한다든지, 도구를 사용하여 노동을 한다든지 등 여러 가지 대답이 있을 수 있을 것이다. 그러나 인간과 동물의 삶의 방식에서 있어서 가장 중요한 차별성은 인간의 생활 속에는 언제나 자연의 현상적인 사실과 함께, 그것을 넘어선 의미(meaning)가 작용하고 있다. 즉, 인간은 사실과 의미의 두 가지 레벨의 양쪽에 걸쳐 살고 있다는 점이다.

공간은 매우 추상적인 용어이다. 따라서 세계의 다른 문화의 사람들은 공간에 대해 다른 가치를 부여하고 평가하는 방법에도 차이가 있다. 그럼에도 불구하고 어떤 유사성이 존재하는데, 그 기본원리는 다음 두 가지에서 찾을 수 있다.

하나는 인체의 구조와 자태 및 인간들 사이의 가깝거나 먼 관계들로서, 인간은 그의 인체나 다른 사람들과의 친근한 경험에서부터 공간을 구성하기 때문에 그것은 생물학적 요구나 사회학적 관계에 부합된다는 점이다. 포유동물 가운데 인간은 직립자세를 쉽게 유지하는 독특한 존재이다. 인간을 둘러싸는 공간은 인체의 구조와 일치하도록 위-밑, 앞-뒤, 좌-우로 분화된다. 직립인체(直立人体)와 공간·시간에서 보는 바와 같이, 인체에서부터 투영된 공간은 앞과 오른쪽으로 치우친다.

미래는 앞이고 위이며, 과거는 뒤이고 밑이다. 그리고 앞과 위는 신성하고, 뒤와 밑은 세속을 상징한다. 즉 신체는 살아있는 인간의 몸이고, 공간은 인간적으로 해석된 공간인 것이다. 그러므로 공간의 의미와 가치를 이해하려면 신체로부터 도출된 위와 같은 사상들을 살펴볼 필요가 있다.

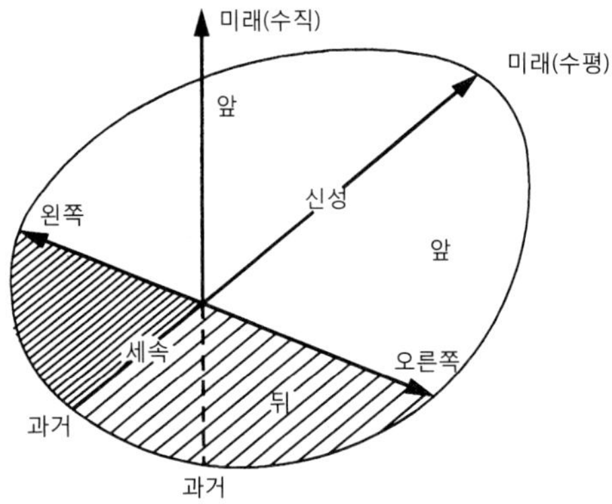

〈그림 3-1〉 직립인체의 공간 · 시간
(출처: Yi-Fu Tuan, 1979:35)

2. 인간과 의미공간

우리 생활의 장면은 여러 가지 모습이나 존재방식을 가진 공간이데, 언제나 그 생활공간 속에서 어떠한 방법으로 사물 및 인간과 관련해서 살고 있고, 그 관계 속에서도 의미가 작용하고 있다.

간단한 예를 들어 보자. 지금 나는 서재에서 원고를 쓰고 있다. 창문 옆으로 공원의 나무숲이 보인다. 또 서재 안에는 책상 · 의자 · 책장 · 필기도구 등이 있다. 그런데 앉아 있는 나를 향하여 나무숲이 보인다고 하는 것은, 어떤 의미에서는 단순한 사실일지도 모른다. 그러나 우리가 그것을 바라보면서 그 나무숲과 나와의 관계는 이미 사실의 레벨에서 의미의 레벨로 옮겨지고 있다.

즉, 사물에 있어서의 공간이 사실공간 · 자연공간(수학적 공간 포함)이라면, 인간에 있어서의 공간은 의미공간인 것이다. 이런 점에 주목하면 사물의 장소인 사실공간이 객관적이라고 한다면, 인간이 살아가고 있는 의미공간은 주체적이라고 말할 수 있다.

3.2 공간과 인간행태

1. 인간행태의 동기요인

인간의 행태(human behavior)는 환경이나 자극에 대한 반응으로써 심리학 · 사회학 등 사회과학 분야의 초점을 이루고 있으며, 오늘날에 와서는 실내디자인 · 건축 · 조경 · 도시설계 등 환경디자인 분야에서도 중요한 국면으로 이해되고 있다.

인간의 상호작용은 복합적이지만 그것은 제한된 수의 동기요인에 뿌리를 두고 있는데, 마슬로우(A. Maslow, 1974)는 인간의 기본적인 욕구를 위계에 따라 다음 5가지로 제시하고 있다.

- 신체 : ① 생리적 욕구, ② 안전 욕구
- 사회 : ③ 소속 및 애정 욕구, ④ 자아 욕구
- 자아 : ⑤ 자아실현 욕구

이러한 동기요인들이 모두 같은 정도로 중요한 것은 아니며, 삶의 모든 단계에서 같은 우선순위를 갖는 것도 아니다. 음식의 절실한 요구가 충족되기 어렵게 되면 자아실현과 같은 추상적 문제들에 대해서 거의 관심이 없을 것이다. 그러나 음식과 안전이 어느 정도 확보된 사회에서는 애정과 자아실현에 대한 요구가 훨씬 더 중요하게 된다. 연령에 따라서도 우선순위에 같은 변화가 일어난다. 젊은이들은 연장자들보다 보호에 대한 관심이 적은 반면, 애정과 그들 자신의 연령층으로부터 존경을 얻는 데 더 관심이 있다.

2. 개인적 공간

1) 보이지 않는 차원

동물이나 사람은 누구나 자기의 몸을 둘러싼 하나의 공간을 갖고 자신의 몸과 마음의 안전과 안락을 위하여 이를 굳게 지키려는 경향을 보인다. 이와 같은 공간행동은 일정한 간격을 두고 전깃줄에 나란히 앉아 있는 참새떼나, 극장 매표소에 줄서 있는 사람들의 행렬에서도 쉽게 알 수 있다.

이러한 현상은 인간사회 모든 곳에 나타나는데, 특히 소규모의 공간에 사람들이 밀집될 때 더욱 분명하게 나타난다. 홀(Edward T. Hall)은 자신의 저서「보이지 않는 차원(The Hidden Dimension)」에서 유럽의 여러 나라 중에서도 독일인이 특히 배타적으로 자신의 공간을 주장하는 경향이 강하다는 것을 밝히고 있다.

하나의 예로 제2차 세계대전 중 독일인 포로들이 작은 집에 4명씩 수용되었는데, 재료만 구할 수 있다면 각각 자기의 구획을 만들어 독립된 공간을 가지려 하는 것이 관찰되었다. 전세가 독일에 불리해지고 군대조직이 붕괴되면서, 수용소에는 실려 오는 수많은 독일군 포로들을 위한 설비를 제대로 할 수 없었기 때문에 벽만 쌓아 사용하게 되었다. 그런데 이러한 상황하에서도 병사들은 간단한 기물들을 이용하여 자기만의 조그만 거주단위인 참호를 만들고 있었다. 이렇듯 우리가 '개인적 공간(personal space)' 을 말할 때, 그 개인의 피부가 외계와의 경계가 아니며, 그는 주변의 보이지 않는 공간을 포함한 보다 연장된 경계를 지니고 있음을 알 수 있다.

이러한 비물질적인 공간막(space bubble)과 같은 개인공간은 그 사람이 이동하여도 항상 붙어 다니는 것이고, 또 상황에 따라 넓어질 수도 좁아질 수도 있다. 물론 부부나 애인 사이에는 공간이 좁을수록 더 좋으나 서로 낯선 사람끼리는 일정한 거리를 두고 떨어져 있어야만 심리적 안정을 꾀할 수 있다. 이것은 서로 간에 신체적인 완충지대를 설정해 놓고 타인의 침해와 위협으로부터 자신을 보호하고 정서적 안정을 유지하려는 동기를 표현한 것이다.

또한 솜머(R. Sommer)는 이와 같은 개인적 공간을 '타인이 침범할 수 없는, 인체를 둘러싸고 있는 보이지 않는 경계를 가진 구역' 으로 정의했다. 또 공간행동이 여러 가지 의미를 나타내는 경우도 있다. 가령 국왕이나 대통령과 같이 사회적 신분이 특수한 사람을 만날 때 우리는 너무 가까이 접근하지 않는데, 이는 그 공간이 권위를 상징하기 때문이다. 또한 두 사람이 복도 한가운데서 이야기하고 있으면 우리는 그 사이를 가로질러가지 못하고 옆으로 비켜 돌아가게 된다.

이와 같이 자신의 개인적 공간을 보호하고 남의 공간을 침범하지 않으려는 동기와 노력은 시내버스를 탔을 때 더욱 뚜렷이 나타난다. 종점 부근에서 빈차를 타게 되면 승객들은 앞자리부터 빈자리를 한사람씩 차지해 가다가 뒷자리까지 거의 차게 되면 그 다음 사람은 하는 수 없이 다시 앞자리부터 두 사람씩 앉기 시작한다<그림 3-2>.

〈그림 3-2〉 시내버스 내의 착석 패턴

2) 사람간의 거리와 행동

인간 주변의 눈에 보이지 않는 영역(공간)은 퍼스널 스페이스, 대화나 줄 등의 실태를 실험·관찰함으로써 눈에 보이는 형태가 된다. 사람끼리의 거리는 각각의 관계에 대응하여 사람 간에 이들 거리 안에 있는 것은 그 행위(인간간의 관계)를 가능하게 하는 바, 거리에 의한 인간행동은 <표 3-1>과 같이 구분된다. 이러한 사람간의 거리에 따른 행동특성은 건축 및 도시공간 스케일의 결정과 세부설계에 적극 이용된다.

〈표 3-1〉 사람간의 거리와 인간행동

구 분		인간행동	비 고
~0.5m	배타영역	• 당장 떨어지고 싶은 거리 • 서서하는 대화 가능한 거리	• Hall의 밀접거리 - personal space
0.5~1.5m	대화영역	• 일상대화가 가능한 거리 • 0.8m이상은 협상적인 대화 • 타인 사이에는 답답함을 느끼는 거리	• Hall의 개체거리
1.5~3.0m	공간공유영역	• 타인 사이에도 잠시는 괜찮은 거리 • 대화 · 토론하는 그룹멤버의 최대거리	• Hall의 사회거리
3.0~7.0m	상호인식영역 (근거리)	• 상대의 인성 · 표정 파악이 가능한 거리 • 아는 사람을 외면하기 힘든 거리	• Hall의 공공거리
7.0~20m	상호인식영역 (원거리)	• 상대를 아는 사람으로 인정하고 인사 · 말을 하는 거리	
20~50m	식별영역	• 상대가 지인임을 알 수 있는 거리 • 상대와 얽히는 않을 수 있는 거리	• 프라이버시 유지 가능거리

(출처: Edward T. Hall, The Hidden Dimension 및 정무웅 외, 인간행태와 건축디자인, p.187을 재정리)

3) 벤치의 배치형태와 커뮤니케이션

사람의 몸의 방향을 결정하는 좌석의 배치형태에 따라 사람 간의 커뮤니케이션이 달라진다. 적, 의자의 배치형태가 사람이 마주보는 =자형이나 ㄷ자형, 안쪽을 향하게 하는 원형 등의 구심적인 좌석배치는 그곳에 사람들이 모여 활기찬 대화가 이루어지는 것을 상상할 수 있다. 그러나 반대로 一자형이나 바깥을 향하게 하는 원형배치는 타인 간에 관계없이 약속한 상대를 기다리는 등의 상활을 상상할 수 있다. <그림 3-3>은 옥외공간에서 벤치의 설치 방향에 따른 대화의 가능성을 잘 비교 설명해주고 있다.

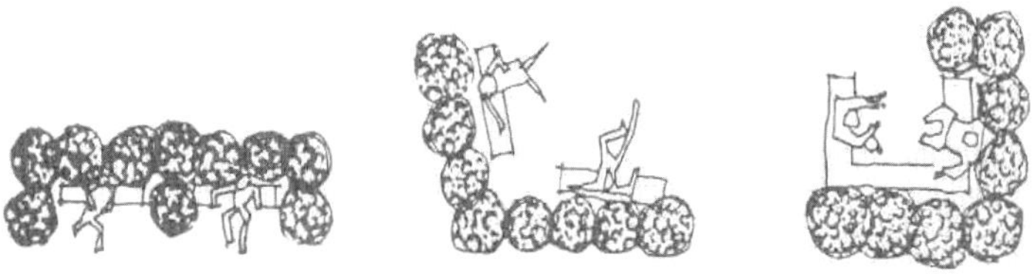

〈그림 3-3〉 벤치의 배치형태와 커뮤니케이션

그러나 인간은 언제나 커뮤니케이션을 추구하고 있는 것은 아니며, 때에 따라서는 고독을 느끼고 싶을 때도 있기 때문에 의자의 배치형태를 결정할 때는 그 공간특성과 주변환경을 충분히 고려해야 한다.

4) 공간적인 행동

우리들의 구체적인 생활 속에서 공간과 관련한 지식과 사고와 행동은 극히 밀접하게 연결되어 있기 때문에 그들을 하나하나 분리해서 생각할 수 없다. 즉, 우리들의 공간적인 행동을 돕는 것으로 지각과 사고와 같은 의식적인 작용 이외에 감(感)과 같은 무의식적인 작용도 있다.

우리들이 지진이나 화재와 같은 비상사태 때에 일일이 감각으로 확인한다든지, 무의식적으로 정확하게 탈출구를 찾아낸다든지, 또는 미지의 장소에서 지도도 없는데 목적지에 정확하게 도착한다든지 하는 경우에 작용하는 것은 감일 것이다. 혹은 좀 더 다른 신체적인 운동에서도 감이 작용된다. 예를 들면, 야구선수가 공과 배트 혹은 공과 글러브와의 공간적인 위치관계를 정확하게 파악함으로써 홈런을 친다던지, 파인 플레이를 보인다는 것은 감의 작용이라 할 수 있다. 그러나 이 감이라고 하는 것은 명확하게 설명할 수 없는 것이고, 때로는 선천적이거나 본능적인 반사작용도 있을 것이다. 요컨대, 우리들은 지각과 사고와 행동을 계속 동원하면서, 공간을 다이나믹하게 살고 있는 것이다.

3. 인간의 공간 · 환경적 욕구

1) 안전성(safety)

안전성은 시간 · 계절 · 장소에 상관없이 외부로부터 갑자기 발생되는 위험으로부터 보호받고 예방하고자 하는 인간의 심리상태를 반영하는 것으로서, 이는 본거지의 핵(주택이나 실) 수준에서 평가된다.

Rapoport(1969)는 본거지의 안전성이 입구의 신성함에 대한 인식을 수반한다고 제시하였다. 그는 문화적 규범·물리적 구조·본거지의 침투성 간의 관계를 예를 들어 설명하고 있다. 침입자와 본거지 통제자 모두에 있어서 불안감 해소방법은 모슬렘(Moslem) 주거의 높이 에워싼 담장에서부터, 전형적인 영국의 부지 울타리나 낮은 담장을 거쳐, 북미의 가구(block)분할에 있어서 다소 방어적이 아닌 개방적인 평면에 이르기까지 부지의 설계에 따라 달라진다.

2) 프라이버시(privacy)

프라이버시에 대한 정의는 다양하다. 즉, Halmos는 '사회적 접촉과 관찰들이 요구되지 않은 상황일 때 이러한 사회적 접촉과 관찰로부터의 자유' 라고 정의하고 있으며, Altman은 '개인이나 집단에게 접근하는 것에 대한 선택적인 통제' 라고 정의하고 있다. 그런데 프라이버시의 개념은 60년대의 배타적인 성격의 강조로부터 70년대의 개인적 접근에 대한 통제의 자유 등의 선택적인 성격으로 그 개념의 범위는 넓어지고 있는데, 프라이버시의 기능은 다음 4가지로 분류된다.

- 개인의 자율(autonomy): 자아의 가치, 자아의 독립, 자아의 정체성 등과 연결
- 심리적 해방(emotional release): 타인 또는 대중 앞에 취하게 되는 모든 것들로부터 벗어나 자유로워지는 것
- 자기평가(self-evaluation): 반성 및 장래의 행동을 계획할 수 있는 기회를 갖게 되는 것
- 제한적·보호적인 교류(limited and protected communication): 다른 사람과 또는 소규모의 사람들과 함께 고립되어 있을 수 있는 기회를 제공하여 개인적인 관계의 형성을 도모

3) 사회적 접촉(communication)

대부분의 도시공간 계획은 상품·인간·정보가 쉽게 유통될 수 있도록 영향을 준다. 그러나 오늘날 개인교통수단의 발달과 TV의 보급, 그리고 지역지구제(zoning)에 의한 토지이용의 분리 등은 면 대 면(face to face)접촉의 기회를 감소시키는 요인으로 작용하고 있다.

그러나 생활공간계획의 가장 큰 목표 중의 하나는 주민 상호간의 사회적 접촉을 긴밀하게 함으로써 공감대(common ties)를 형성하는 것이며, 이를 위해서는 주민들이 자연스럽게 기능적·시각적으로 상호접촉 할 수 있는 공간이나 시설이 마련되어야 한다. <그림 3-4>는 도시의 보행자도

로가 인사를 나누고, 음식을 먹으며, 잡답을 하는 중요한 사회적 접촉기능을 제공해주고 있음을 보여주고 있다.

〈그림 3-4〉 보행공간의 사회적 접촉기능

4) 장소성(sense of place)

환경설계와 관련하여 가장 중요한 개념 중의 하나를 장소성이라 할 수 있다. 장소성의 개념은 분석적이고, 체계적이며, 전통적인 환경설계 방법에 대한 반성을 촉구하고, 종합적이고 체험적인 새로운 차원에서의 환경설계방법을 암시해 주고 있다.

장소성(placeness)을 가장 잘 설명해 주는 개념은 내부성-외부성(insideness-outsideness)의 개념이라고 말할 수 있다. 즉, 장소(성)의 본질은 외부와는 구별되는 내부의 경험에 있다. 이것은 장소가 공간과는 다른 점을 말해 주며, 동시에 물리적 사물·행위·의미 등이 어우러진 독특한 체계를 뜻한다. 어떤 장소의 내부에 있다는 말은 그 장소에 소속되어 있으며, 그 장소와 일체감을 느끼는 것을 말한다. 따라서 장소성이라 함은 소속감 혹은 장소와의 일체감을 포함한다고 볼 수 있다.

5) 영역성(territoriality)

인간사회에서의 영역은 개인 혹은 일정의 사람들이 사용하며, 심리적이거나 실질적인 소유권을 행사하는 일정 한도 내의 지역을 지칭한다. 이러한 영역은 개인화 또는 집단화된 공간이라 말하며, 공공영역·가정영역·개인영역 등과 같이 사회적 단위에 따라 몇 단계로 구분되기도 한다. 인간사회에서 영역성은 인간에게 일정한 영역에의 귀속감을 느끼게 함으로써 심리적인 안정감을 주며, 외부와의 사회적 작용을 함에 있어서 구심적인 역할을 한다. 이러한 구심점이 결여된다면 심리적·사회적 불안정이 초래된다.

영역은 일정한 공간적인 넓이를 가지며, 개인이나 집단에 의해서 소유되거나 지배되고, 구체적 또는 상징적인 방법으로 표시되며, 침입자에 의해 어떤 형식으로든 침해되면, 이를 방어하거나 적어도 불안을 느낀다. 영역성의 개념은 주택이나 거주지역의 범죄 및 비행(非行)으로부터 어떻게 방어해야 할 것인가에 대한 구체적인 설계방향을 시사한다.

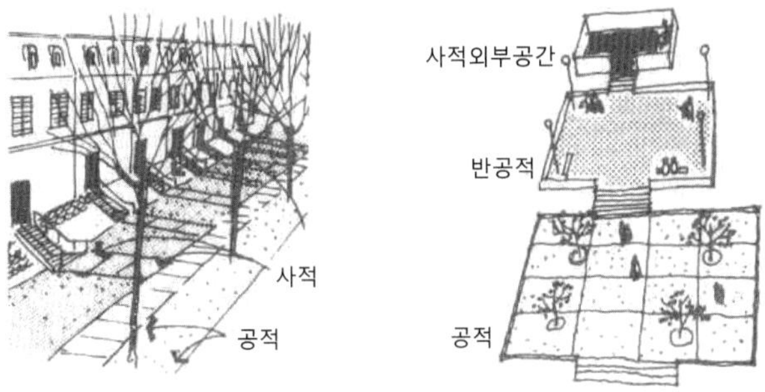

〈그림 3-5〉 영역성의 개념

6) 개방감(open views)

개방감은 조망에 관한 인간의 심리적인 면에 관계된다. Mohlg(1967)는 단지의 형태·단지의 유지상태·거실과 부엌에서의 조망이 그 단지의 만족감에 영향을 미치는 가장 중요한 요소라고 하였다. 그는 거주자의 취향은 개방감·잔디 그리고 활동을 인지할 수 있는 조망을 좋아하며, 단조로운 외곽·너무 근접해 있는 건물·주차장·무미건조한 벽 등이 직접 보이는 조망은 싫어한다고 하였다.

이렇게 거주자들은 창밖을 통해 보이는 외부의 풍경에 강한 매력을 느낀다. 대부분의 인간들은 멀리서 지각되는 풍경과 그 속에서 이루어지는 인간활동을 포함한 시각적 다양화를 추구하기 때문이다.

7) 연속성(sequence)

연속성이란 계속해서 시각적인 변화를 주기 위해 연출된 공간이나 대상물을 인식한다는 의미이다. 공간의 연속화란 인간의 의식변화와 변화적 요소의 체험을 말하며, 시간의 개념을 포함한다.

외부공간에서는 공간이나 재료 혹은 사물(구조물·시설물·장치물 등)의 연속됨이 있어야 한다. 그것은 각 부분이 서로 관계되며, 어떤 기본적인 주제(theme)에 따라 연속적으로 변화하는 것이다. 공간은 평면적으로 지각되는 것이 아니라 지각하는 사람의 움직임을 따라 연속적·발전적으로 경험되는 것이다.

8) 심미성

인간이 '아름다움에의 권리' 를 추구함에 있어 연속적이고 결합력 있는 도시공간은 인간생활의 장(field of human activity)이며, 정주공간이기 때문에 기능적임과 동시에 정서적 · 미적 만족을 줄 수 있도록 미적 형태를 갖추어야 한다.

인간이 공간에 대한 어떤 호기심과 즐거운 행위를 찾지 못할 때에는 그 공간을 이용하지 않게 된다. 또한 그 공간이 광대한 스케일이라면 어떤 인간다운 친밀감을 느끼지 못하고 공동감(空洞感)과 위압감을 느끼게 된다. 그 물리적 환경이 아름답게 이루어지고 문화적 · 역사적 요소들이 도시공간의 부분들로서 진정한 가치를 발휘할 때, 비로소 인간의 사회적 만남은 물론 더 나아가서 그 공간 속에서 서로의 사랑스러움과 친근함을 느낄 수 있게 된다.

3.3 공간의 척도

1. 척도의 기본단위

1) 길이

치수의 단위는 본래 인간을 기준으로 한 것이기 때문에 우리들의 감각과 행동에 깊이 관련되어 있는바, 이것이 바로 인간척도(human scale)라고 할 수 있다. 동양의 자(尺)와 서양에서 이용하는 피트(feet)는 인간척도의 하나이다. 자는 <그림 3-6>에서 보는 바와 같이 엄지와 검지손가락을 펴서 척도를 재는 형태를 형상한 문자이며, 피트는 발의 뒷부분에서 발톱 끝까지의 길이를 의미하는 말이다.

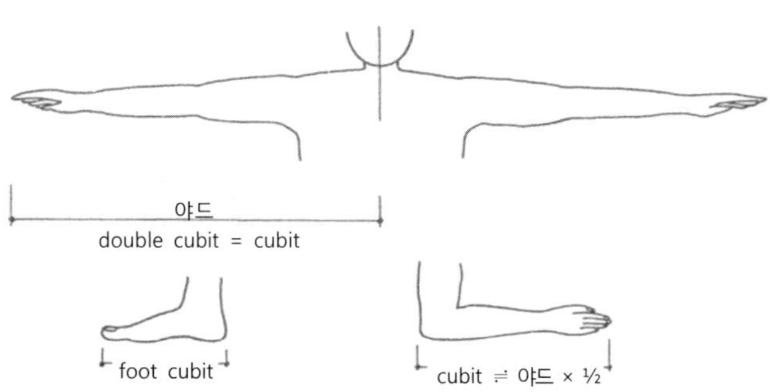

〈그림 3-6〉 인간의 손과 발을 기본으로 한 치수
(출처: 김한수 옮김, 공간디자인의 원점, 기문당, 1996, p.88)

즉, 이 모두가 인간의 신체 일부분에서 나온 척도이며 모두가 30cm로 거의 같은 치수이다. 한편, 이 단위는 사다리를 오를 때 가장 안락한 세로폭의 간격이기도 하다.

또한 야드(yard)는 일반적으로 영국과 미국에서 사용하는 단위이다. 1야드는 3피트(약 91cm) 즉, 3자에 가까운 치수이다. 이러한 치수가 지금까지도 사용되고 있는 이유는 인체의 길이를 기본으로 설정된 단위가 인간적으로 사용하기 쉽게 되어 있기 때문인 것이다.

2) 면적

면적의 기본단위는 평(6자×6자)이라는 단위가 사용되어 왔다. 벼농사의 경우 1일의 노동량으로서는 단(300평)이 기준이 되었다고 한다. 이 중에 평(3.3㎡)은 지금도 일반적으로 사용하고 있다. 또 1정보는 약 1ha로 우연이라고 할 수 없을 정도로 사용하기에 편리하게 되어 있다.

치수단위는 미터법으로 이루어져 있고, 척관법(尺貫法)은 공식적으로는 사용하고 있지 않다. 건축도면도 주로 ㎜단위로 나타내고 있다. 그러나 1m는 파리를 통과하는 자오선(子午線)을 포함하는 지구둘레의 4천만분의 1의 길이로 정의된 것으로 인간과는 본래 아무런 관계가 없기 때문에 건축설계에서는 사용하기 어려운 측면도 있다.

예를 들어, 주택용의 싱크대와 샷시 등의 척도는 3자(900㎜), 3.5자, 4자, 5자(1500㎜)라고 하는 5치(150㎜) 간격이나, 1자(300㎜)의 척법이 적당하여 부품의 규격도 거의 여기에 준하여 제작되고 있다. 건축은 인간을 담는 용기이기 때문에 당연히 휴먼 스케일에 맞추어 만들어져야 한다.

2. 인체와 공간척도

1) 인간척도(human scale)

인체치수는 연령·성별·인종 등에 따라 차이가 있다. 연령에 의한 변화는 발육곡선으로 표현되지만 2012년 현재 우리나라 중학교 3학년 남자의 평균신장이 1,689㎜(여학생 1,595㎜)로 증가하는 등 대단한 발육 가속 현상이 나타났다. 이러한 신장의 변화는 학교건축에 있어서는 책상·걸상 등의 가구 선정에 고려해야 할 부분이다.

한편, 인체부분의 척도와 신장 사이에는 <그림 3-7>과 같이 일정한 비율이 있다. 예컨대 눈의 높이는 신장의 9할, 손이 닿는 높이는 신장의 1.2배, 어깨 폭은 신장의 약 4분의 1이 된다. 이러한 치수는 틀림없이 실용적으로 사용하게 된다.

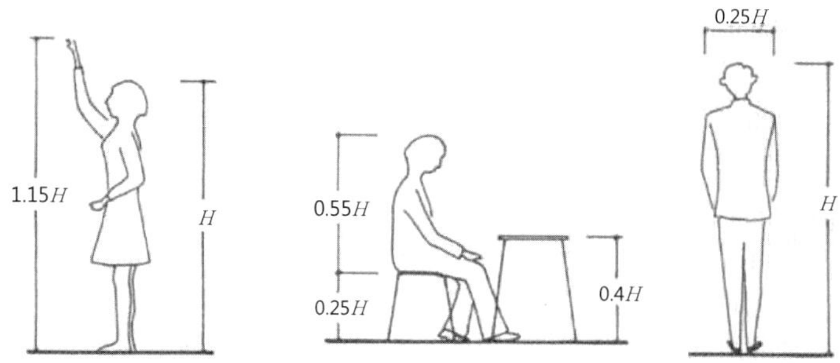

〈그림 3-7〉 인체치수의 관계

2) 건축 · 도시공간에서의 인체치수

건축이나 설비의 척도를 얻고자 할 때, 알몸을 전제로 한 욕조의 치수 등을 제외하고는 일반적으로 옷을 입은 상태의 치수를 기준으로 하지 않으면 안 된다. 종래에 측정하여 발표된 인체치수는 거의 대부분이 옷을 입지 않은 상태의 치수이기 때문에 이 치수에 의복과 모자, 신발, 더욱이 휴대품에 의해서 증가하는 증가치수를 첨가시킬 필요가 있다.

피복의 두께, 옷을 입었을 때의 좌우 폭과 전후 폭의 증가치수는 계절과 의복의 종류에 따라서도 다르지만 가벼운 의복이라도 30㎜, 겨울의 코트를 입으면 150㎜ 정도를 추가로 계산하지 않으면 안 된다. 설계 시에는 동복을 입었을 경우를 기준으로 하여야 할 것이다.

또한, 서있는 자세에서도 인간은 전후 · 좌우로 100~150㎜ 정도의 흔들림이 있다. 전차나 버스를 이용하는 사람들 거의 대부분이 무엇을 들고 있다. 남녀 모두 90% 이상은 가방 · 핸드백 등을 가지고 있다. 따라서 도시공간에서는 단순하게 인체 치수만을 고려해서는 안 된다. 특히 기차역 혹은 공항에서는 여행가방 · 스키 등 큰 수화물을 가지고 있는 사람이 많기 때문에 그 치수도 가산하여야 한다.

〈그림 3-8〉 도시공간에서의 인체치수

3) 인간공학(ergonomics)

20세기 초에 주로 산업계의 필요에 따라 발전되기 시작한 인간공학은 인간의 신체적 혹은 심리적 특성에 적합하도록 기계 등의 개선을 도모하는 학문이다. 인간이 작업할 때에 지각하거나 동작할 때 적절한 능력의 범위와 한계가 있는데 자신과 타인의 작업환경을 제공하는 것으로 작업의 효율성이나 쾌적성을 향상시키거나 착오를 줄이거나 할 수 있다.

오늘날에 있어서 인간공학은 인간과 기계와의 개별대응 관계에 머무르지 않고 자주적 · 능동적으로 신체 혹은 정신적인 활동을 실시한다고 하는 인간의 본선을 적응한 인간과 기계의 관계를 구축하는 것의 중요성이 주목받고 있다. 그리고 더 나아가 의복과 가구(furniture)로부터 건축 · 도시 · 교통기관 등 다양한 생활공간 디자인에 적용되고 있다.

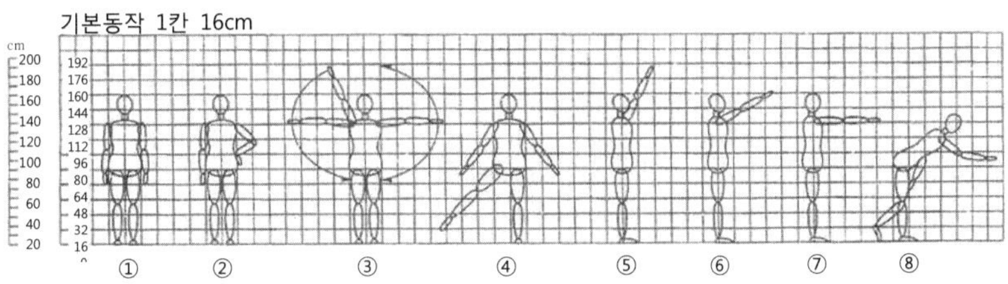

① 직위(전면) / ② 손을 허리에 둔 동작 / ③ 손 을 수평으로부터 상하로 움직이는 동작 /
④ 다리를 옆으로 올리는 동작 / ⑤~⑧ 손을 자연스럽게 올린 자세부터 32cm씩 내리는 동작

〈그림 3-9〉 인체의 동작공간

4) 설계치수

설계치수를 결정하는 조건으로서는 기능, 디자인, 부품과 재료의 치수라고 하는 3가지를 생각하지 않으면 안 된다. 기능적으로 취급해야 할 치수로서는 인체치수 · 물품치수 등이 있지만, 이것이 그대로 설계치수로 이용되지는 않는다.

〈표 3-2〉 자세와 인체의 치수 · 점유면적

자　　세	좌우폭	전후폭	점유면적	점유율
물건 없이 서 있을 때	58cm	30cm	0.17㎡	100%
쇼핑백을 들고 있을 때	59cm	43cm	0.25㎡	147%
잡지를 읽고 있을 때	55cm	58cm	0.32㎡	188%
신문을 펴서 읽고 있을 때	89cm	77cm	0.69㎡	406%
정좌하고 있을 때	54cm	62cm	0.33㎡	194%
책상다리를 하고 있을 때	81cm	65cm	0.52㎡	306%

(출처: 김한수 역, 앞의 책, p.102)

즉, 인체에 대한 안전과 편안한 동작을 위한 여유가 가산되어야 한다. 기능적 조건에 의한 치수는 다음과 같이 구성되어 있다.

{인체치수 · 동작치수} + {물품치수} + {여유} = 설계치수

3. 인체와 비

1) 인체치수와 비

비(proportion)는 아름다운 형태를 만들어내기 위한 가장 기본적인 문제의 하나이다. 따라서 고대부터 비례관계의 기초를 둔 척도기준이 연구되어 조형의 원리로서 중시되어 왔다. 예컨대, 고대 그리스에서는 기본 모듈(modulus)로서 기둥의 굵기를 기준으로 하는 치수체계가 있었다.

구체적인 비례관계로서는 고대 그리스건축이나 중세 고딕건축 등에서 볼 수 있는 '정수비' 에 근거하는 비례가 있다. 르네상스시대에는 인체치수로 미의 근원과 정수비의 관계를 찾아내어 비례가 미와 조화를 창조하기 위한 기본원리라고 생각하고 있었다.

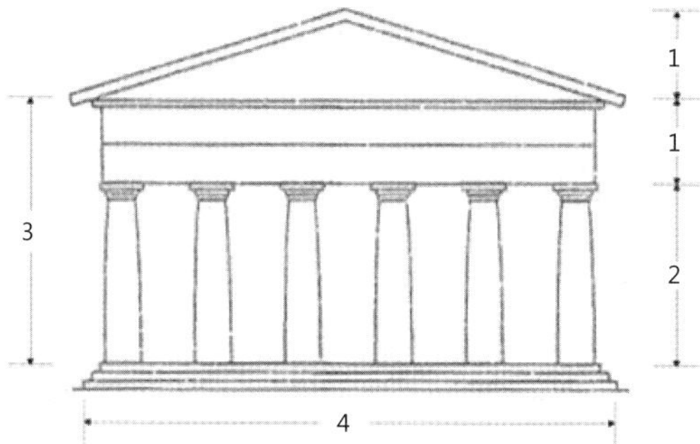

<그림 3-10> 정수비의 예(그리스 포세이돈 신전)

BC 1세기 경 로마의 건축가였던 비트루비우스(Marcus Vitruvius Pollio, BC 27~AD 30)의 저서 ≪건축십서≫가 14~15년경에 발견되었는데, 그는 이 책에서, 성인 남자가 수족을 벌리고 머리를 올려 누울 때 컴퍼스의 중심을 배꼽에 두고 원을 그리면 수족의 양 끝은 원에 내접하고, 양손을 벌려 직립하면 정방형에 내접한다는 것을 나타내고 있다. 즉, 원과 정방형은 인간체 전신의 형태에 대응하고 있음을 보여주고 있다. 또한 비투루비우스가 제안한 이상도시안(Ideal City Plan)에서는 도시는 건강위생상으로 좋은 언덕 위에 성벽으로 둘러싸는 모양이었고, 평면 형태는 정방형이나 돌출된 직각부분은 삭제하여 8각형이었으며, 가로망은 기후조건, 특

히 풍향을 중요시하여 8개의 방사선 형태로 계획되어 있다<그림 3-11>.

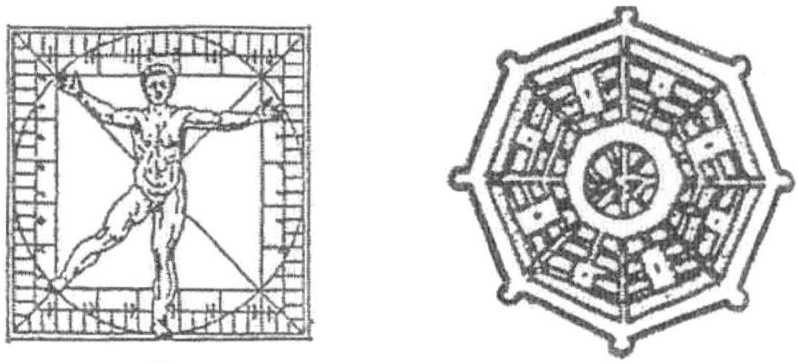

〈그림 3-11〉 비트루비우스의 인체(좌)와 이상도시안(우)
(출처: 김철수, 도시공간계획사, 2009, p.276)

2) 황금비와 피보나치 수열

유럽에서 안정된 조형물을 만들어 내기 위한 수단으로 오래전부터 사용되어 온 것이 황금비이다. 이것은 $1:(1\pm\sqrt{5})/2=0.618:1=1:1.618$라고 하는 비율로 이것은 피보나치의 수열에서 유래한다.

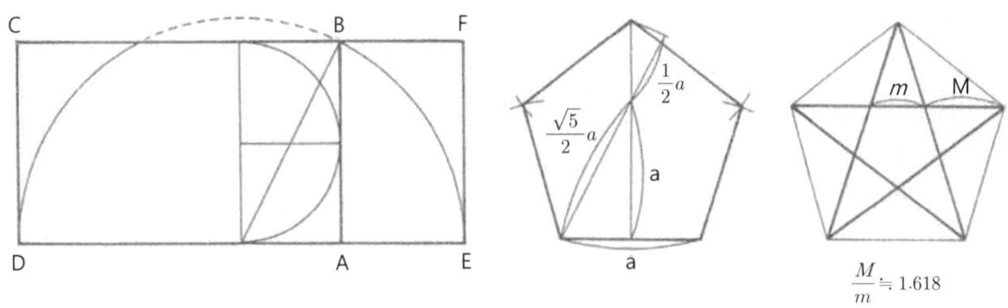

황금비와 황금구형의 작도 $\frac{AD}{AB}=\frac{AB}{AE}=\frac{\sqrt{5}+1}{2}\fallingdotseq 1.618$ 정오각형의 작도(좌)와 황금비(우)

〈그림 3-12〉 도형의 황금분할

피보나치 수열이란 1, 2, 3, 5, 8, 13, · · · · · · 으로 계속되는 것이지만, 이 수열에서 연속한 2항의 비는 극한에 있어서 황금비 1:1.618에 수렴되기 때문이다. 황금비로 분할된 것을 황금분할(golden section)이라고 하며, 종횡의 비가 이 수치로 된 장방형은 황금비 장방형이라고 하여 가장 아름다운 형태이다. 파르테논 신전을 시작으로 역사적으로 유명한 건축의 정면이 황금비로 완성된 것이 많다고 전해지고 있다.

4. 거리와 시간척도

1) 거리의 개념

우리들은 어딘가를 가려고 할 때 먼저 목적지까지의 거리를 생각한다. 그러나 한마디로 거리라고 하지만 간단한 것은 아니다.

거리에는 물리적 거리와 심리적 거리가 있다. 물리적 거리는 공간거리와 시간거리로 분류하고, 공간거리는 실거리와 직선거리로 분류한다.

- 거리
  - 물리적 거리
    - 공간거리
      - 실거리 (이동거리)
      - 직선거리
    - 시간거리
  - 심리적 거리

실거리와 시간거리에 관해서는 최단거리와 표준거리 또는 평균거리와의 구별을 해야 할 경우가 많다. 왜냐하면 통행의 경로나 교통수단은 하나밖에 없는 것이 아니기 때문이다.

2) 교통수단과 이동수단

공간과 시간, 그리고 경험은 주로 무의식적으로 이루어진다. 우리는 움직일 수 있기 때문에 공간을 의식하게 되고, 이 때 공간과 시간을 동시에 체험한다(Tuan, 1977). 즉 우리의 생활은 공간 · 시간 · 운동(이동)에 의해 이루어지는 활동의 종합체이며 그리고 사는 공간은 반드시 시간을 동반한다.

오늘날 세계는 축소되고 우리가 느끼는 생활공간의 범위는 점점 확대되어 가고 있다. 특히 교통 및 정보통신 수단의 발달에 따라 시간 개념, 역시 과거와는 다른 속도감을 가지며 많은 것을 빠르게 변화시키고 있다.

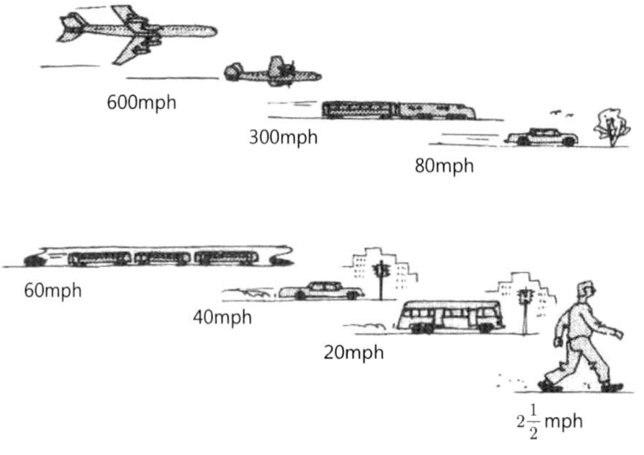

〈그림 3-13〉 교통수단별 이동속도

3) 보행척도

인간에게 있어서 보행은 가장 기초적인 이동수단으로서 통근 · 통학 · 쇼핑 · 산책 및 레크레이션 등을 목적으로 하는 통행에 이용된다. 도시공간에서 성인이 힘들지 않고 걸을 수 있는 보행시간은 10~15분정도이고, 보행속도는 분당 60~70m 범위이므로 보행거리는 약 600m(최대 1,000m)이다. 일상적인 생활공간에서 보행에 의한 생활편익시설의 최대 이용거리는 다음과 같다.

- 건물입구에서 주차장: 100 ~ 200m
- 어린이공원 · 유치원: 200 ~ 400m
- 근린쇼핑시설 · 시장: 400 ~ 600m
- 초등학교 · 근린공원: 600 ~ 800m

일반적으로 보행거리는 연령에 따라 차이를 보이게 되는데, 연령별 보행거리 기준은 대략 다음과 같다.

- 유아: 150m
- 아동: 300m
- 성인(남): 600m
- 성인(여): 500m
- 노인: 300m

한편, 도시공간에서 보행자도로의 폭은 도로의 성격에 의한 보행통행 발생정도에 따라 달라지게 된다. 보도의 최소폭은 1.5m를 기준으로 하지만 가로수 · 교통표지판 등 가로장치물의 설치공간(약 0.6m)이 필요하므로 가급적 2.5m 이상 확보하는 것이 바람직하다.

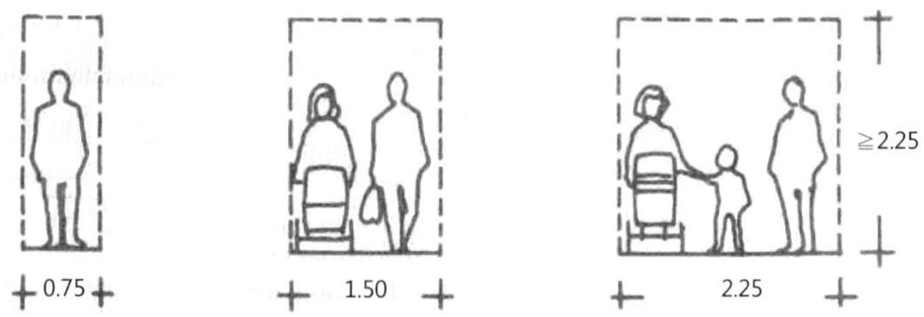

〈그림 3-14〉 보도폭의 계획기준

참고문헌

1) 권영걸, 공간디자인 16강, 도서출판국제, 2008.
2) 김철수, 단지계획, 기문당, 2012.
3) 김철수, 도시공간의 의해, 기문당, 2006.
4) 오카다 고세이, 김한수 옮김, 공간디자인의 원점, 기문당, 1996.
5) 대한건축학회, 건축공간론, 기문당, 2010.
6) 일본건축학회, 한영호 외 옮김, 건축 · 도시계획을 위한 공간학사전, 기문당, 2010.
7) 일본건축학회, 최희원 옮김, 건축 · 도시공간의 과학, 기문당, 2011.
8) Bennett, C., Space for People, Prentice - Hall, Inc., 1977.
9) Deasy, C.M., 한필원 옮김, 인간행태와 건축디자인, 기문당, 1996.
10) Fisher, J.D., Environmental Psychology(2nd Edition), CBS College Publishing, 1984.
11) Hall, E.T., 김광문 옮김, 보이지 않는 차원, 세진사, 2005
12) Lang, J., Design for Human Behavior, Hatchison & Ross, Inc., 1977.
13) Porteous, J.D., Environment and Behavior, Addison-Wiley Publishing Co., 1977.
14) Rapoport, A., House Form and Culture, Prentice-Hall, Inc., 1969.
15) Sommer, R., Personal Space, New Jerge: Prentice Hall, 1969.
16) Yi - Fu Tuan, Space and Place, University of Minnesota Press, 1979.

4 공간과 스케일

4.1 인체와 스케일[1)]

1. 인체와 공간척도

프로타고라스는 '인간은 만물의 척도' 라는 말로도 유명한 철학자다. 그가 주장한 '인간은 만물의 척도' 라는 의미는 인간은 사물을 인식할 때 제각각으로 인식하여 사물을 절대적이지 않고 상대적으로 본다는 뜻이다. 따라서 인간이 가지게 되는 지식은 인간의 인식에 기초하는데, 이 인식은 또한 인간의 감각에 기반을 두고 있어서, 인간의 감각기관에 의해서 인식되는 것이 각각 다르므로 지식 또한 사람마다 다르다는 상대주의적 진리론을 주장한 것이다. 가치판단의 기준으로서의 인간은 소크라테스의 보편적 이성을 지닌 인간이 아닌 감각, 경험과 유용성이 서로 다른 개인을 의미한다. 따라서 인간은 만물의 척도란 말은 개인이 만물의 척도란 의미이다. 그렇다면 공간에 있어서도 인간의 그 척도(scale)가 된다.

육체의 경험을 바탕으로 도시의 역사서를 쓴 리차드 서넷(Richard Sennett) 교수의 <살과 돌-서구문명에서 육체와 도시 Flesh and Stone-The Body and the City in Western Civilization, 그림 1>에 따르면 "서구문명은 오래 전부터 육체의 존엄성과 다양성을 살리는데 어려움이 있었다. 나는 이러한 육체적 문제가 어떻게 건축, 도시설계, 그리고 계획실무에 나타났는지 이해하려고 하였다. (중략) 내가 처음 공간에서의 감각 상실을 연구하기 시작했을 때, 문제는 전문적인 능력의 부족인 듯했다. 현대의 건축가와 도시학자가 디자인과정에서 공간과 인간 육체와의 긴밀한 연계를 놓쳐 버린 것으로 이해했다." [2)]고 하면서 그는 공간에서 감각 상실이란 문제에 대하여 광범위한 원인과 역사적 근원을 이 책에서 파헤쳤다.

---

1) 김수봉(2012). 그린디자인의 이해. 계명대학교출판부. 234-241쪽 <디자인과 스케일> 내용 참조

2) 리차드 서넷지음 임동근 외 옮김(1999). 살과 돌. 문학과학사. 13쪽.

<그림 4-1> 리차드 서넷의 저서<살과 돌-서구문명에서 육체와 도시 Flesh and Stone- The Body and the City in Western Civilization>

특히 공간디자인 분야에서 특히 주목할 내용은 고대 그리스 아테네의 몰락을 수동적인 몸과 능동적인 몸의 차이에서 기인했다고 주장한 부분이다. 당시 그리스 사람들은 운동으로 잘 단련된 미소년의 나체를 도시번영의 상징으로 보아 서있는 자세를 자신감과 인품이 우월한 것으로 보았다. 반면 앉아 있는 자세를 여인이나 노예들이나 취하는 열등한 자세로 보았다<그림 4-2>.

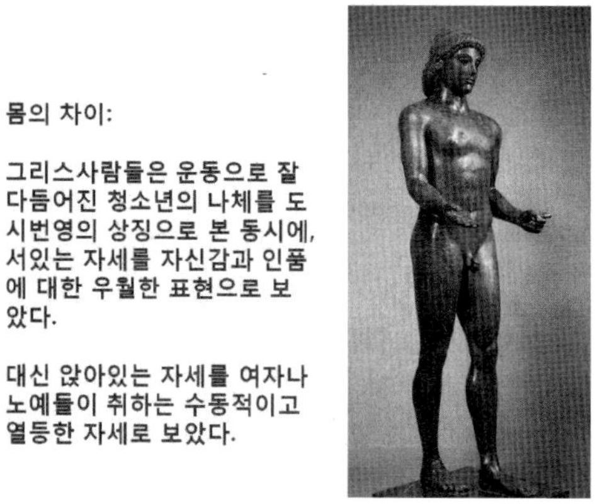

<그림 4-2> 그리스인들은 서있는 자세를 자신감과 인품이 우월한 것으로 보았다

그에 따르면 그리스 아테네의 '아고라'는 (능동적인) 서있는 몸의 대표적 공간으로 이곳에서는 소식과 정보가 수평적으로 자유롭게 오고 갔으며 도편추방(ostracism)[3]과 유배와 같은 중요한 정치적사건을 처리한 그리스 아테네 민주주의의 상징적인 곳이었다<그림 4-3>.

<그림 4-3> 아테네의 아고라

한편 (수동적인) 앉아있는 몸의 대표적인 공간은 아고라에서 10분 거리의 프닉스 언덕<그림 4-4> 이라고 했다. 이 프닉스 언덕[4]은 좁은 아고라에서 많은 사람들이 제기하는 넘쳐나는 의견을 조율하기 위해 그리고 많은 연설자의 말에 청중들이 집중하기가 어려운 점등을 해결하기 위하여 만든 일종의 야외극장이다. 그에 따르면 "아고라의 옥외 생활은 대부분 걷거나 서 있는 육체들 사이에서 일어나는 반면, 프닉스 언덕에서는 관객들의 앉아있는 육체를 정치적으로 이용했다. 그들은 수동적이고 상처받기 쉬운 자세에서 자신을 제어 하도록 노력해야 했다. 이런 자세에서 그들은 아래로부터 있는 그대로의 목소리를 들었다." [5] 아고라에서는 사람들의 관계가 수평적으로 서로 의견을 주고받는 평등이 존재하는 곳이었으나, 이 곳 프닉스의 야외극장에서는 몇몇 달변가들이 연설대에 올라가 현란한 수사학을 동원하여 앉아있는 관중들을 선동하던 중우정치[6]가 난무 하던 곳이었다.

이러한 중우정치는 프닉스의 극장식 공간구조가 이러한 선동정치를 하는데 기여한 무대장치였을 것이다. 리차드 서넷 교수는 이러한 앉아 있는 몸과 서있는 몸의 차이로 아테네 민주정치의 희비를 갈랐다고 했다. 그리

---

3) 도편 추방(陶片 追放, 고대 아테나의 민주정에서 참주가 될 위험이 있는 인물의 이름을 도자기 조각에 적는 방법의 투표로 국외로 10년간 추방하는 제도이다.

4) 그리스 아테네의 아크로폴리스(Acropolis)는 신들의 영역이었고, 아레오파구스 언덕(Areopagus Hill)이 집정관의 자리였다면 일반 시민들은 프닉스 언덕(Pnyx Hill)에서 집회를 열었다고 한다.

5) 리차드 서넷 지음, 임동근 외 옮김(1999), 살과 돌, 문학과학사, 61쪽.

6) 중우정치(衆愚政治,Ochlocracy)는 다수의 어리석은 민중이 이끄는 정치를 이르는 말로, 민주주의의 단점을 부각시킨 것이다. 플라톤은 다수의 난폭한 폭민들이 이끄는 정치라는 뜻의 폭민정치라고 하였고, 그의 제자 아리스토텔레스는 다수의 빈민들이 이끄는 빈민정치라고도 하였다.

스 아고라에서 서있는 몸과 프닉스 언덕에서의 앉아있는 몸과의 차이는 불과 40~50센티미터였다. 요컨대 몸이 문제라는 이야기가 된다.

<그림 4-4> 아테네의 프닉스 언덕

2. 스케일의 의미

스케일의 원래 의미는 프랑스어로 '계단·사다리'는 뜻으로 계단이 있는 곳이라는 뜻에서 측정하는 도구나 자, 축척 그리고 규모 등으로 의미가 변화했다. 공간 디자인을 할 때 사물의 크기를 정확하게 파악할 수 있는 능력은 디자이너에게 기본적이며 매우 중요하다.

특히, 실체의 형태를 표현하고 다른 사람에게 이해시키기 위해서는 크기를 객관적으로 전달할 수 있어야 한다. 이를 위해서 '치수의 기준'이 필요하다. 그리고 척도에는 다양한 문화에 있어서 건축형태를 전승한다는 의미도 있다. 예를 들면, 고전 건축에 내재되어 있는 미적인 가치관을 전승한다는 의미가 있으며, 근래에는 합리적인 생산을 위한 도구로서의 치수의 의미가 보편화되었다.

4.2 모듈

1. 모듈(module)의 개념

고대 그리스 건축에는 기둥의 직경을 1 modulus로써 다른 부재의 치수를 비례적으로 결정하였다. 모듈은 여기서 기원하였으며, 고전 건축에 있어서는 건축기술이나 디자인의 전승이 그 목적이었던 반면, 근대에는 건축생산의 기능성, 합리성, 경제성을 그 목적으로 한다. 르네상스시대의 레오나르도 다빈치의 원 속의 몸은 로마사람 비트루비우스(Vitruvius)의 인체 구조해석에 근거한 것이다. 비트루비우스는 B.C. 1세기경에 활약한 고대 로마의 기술자 · 건축가이다. 그의 저술로 알려진 《건축십서》(De achitectura)는 10권으로 구성된 일종의 건축학 논문이며, 로마건축의 집대성이라고 할 만하다. 도시계획과 건축일반론, 건축재료, 신전, 극장 · 목욕탕 등 공공건물, 개인건물, 운하와 벽화, 시계 · 측량법 · 천문학, 토목도구 및 군사용 도구 등 건축기술과 관련된 거의 모든 것을 다루고 있다. 이는 그리스 건축에서 상당한 영향을 받았는데 규칙적인 비례와 대칭구조, 고전적 형식미를 강조했다.

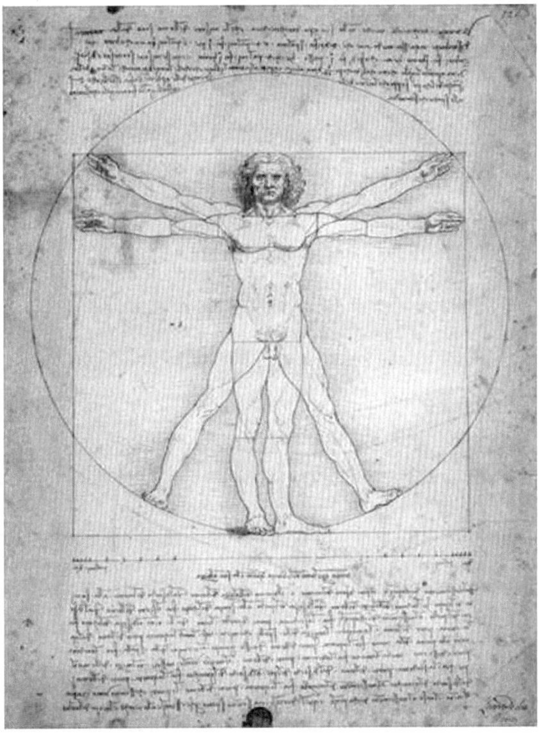

<그림 4-5> 비트루비우스의 인체해석에 근거한 다빈치의 그림

그에게 있어 건축은 새나 벌이 둥지를 짓는 것과 마찬가지로 자연의 모방이었으며, 따라서 건축의 재료는 자연에서 구한 것이고 인간에게 휴식처가 되어야 한다고 생각하였다. 또 건축구조는 세 가지 본질을 반드시 갖추어야 한다고 하였는데 그것은 견고함(firmitas)과 유용성(utilitas), 또 아름다움(venustas)이다. 그리스 건축양식을 도리스 · 이오니아 · 코린

토스 양식으로 분류한 것도 비트루비우스이다. 그의 죽음에 관해서 알려진 바는 없다. 그는 르네상스 시대에 이르러 재조명되는데, 그의 《건축십서》는 1414년 피렌체에서 재발견되어 르네상스 건축가들에 빠르게 각국 언어로 번역되어 널리 읽혔으며 고대 로마 건축 연구 및 르네상스, 바로크, 신고전주의에 이르기까지 엄청난 영향을 미쳤다. 레오나르도 다빈치는 그의 영향을 받아 유명한 비트루비우스 해부도를 그렸다.7)

이처럼 비트루비우스의 영향을 받은 다빈치의 원 속의 몸은 그림 4-5처럼 수평으로 펼친 팔의 길이와 신장은 동일하며, 움직이는 팔과 다리가 구성하는 원의 중심은 배꼽이며, 이 배꼽은 신장의 황금분할점에 있음을 보여 준다. 큰대자로 펼쳐진 몸의 가로와 세로의 길이가 같다는 이야기는 우리나라의 한 평(坪)의 크기도 사람의 키를 6자로 보았을 때 다빈치의 정사각형의 면적과 정확하게 일치한다.

2. 우리나라의 척도

우리나라에서 주로 써왔던 평(坪)은 척관법에서 쓰이는 단위이다. 주로 넓이에 쓰이나, 부피를 비롯한 다른 단위에도 쓰인다. 넓이에 쓸 때는 보(步)라고도 한다. ‘평’ 단위가 언제부터 사용됐는지는 정확하게 알려진 바가 없다. 우리나라 지식경제부는 “평은 우리 전통 단위가 아니라 일제시대에 일본이 우리를 식민통치하기 위해 사용한 일본식 단위”라고 설명하고 있다. 하지만 전문가 중에는 “평은 한 변의 길이가 약 1.8m 정도로 사람의 키를 감안한 휴먼(human) 척도”라며 “인체 치수에 적합한 단위”라는 주장을 펼치는 사람도 있다. 위키백과에 따르면 넓이 1평은 여섯 자 평방이며, 곧 길이 여섯 자를 한 변으로 하는 정사각형의 넓이를 나타내므로, “6자×6자”를 뜻한다. 미터법으로 환산하면 약 3.3058제곱미터(400/121㎡)이다. 보통 3.3제곱미터를 1평으로 본다. 이 단위는 한 사람이 팔과 다리를 벌리고 누울 수 있는 넓이에서 기원했다. 넓이 1평은 1보(步)라고 표기할 수 있다. 아파트나 주택 및 대지의 넓이를 나타낼 때 쓰였다.

일반적으로 원룸 아파트는 10~15평, 주택은 50평, 가장 작은 침대방은 1.5평 정도이다. 한국 산업 규격에서는 평 대신 제곱미터를 쓰도록 규정하고 있다. 정부에서는 2007년 7월 1일부터 사용을 전면 금지하였으며, 이를 위반 시 50만 원 이하의 과태료가 부과된다고 한다.8)

그리고 배꼽에서 발끝까지의 길이와 배꼽에서 머리끝까지의 길이의 비

7) 위키백과에서

8) 위키백과에서

는 1:0.618이다. 우리는 이 비례를 황금비[9]라고 한다. 황금비란 큰 부분과 작은 부분의 비가 큰 부분과 전체의 비가 같도록 선을 분할한 것으로 1:1.618의 비율을 가지고 있다. 이는 피보나치수열의 극한을 구하여서도 얻을 수 있다. 피보나치 수열은 자연에서 쉽게 찾아볼 수 있으므로 자연과 황금비 사이에도 어떤 관계가 있을 것이라고 추측할 수 있다. 한편 배꼽에서 머리끝까지를 a, 배꼽에서 발끝까지를 b, 그리고 전체 신장을 c로 두었을 때 c:b(183:113)=b:a(113:70)=1:0.618이다. 팔을 한껏 펴들었을 때의 전체 몸의 길이와 그 손끝에서 그림의 성기(性器)의 위치까지의 길이의 비(226:140) 역시 1:0.618이며, 손끝에서 성기의 위치까지의 길이와 성기에서 발끝까지의 길이의 비도(140:86) 역시 1:0.618에 가까운 황금비다<그림 4-6>.

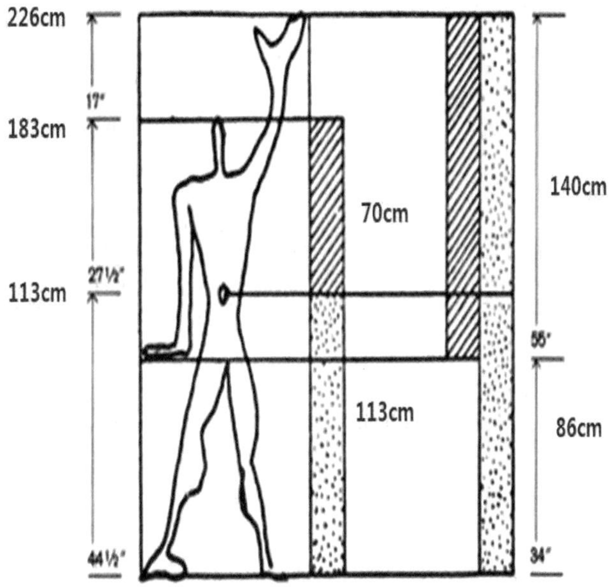

<그림 4-6> 인체에서 발견되는 황금비

3. 모듈의 적용

앞에서 언급했던 것처럼 고대 건축술에서 기둥의 지름을 기준으로 여러 종류의 모듈이 건축양식마다 각기 고유한 비율을 결정할 때 이용되었다.

9) 황금비(黃金比) 또는 황금분할(黃金分割)은 주어진 길이를 가장 이상적으로 둘로 나누는 비로, 근사값이 약 1.618인 무리수이다. 기하학적으로 황금분할은 이미 유클리드(원론 3, 141)가 정의한 이래 예술분야, 특히 건축, 미술 등에서 즐겨 응용되었다.(위키백과에서)

예를 들어 일본 건축에서는 공간의 크기를 그곳에 놓일 수 있는 다타미[10]의 개수로 측정하는데, 다타미 1장은 대개 너비가 90㎝, 길이가 180㎝ 크기이다. 현대건축에서 설계 모듈은 설계상의 비율과 치수를 기획하는 데 이용한다. 이때 쓰이는 것은 계량기인데, 라이트(F.R. Wright)는 1.3m의 직선이나 대각선 격자를 이용했으며, 르 코르뷔지에(L. Corbusier)는 스스로 모듈러라고 이름붙인 가법적(加法的) 비율방식을 개발 · 발표했다.

또한 모듈은 건물의 축조과정에서 여러 자재와 부품의 크기를 조정하는 기준이 된다. 그 결과 모든 건축자재들을 낭비하는 것 없이 건물부지에 꼭 알맞게 쓸 수 있을 뿐 아니라, 모든 설계에서 적용될 수 있는 규격품을 선별해서 대량생산할 수 있으므로 비용이 절감된다. 이런 이유로 콘크리트를 미리 성형하거나 PS 콘크리트(인장 피아노선이 들어 있는 콘크리트) 자재를 만들 때는 배관 · 도관 · 전기배선 · 열관리 등의 다양한 설계를 고려해서 모듈을 짜야 한다. 모듈을 이용한 건축자재의 생산과 시공은 비용절감을 위한 주택건설이나 학교의 건설 등에 응용되어 왔다.

4.3 휴먼스케일

휴먼스케일(Human scale)이란 사람이 파악할 수 있는 크기를 말한다. 주거공간을 비롯해 도시 등 건축의 내 · 외부 공간을 설계할 때에 흔히 휴먼스케일을 적용한다고들 표현한다. 휴먼스케일이란 사람을 설계의 기준으로 삼는다는 의미이고 이는 보다 친밀감 있는 공간과 주변 환경을 조성하고자 하기 위함이다. 공간디자인은 실내외 공간 사용자의 요구, 건물구조적인 요구, 상황변화에 대한 요구를 서로 절충하고 타협하면서 궁극적으로는 하나의 문제점을 향해 해결해 나가야 한다. 이러한 문제의 해결의 기준으로 언급되는 디자인의 기본 단위가 휴먼스케일이다. 앞 절에서 이야기했듯이 스위스 건축가인 르 꼬르뷔제(Le Corbusier)는 인체치수에 황금비(Golden Ratio)를 적용해 모듈러라는 공식을 사용했다. 이는 현재 건축설계의 기준이 되는 모듈의 원형으로, 건물뿐만 아니라 도시에도 휴먼스케일이 적용되는데 큰 역할을 차지했다. 휴먼스케일의 기초적 예로서 인치(Inch)는 손가락 한 마디의 길이(2.54㎝), 피트(Feet)는 정상인의 평균 보폭(60~70㎝), 에이커(Acre)는 하루에 쟁기질할 수 있는 면적(0.4ha) 등 인체의 치수를 기준으로 하고 있다.

10) 일본의 가옥에서 바닥을 덮는 데 쓰는 짚으로 만든 사각형 돗자리. 다다미라고도 한다. 1개의 크기는 대개 너비 90㎝, 길이 180㎝, 두께 5㎝ 가량이며 신덴[寢殿]이나 쇼인[書院]을 비롯한 일본의 주택은 바닥 전체를 다타미로 덮는다고 한다.

<그림 4-7> 휴먼 스케일이란 사람이 파악할 수 있는 크기

이 밖에 규모에 따라 목소리를 듣거나 신분을 서로 확인할 수 있어 친근감을 느낄 수 있는 규모(intimate scale: 24m 내외), 육안으로 물체나 인간을 알아볼 수 있는 적정 도시공간규모(human scale: 120m 내외), 기념비적 규모(monumental scale: 1,200m 내외) 등으로 구분할 수 있다. 여기서 '기념비적인 척도(monumental scale)' 라는 용어는 주로 인간의 감각적인 크기를 넘는 매우 큰 규모라는 의미로 받아들여지고 있다. 하지만, 기본적으로 크기 자체만을 가지고는 기념비적인 척도가 성립되기 힘들며, 그 형태가 기념비적인 의미를 내포함으로써 비로소 성립한다. 그 예로 한국 건축물 중에 영녕전[11]과 정전[12]을 들 수 있다.

영녕전<그림 4-8>은 건물이 옆으로 길어질 경우, 지붕과 매스를 분절시킴으로써 중압감을 주지 않아 인간적 척도를 갖는다고 할 수 있다. 영녕전은 가운데 네 개의 신실을 크게 두고 양쪽에 작은 협실을 두었다. 가운데 큰 신실에 목조, 익조, 도조, 환조의 신위를 모시고 서쪽 협실에 2대 정종, 5대 문종, 6대 단종, 덕종, 8대 예종, 12대 인종의 위패를 그리고 동쪽 협실에 13대 명종, 원종, 20대 경종, 진종, 장조, 영왕과 왕비의 신위를 모시고 있다.

---

11) 영녕전은 종묘의 별묘(別廟)로 세종 때 건립되었으며 보물 제821호로 지정되었다.(자료: http://hyulimbook.co.kr/tour_09/11943)

12) 정전은 선대 왕과 왕비들의 신주를 모신 곳으로 종묘제례가 이루어지는 곳으로 국보 제227호이다. 넓은 월대 위에 세워진 건물로 신주를 모신 열아홉 칸의 신실(감실이라고도 함)이 있고 양쪽 끝에는 협실과 협실 앞으로 월랑이 나와 있다. 월대 중앙에는 신향로가 나 있으며, 동쪽 월랑 계단 소맷돌에는 구름 문양이 새겨져 있다.(자료: http://hyulimbook.co.kr/tour_09/11943)

<그림 4-8> 지붕과 매스를 분절시킴으로써 중압감을 주지 않아 인간적 척도를 갖는 영녕전

반면에, 정전<그림 4-9>은 무한한 연속 반복을 통해 기념비적인 척도를 갖는다. 정전은 서쪽은 높은 곳으로 두어 서쪽 첫 번째 신실에 태조의 신위를 모시고 차례로 3대 태종, 4대 세종, 7대 세조, 9대 성종, 11대 중종, 14대 선조, 16대 인조, 17대 효종, 18대 현종, 19대 숙종, 21대 영조, 22대 정조, 23대 순조, 문조, 24대 헌종, 25대 철종, 26대 고종, 27대 순종의 순으로 모셔져 있다. 제를 올릴 때 세 번 술을 올리게 되는데 이를 헌작(獻爵)이라 하고 술을 올리는 사람을 헌관(獻官)이라 한다. 왕이 제를 올릴 때는 왕이 직접 처음 헌작하는 초헌관이 되고 세자가 두 번째로 헌작하는 아헌관, 영의정이 세 번째로 헌작하는 종헌관이 된다고 한다.

<그림 4-9> 무한한 연속 반복을 통해 기념비적인 척도를 갖는 정전[13)]

13) 사진자료: 위키백과

현재 휴먼스케일은 근린주구나 생활권 계획에서도 보행거리나 시각적 규모 등 인간적 척도를 고려해 계획함으로써 생활편익시설 이용의 편의성을 도모하고 공동체 의식을 함양하는 기본적 원리로 사용되고 있다.

한편 스케일과 공간의 관계에 있어서 인간 척도(휴먼 스케일)가 기준이 되지만, 대상공간의 전체 모습을 쉽게 하기 위해서, 도면<그림 4-10>과 지도·모형 등을 이용하여 적당한 축척으로 나타내기도 한다. 그러나 인간이 갖는 이미지 중에는 필요한 것만을 골라내는 것만이 아니라, 축척을 무시하여 추상화하고, 크기와 거리를 무시하며 스케일과 자유롭게 연관되는 경우도 있다.

<그림 4-10> 도면의 예

휴먼스케일이란 특정한 사물이 사람에게 주는 크기의 감각을 의미하며 공간의 종류에 상관없이 인간은 공간척도의 기준이 되므로 인체의 크기에 맞춰 공간의 모든 요소가 결정된다. 도시를 만들어 나가는 디자이너는 신축건물이나 리모델링을 하는 건물 모두 실내외 공간과 건축적인 패턴, 사용자의 행위의 내용이 밀접한 상관관계에 있다는 것을 알고 있어야 한다. 휴먼스케일은 최종적으로 공간의 위계라는 각기 다른 공간사용 문제를 다루게 된다. 그 어느 것도 고정적이지 않고 유동적인 이유로 인하여 다채로운 동적 공간을 연출하게 된다.

한편 예로부터 인간의 삶과 함께해온 정원은 인간척도를 가장 잘 이해하고 적용한 좋은 사례라고 생각한다. 영어로 정원을 뜻하는 'Garden'의 어원이 히브리어로 gan와 oden 또는 eden의 합성어이며, gar는 울타리 또는 에워싼다는 보호 혹은 방어를 뜻하고, oden/eden은 즐거움이나 기쁨을 뜻한다고 한다. 따라서 정원이라는 말은 인간에게 즐거움과 기쁨을 주기 위해 위요된 땅, 즉 파라다이스를 말한다.[14] 이처럼 인간은 각종 수목과 탐스러운 과실, 향기로운 꽃들로 가득 채워진 풍요로운 숲 속에서의 삶을 동경하게 되었으며, 이는 종교와 신화에서 그 흔적을 찾아볼 수 있다. 특히 일본정원은 경관조성을 위해 정원 조경사들은 3가지의 기본 원칙을 따르는데 그 원칙이란 바로 규모의 축소, 상징화, '경치의 차용' 등이다. 첫 번째 원칙은 산과 강의 자연적 경관을 축소하여 만듦으로써 제한된 공간에 모두 재현할 수 있도록 하기 위한 것이다. 이는 도시 안에 산간마을의 경관을 창조할 수 있음을 의미한다. '상징화'는 예를 들자면 흰모래가 바다를 상징하는데 쓰이는 것과 같은 추상성을 뜻한다. 조경사들은 정원 뒤 또는 주위의 배경경관을 이용하여 그 '경치를 차용'하는데 이는 경관조성의 중요한 부분이 되었다. 이 3원칙은 자연을 인간의 척도에 맞게 잘 축소하여 도입하였음을 의미한다.

일본의 전통정원은 한국의 경우와 마찬가지로 중국 정원의 영향을 크게 입었으며, 백제를 중개지로 하여 신선설에 입각한 정원수법이 받아들여졌다고 한다. 일본서기(日本書紀)에는 6세기 초에 백제의 유민 노자공이 궁월의 뜰에 수미산(須彌山)과 오교(吳橋)를 만들었다고 기록되어 있으며, 일본의 조경가들도 이것이 일본 정원의 시초라고 보고 있다.[15]

그 뒤 침전(寢殿) 건물을 중심으로 한 임천식 정원(林泉式 庭園) 또는 회유임천식 정원(回遊林泉式 庭園, 그림 11, 12)이 발달하였고, 14세기로 접어들면서 지형 위주의 정원에서 벗어나 부지가 협소해지고 돌의 이용이 늘어나는 경향을 보인다. 그 결과 축산고산수 정원(築山枯山水 庭園)이 만들어지게 되는데, 이 수법은 바위를 세워 폭포를 연상시키고 흰모래를 깔아 흐르는 시냇물을 표현했으며 수목을 다듬어 산을 형상화함으로써, 물을 사용하지 않고도 계곡의 모습을 표현하는 추상적이고 상징적인 정원조성기법이다.

<그림 4-11> 금각사

<그림 4-12> 은각사

14) 김수봉 외 3명 공저, 2003, 환경과 조경, 학문사, p.175

15) 윤국병, 1995, 조경사, 일조각, p.348

15세기 후반에는 정원 공간에서 수목을 완전히 배제시킨 정원양식이 나타나는데, 이를 평정고산수 정원(平庭枯山水 庭園 그림 13)이라 부른다. 이것은 평지에 왕모래와 몇 개의 바위만으로 바다의 경치를 표현한 극도로 추상적인 정원으로 일본 정원에서만 찾아볼 수 있는 독특한 정원양식이라 하겠다.

<그림 4-13> 용안사의 고산수 정원

16세기로 접어들면서 다시 새로운 형식의 정원, 즉 다실(茶室)을 중심으로 하여 소박하게 조성한 다정양식(茶庭樣式)이 등장하였다. 이는 임천식 정원과 결합해 회유식 정원으로 발달하여 오늘에 이르고 있다.

이와 같이, 일본 정원은 추상적이고 상징적인 자연의 표현이라는 특징을 가지고 있어 관상적인 가치는 높으나 실용성이 약하다는 점이 있다. 그럼에도 불구하고 정원은 휴먼스케일이 잘 적용된 대표적인 생활공간이라고 하겠다.

4.4 디자인과 척도

생활공간을 구성하는 요소는 인간이 사용하는 것을 전제로 하며, 이러한 인간의 사용을 전제로 만들어진 모든 가구, 거실, 욕실, 부엌, 복도, 계단, 집, 도로, 공원, 마을, 도시 등의 공간도 결국은 인간이 그 단위의 기본이 되어 공간을 구성하고 있다. 이런 기본 단위로서 인체의 인식과 이해가 디자인의 경우 근본적인 기준이 된다<그림 4-14>.

<그림 4-14> 인간에게 친근한 도시경관

디자인이라는 것이 생기기 전에는 공간을 육체노동과 협업에 비중을 두고 조성된 건축, 정원 그리고 마을은 신체모듈을 기준으로 만들어졌다. 그러나 현대 조경디자인에 있어서 공간조작을 할 경우에는 노동과 협업에 의해 공간을 만드는 것이 아니라 설계도면이나 입면도 등의 설계도면이나 CG 등에 의한 개념적인 공간조작을 한다. 공간조작을 함에 있어서도 최종적인 기준이 되는 것은 자신의 신체에 관한 이해와 더불어 뒷받침되는 신체감각 즉 스케일감이다. 한편 모듈이란 고대 그리스 로마 건축에서 건축 각 부분의 길이의 단위와 그 비율이 이상적일 때를 가리키는 모듈러스(modulus)를 어원으로 한다.

근대적인 디자인기법의 성립에 있어서 신체적 특성을 최초로 언급한 사람은 프랑스의 건축가 르 코르뷔지에[16]다. 르 코르뷔지에<그림 4-15>는 도시와 건축의 기본단위로서 모듈러의 개념을 제창하였다. 그는 건축재료의 크기에 의해 정해지던 모듈의 본래 개념인 비례에다가 황금비의 중요성을 찾아내고 모듈러(Mudulor)라고 이름을 지었다.

그의 모듈러는 주로 건축 형태에 관한 것이었으나 모든 디자인에도 응용되었다. 왜냐하면 이는 인체척도를 기준으로 한 공간 기준단위의 제안이었기 때문이다. 그는 가구에서부터 방, 건축, 도시에 이르기까지 모든

16) 샤를에두아르 장레그리(Charles-Edouard Jeanneret-Gris) 또는 르 코르뷔지에(Le Corbusier, 1887년 10월 6일~1965년 8월 27일)는 스위스 태생의 프랑스 건축가, 작가이며 현대 건축에 큰 공헌을 했다. 그는 30대에 프랑스 시민권을 얻었다. 그는 현대 디자인의 이론적 연구의 선구자이며 밀집 도시의 거주자들의 생활환경을 개선하는 데에 노력하였다. 그는 50여 년 동안 활동하면서 중앙유럽, 인도, 러시아에 자신의 건물들을 만들었으며, 아메리카에도 하나씩 건축물을 만들었다. 그는 또한 도시 계획가이며, 화가, 조각가, 그리고 가구 디자이너였다.(자료: 위키백과사전)

것을 모듈러에 근거하여 디자인에 적용하였으며[17], 그가 제시한 인체척도의 개념은 인간공학의 발전과 함께 요즘에 와서는 공간설계의 기초가 되고 있다<그림 4-15>. 한편 근대건축의 거장인 르 코르뷔지에는 모듈러 이론을 확립한 인물이다.

그러나 척도란 주관적인 상대적 크기를 말한다. 여기서 상대적인 크기랑 무엇과 비교하여 볼 때의 크기인데, 그 '무엇'에 해당하는 것은 다음과 같다.

- 전체와 비교하는 경우
- 부분과 비교하는 경우: 전체건물 혹은 공간내의 서로 다른 요소간의 상대적 크기
- 보통의 크기와 비교하는 경우: 이미 잘 알고 있는 사물이나 공간의 크기와 비교
- 인간의 크기와 비교하는 경우: 인간과 직접 접촉을 하는 사물 혹은 공간에 쓰임

어떤 대상의 크기를 느끼는 것은 사람이 그 대상을 어떻게 파악하고 의미를 부여할 것인가에 영향을 미치며, 또한 이것은 그 환경에 대한 평가나 환경디자인에 대해 유용한 정보원이 된다. 하지만, 그 지각이나 의미부여는 결코 영원히 변하지 않는 것이 아니며 척도감각은 개개인의 것이라는 점, 개개인이 느끼는 방법에서 얻어지는 의미는 문화라는 요소가 강하게 작용한다는 점에 주의하여야 한다.

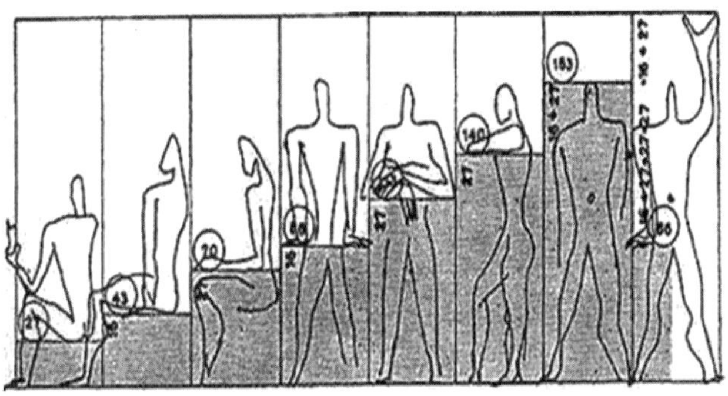

르 꼬르뷔지에의 모듈(기준치수) 스케치. 17, 27, 43의 기본수치들이 반복되면서 일련의 동일 모듈 수치군을 완성해 나간다. 꼬르뷔지에 모듈군의 장점이자 특징은 그 수치군들이 황금비를 반복해간다는 점이다.(27, 43, 70...... 또는 86, 140, 226 ...등 (단위는 인치)

<그림 4-15> 르 코르뷔지에의 모듈러(Modulor)

17) 르 코르뷔지에가 인체척도를 기준으로 한 획기적인 도시공간구성의 시도는 결과적으로 단순한 공간의 반복으로 인해 기계적인 도시공간을 만들어 그 단조로움과 비인간성으로 인해 비판을 받았다.

한편 르 코르뷔지에의 모듈러 디자인 시스템의 발상은 근대사회를 보는 르 코르뷔지에의 관점에 바탕을 둔 것으로, 그는 근대사회의 건축이 수행해야할 과제가 표준화와 프리패브리케이션, 즉 미리 만들어 조합하는 도미노 시스템 주택을 위한 철근 콘크리트와 같은 방법을 통하여서만이 해결할 수 있을 것이라고 판단했다. 그는 주택의 대량생산이라는 사회적 당면과제를 풀 수 있는 패브리케이션은 보편적으로 적용 가능한 치수시스템에 입각하지 않고서는 의미가 없다는 생각을 발전시켜 1948년 모듈러라는 저서를 출판하기도 하였다.

한편 Laurie에 따르면 인간의 신체의 형태 · 크기와 환경의 세부적인 형태 사이에는 명백한 상호관련성을 갖고 있다.[18] 사람신체의 평균적인 치수 · 자세 · 운동과 성장에 대한 분석 결과는 건축물과 세부 조경디자인 분야에서 디자인의 기본치수를 적용가능하다. 머무름 없이 통과할 수 있도록 충분한 높이를 가져야 하고, 의자는 편안한 높이와 경사도를 가져야 하며, 계단은 인체의 기본운동 패턴과 조화를 이룰 치수를 가져야 한다. 램프의 경사도와 손잡이의 높이는 이용자들의 신체적인 형태와 운동성격에 따른 디자인 형태의 한 예다. 단순히 시각적인 고려로부터 나오는 세부적인 설계는 이용자에게 적합한 상태를 제공할 수 없다. 르 코르뷔지에의 모듈러는 시각적인 쾌적한 비율과 인체의 치수로부터 나온 것으로 그의 디자인에서 이론적인 미와 기능적인 만족을 연관시켰다. 특별한 경우란 논리적으로 볼 때 보통의 치수와 표준과 다른 경우라고 할 수 있다. 예를 들면 어린이들을 위한 장소에서 환경은 성장과 신체적인 형태 즉 근육발달과 운동 능력의 개발을 촉진시켜야 하고, 놀이터의 시설물<그림 4-16>과 음수대 등의 치수는 어린이들의 신체치수에 맞아야 한다. 일반적인 기준에 포함되지 않는 노인과 신체장애인을 고려해야만 하고 이용자의 행태와 활동과 관련하여 디자인함으로써 여가활동을 위한 외부환경과 건물을 디자인하여야 한다.

<그림 4-16> 어린이의 인체치수를 이용한 어린이 놀이터[19]

18) An Introduction to Landscape Architecture by Michael Laurie를 참조.

4.5 스케일의 측정[20)]

1. 사람의 몸

스케일감과 인체척도를 이해하기 위해 가장 좋은 방법은 자기 신체감각의 의식화와 이를 바탕으로 몸을 수치적 이해하는 것이다<그림 4-18>. 우선 자신의 신체를 시작으로 손의 크기, 보폭, 앉은키와 그때의 각 사이즈 등을 실측해 본다. 이는 초보 디자이너에게 외부공간의 정원이나 공원에 이르기까지 스케일 감각을 익히고 추상적인 인식습득을 위한 중요한 전제가 된다. 척도를 객관적으로 표현하기 위해서는 크기를 측정하기 위한 기준이 필요하다. 인체는 계측단위의 기준으로써 고대부터 다양한 문화 가운데 주목받아 왔다. 보행척도는 사람이 걸을 때의 보폭을 단위로 하는데, 어떤 리듬을 갖고 보행하는 개인의 보폭은 대체적으로 일정한 간격을 갖고 있다. 이 신체에 의해 단위화된 것이 '야드'나 '보' 등이다. 이처럼 보행척도를 사용한 거리표현은 근거리에 관한 것만을 나타낸다. 이 말은 사람이 파악할 수 있는 사물의 크기에는 한계가 있다는 것을 의미하며, 이것을 반대로 말하면 인간이 파악할 수 있는 크기가 존재한다는 말이다.

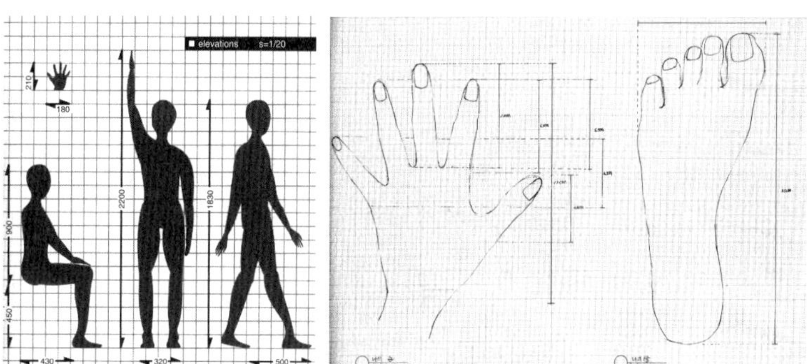

<그림 4-17> 신체를 직접 측정한 정면도[21)]와 학생이 실측한 손과 발사이즈

한편 실측한 몸의 사이즈는 간단하게 그래프용지를 이용하여 스케치하고, 1/10 정도의 척도로 도면화해 본다. 도면화할 때는 각 사이즈를 도면상에 기록해두고 암기해 두는 게 좋다. 이 수치를 기억해 두어야 외부공간의 벤치<그림 4-18>, 계단, 포장면, 그리고 수목 등의 재료를 줄자를

19) 자료: http://www.econovill.com/archives/11619

20) 사사카 요지(2008), 박보신 외 옮김, 랜드스케이프 디자인, 조경을 참조하였음.

21) 자료: 사사키 요지(2008), 81쪽.

사용하지 않고도 그 공간이나 요소의 사이즈를 예측 할 수 있다. 신체에 의한 예측과 도면화는 자신의 신체감각으로 공간체험을 한다는 의미를 동시에 가지고 있음을 명심하자.[22]

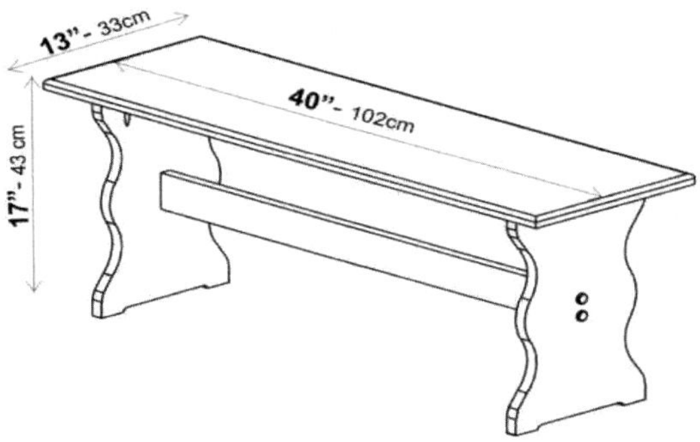

<그림 4-18> 벤치의 규격을 신체치수를 적용해 알고 있는 것이 좋다

외부공간이 복잡해 보여도 건축공간의 타일이나 벽돌, 콘크리트 블록, 기둥의 간격 등이 반복되어 있음을 알고 신체감각을 통하여 그 모듈러를 찾아낸다. 그 다음으로 외부공간에 나가서 스케치를 통하여 스케치북에 공간의비율과 분위기를 대충 파악하여 마음으로 신속하게 완성하는데 이때 스케치의 묘사는 중요하지 않다. 스케치가 끝나면 신체를 이용하여 입면을 <그림 4-19>와 같이 실측해 본다.

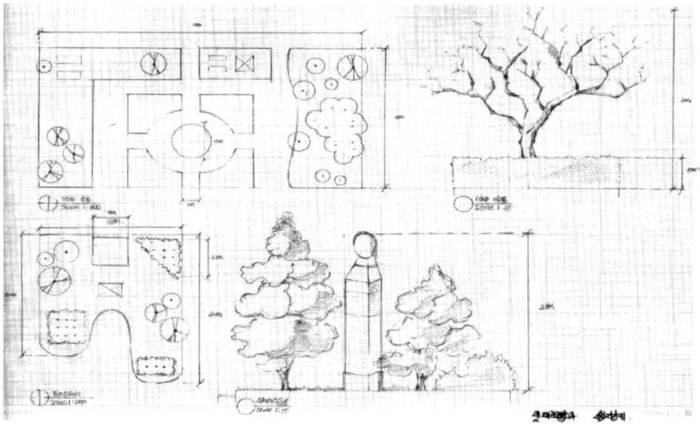

<그림 4-19> 신체를 이용한 공간스케일의 실측(학생작품)

실측할 때는 줄자나 측량기는 사용하지 말고 자신의 신체 중 스케일을 알고 있는 손, 신장, 발길이 혹은 보폭을 이용하여 개략의 치수를 기록하면 된다. 이때 척도는 1/10~1/100이 적당하다. 입면도가 완성되면 평면

22) 사사카 요지 (2008) 81쪽.

도의 실측을 같은 방법으로 행한다. 최초 실측은 90도로 구성되는 건축공간부터 시작하는 것이 좋다.[23)]

2. 실내공간

실내공간은 인간이 그 내부로 들어가 그 속에서 생활하고 살 수 있는 현실공간이며 구체적 공간이다<그림 4-20>. 따라서 실내공간은 무한하고 공허한 공간으로부터 그것을 에워싸고 규정하는 요소들에 의해 한정된 공간으로 일반적으로 벽, 바닥, 천장, 문, 창문 등을 말한다. 에워싸여진 공간은 실내를 지각할 수 있고 느낄 수 있게 하는 가장 근본적인 요소이므로 이에 대한 풍부한 지식과 경험으로부터의 이해가 실내디자인에 접근할 수 있는 가장 기본적이고 핵심적인 요인이라고 할 수 있다. 하나의 실내공간을 외부공간이나 인접한 다른 내부공간으로부터 한정 짓고 분리하는 벽, 바닥, 천장, 문, 창문 등의 요소들을 어떻게 조합하고 구성하느냐에 따라 공간의 형태는 달라지는데 그 중에는 한정된 공간이라 정의할 수 없는 것도 있다. 한정된 공간은 최소한 세 개 이상의 벽이 있거나 천장면과 그 모서리를 규정하는 요소가 있어야 확실한 의미의 공간이라 할 수 있다.

그러나 세 개 이상의 기둥이나 서로 맞닿지 않는 벽, 그리고 머리 위쪽에 위치한 평면도 보이지 않는 막을 형성하여 공간감을 느낄 수 있는 암시적 공간이 된다. 따라서 구체적으로 한정된 실내공간의 내부에 이러한 암시적 공간을 적극적으로 활용하면 다양하고 입체적인 공간을 제공할 수 있을 것이다.

<그림 4-20> 우리가 생활하는 실내 공간의 예[24)]

23) 사사카 요지(2008), 82~83쪽.

24) 자료: http://www.interiordezine.com

이러한 실내공간의 경우는 기본적으로 인간이 사용할 것을 전제로 만들어 진 공간이기 때문에 스케일감각을 습득함에 있어서 특히 휴먼 스케일을 가장 잘 배울 수 있는 곳이다. 왜냐하면 우리 생활 속에서 흔히 쓰는 의자와 책상 등의 가구에서부터 우리가 거주하는 방과 거실, 현관, 계단 등 여러 공간 스케일, 입면도, 평면도를 신체를 이용하여 실측하고, 1/10-1/50 정도에서 도면으로 작성한다. 이때 신체의 일부인 주먹의 크기, 팔의 길이, 키, 보폭 등 신체측정에서 얻은 수치를 이용하여 실측한다<그림 4-21>.

<그림 4-21> 우리가 생활하는 실내 공간 스케치의 예[25)]

그리고 줄자를 이용하여 다시 실측하여 신체를 이용하여 얻은 수치와 실측과의 오차를 확인하여 둔다면 실내공간의 스케일을 익히는 데 많은 도움이 된다. 그리고 스케치를 하는 것은 디자인의 능력이라는 면에서는 중요하지만, 공간 스케일을 익힘과 아울러 그것의 이해가 병행된다면 디자이너로서 매우 의미가 있을 것이다.

3. 건축 외부공간

대상의 범위를 확대하여 건축외부공간의 실측의 경우 대략 축척은 1/50-1/100이 적절하다. 아시다시피 외부공간도 실내공간과 같이 인간이 사용하는 것을 전제로 만들어진 것이다. 공간은 하나의 물체와 그것을 지각하는 인간과의 사이에서 생기는 상호관계에 의해서 형성된다. 건축에서의 외부공간이란 자연 속에서 그것을 한정하는 데서 시작된다. 하지만 그것을 어떻게, 어떠한 재료로, 어떠한 세부사항을 덧붙여서 만드느냐에 따라 공간의 느낌이나 구조도 각양각색으로 변하게 된다. 또한 나라의 기후나, 민족성에 따라 그 가치나 효용도 달라진다. 건축공간은 바닥, 천정,

25) 자료: http://www.hypevilla.com/Design/interior-design-sketches/page/15

벽이라는 3요소에 의해 제한되지만 외부공간의 경우는 "지붕이 없는 건축"이라고 생각하기 때문에 바닥과 벽이라는 2요소에 의해서 한정하지 않으면 안 된다. 외부공간은 무한하게 퍼져나가는 자연공간이 아니고 "지붕이 없는 건축"이 되기 위해서는 평면계획이 중요하며 2요소로 디자인하기 위하여 바닥과 벽은 충분한 연구가 이루어져야 한다. 건축공간은 크게 나눠 주위의 프레임에서 안으로 향해 모이는 "적극적 공간"과 중앙에 핵이 있어 밖으로 향해 퍼지는 "소극적 공간"으로 나뉜다. 공간의 "적극성"이라는 것은 공간에 인간의 의도가 유포되어 있는 것 또는 계획성을 의미한다. 공간의 "소극성"이라는 것은 공간이 자연발생적이며 계획성이 없는 것이다.[26]

실내공간이 소수의 인원의 개인적인 사용을 전제로 만들어졌다면 외부공간인 공공공간은 시각적으로나 이용적인 면에서나 불특정 다수를 대상의 공간체험을 전제로 만들어 졌다고 할 수 있다. 그렇기 때문에 대부분의 공공공간의 스케일은 실내의 그것보다는 크다고 할 수 있다. 아울러 휴먼스케일의 집합체로서 조립되어 구성된다는 특징이 있다고 하겠다. 이는 기둥의 간격과 계단 높이, 통로의 폭 등의 모듈러로서 자주 표현된다<그림 4-22>.

<그림 4-22> 외부공간 중 계단 부분의 예[27]

실측에서 가장 얻을 것이 많은 공간은 실내와 외부가 접하는 경계선 상의 디자인인데 이는 디자이너가 그 혹은 그녀의 솜씨를 가장 잘 발휘할 수 있는 부분이기 때문이다.

26) 아시하라 요시부노 저, 건축의 외부공간 참조.

27) (자료: http://www.dezeen.com/2007/11/12/an-der-alster-1-by-j-mayer-h-architects/)

4. 도시공간

도시내부에는 각기 성격을 달리하는 여러 종류의 지역, 즉 상업지역, 공업지역, 주택지역, 업무지역 등이 존재한다. 이들 토지이용을 달리하는 각 지역이 모여 하나의 도시지역을 형성한다. 도시공간구조라는 용어는 명확한 정의가 없이 사용될 때가 많다. 이 용어는 일반적으로 도시지역을 구성하고 있는 제요소와 전체와의 관계를 나타내는 말이다<그림 4-23>.

<그림 4-23> 성격을 달리하는 여러 종류의 지역이 모인 도시 공간의 예[28)]

오늘날 도시에 있어서뿐만 아니라 국토 전체 또는 지역에 있어서 경제·사회·문화, 공간이 상호 무관한 것이 아니라는 인식이 지배적이지만, 역시 도시 및 지역계획가에게는 인간활동을 담는 그릇으로서의 공간이 관심의 초점인 까닭이다. 이상의 논지에 따라 "인간활동과 시설물을 담는 정주공간으로서 도시가 수행해야 할 과제 또는 역할"을 도시기능이라 규정할 때 도시공간구조란 "각종 도시적 활동의 입지 및 상호작용체계"로 내용적 범위를 다소 좁혀 정의할 수 있다.

이러한 도시공간을 신체를 기준으로 실측해 보는 것도 매우 중요하다. 하지만 복잡한 도시의 모든 공간 구성요소를 실측한다는 것은 개인의 노력으로는 거의 불가능하다. 그렇지만 주거단위와 가구구성으로 그 범위를 좁혀서 도시공간의 구성을 이해하는 것은 가능하지 않을까 한다. 따라서 실측에 있어서는 신체를 이용한 데이터보다는 그에 의해 산출된 공간 모듈이 도움이 될 것이다. 축척은 1/100-1/300을 필요에 따라 나누어 사용하고 개인의 시간과 상황, 그리고 필요성에 따라 규모를 설정하거나 도로 등을 선정하는 것이 좋다. 이 단계에서는 필요한 데이터를 줄이고 대신 기호화와 추상화의 개념적 조작이 필요한데 이때는 사물의 크기와 규모 등이 신체 크기와 비교해서 어떤 관계가 있는지를 항상 의식하고 신체감각을 유지하도록 주의해야 한다.

28) 자료: http://blog.naver.com/PostView.nhnblogId=youngdisplay&logNo=60140616622

5 개인적 공간

5.1 환경과 인간심리

공간의 이해를 위해서는 반드시 인간의 행태를 이해하여야 한다. 인간의 행태는 문화인류학, 사회학, 지리학, 환경심리학 등의 여러 분야에서 다루어져 왔다. 특히 환경심리학에서의 연구는 환경설계 및 계획을 수행하는데 있어서 바탕이 되는 이론적이고 실험적인 자료를 제공해 왔다. 환경심리학이란 물리적 환경에 내재하는 인간을 연구하는 학문 혹은 인간행태 및 경험과 인조환경의 경험적·이론적 관계성을 정립하고자 하는 노력 혹은 인간행태와 물리적 환경에 관련되는 학문으로 정의되며 전통적인 심리학과는 구별되는 다음과 같은 특성1)이 있다.

- 환경-행태의 관계성을 그 구성요소 각각을 연구하기보다는 통합된 하나의 단위로서 연구한다.
- 환경-행태 상호간에 영향을 주고받는 상호작용을 연구한다.
- 이론적이고 기초적인 연구에만 관심을 두지 않고 현실적인 문제 해결을 위한 이론 및 그 응용을 연구한다.
- 건축, 조경, 도시계획, 사회학 등의 여러 분야와 관련이 깊은 종합과학이다.
- 사회심리학과 관심분야를 공유한다.
- 다소 엄격하지 않고 정밀하지 않은 방법이라도 문제해결에 도움이 될 수 있는 가능한 모든 연구방법을 사용한다.

환경심리학의 관심분야는 환경평가, 환경지각, 환경의 인지적 표현, 개인적 특성, 환경에 관련된 의사결정, 환경에 대한 일반 대중의 태도, 환경

1) Bell, P. A. et al.(1978) Environmental Psychology, Philadelphia: W. B. Saunder Company.

의 질, 생태심리학 및 환경단위의 분석, 인간의 공간적 행태[2], 밀도가 행태에 미치는 영향, 주거환경에서의 행태적 인자, 공공기관에서의 행태적 인자 등이 있다. 환경심리학의 분야는 이와 같이 광범위하고 다양한 분야를 다루고 있으며 본 장에서는 공간 특히 소공간에 있어서 인간의 행태와 관련이 있는 개인적 공간(Personal Space)에 대하여 알아보고자 한다.

5.2 개인적 공간

1. 개인적 공간의 개념

개인적 공간(personal space) 혹은 소영역의 행태는 개개인의 신체 주변에서 침입자들이 들어올 수 없는 <프라이버시> 공간의 유지를 지칭한다. 개인적 공간의 행태는 인간들에 있어서 본능적인 것은 아닐지라도, 우리들의 생물학적 과거에 강하게 뿌리를 두고 있다는 설이 있어 왔다.[3]

즉, 평소 잘 소통하지 않던 사람들과는 되도록 거리를 두고 싶다고 생각하고 있다.

일정 그룹의 동물이나 인간을 관찰해보면 그림 1처럼 그들은 개체상호간에 일정한 거리를 유지하고 있음을 볼 수 있다. 동물의 경우 전깃줄 위에 앉은 참새 혹은 제비, 물속의 백조나 오리 등은 하나의 커다란 무리를 이루고 있으나 각 개체 간에는 일정한 간격을 이루고 있다. 한편 인간사회에서도 우리는 아는 사람끼리 대화를 나누기에 적당한 크기의 테이블에서 이야기를 나누다가 갑자기 다른 사람과 합석을 하게 되면 답답함을 느낀다. 어쩔 수 없이 합석하게 된 사람은, 의자를 한 발자국 뒤로 빼서 물러나 앉아 있다. 그것으로 자기의 영역을 확보하고, 또한 "이 사람들과 저는 친구가 아닌" 것을 나타내고자 한다. 소통을 하고 싶을 때, 또 줄을 좁히고 싶을 때 등, 다른 사람에게 가까이 가지 않으면 안 될 때, 타인에 대해서 가까이 가고 싶어도 넘어서지 못하는 눈에는 보이지 않는 선이 있다. 그것이 개인공간이다.

2) 개인적 공간(Personal Space), 영역성(Territoriality) 등으로 표현되는 인간의 행태에 관한 연구를 말하며 문화적·개인적 차이, 환경적 상황의 변화가 이들 행태에 미치는 영향을 연구하고 있다.

3) Hall, E. T.(1966), The Hidden Dimension, Garden City, N.Y.: Doubleday.

<그림 5-1> 참새에게서 볼 수 있는 개체 간의 거리

이러한 사실에 근거해 볼 때 개인이 어떤 환경에서 점유하는 공간은 개인의 피부가 그 경계가 아니라 개인 주변의 보이지 않는 공간을 포함한 보다 연장된 경계를 가지고 있음을 알 수 있다. 따라서 이와 같이 보이지 않는 경계를 다른 사람이 침입하면 물러서거나 심한 경우에는 침입자와 다툼이 일어날 수 있다. 즉 신체의 주변에 다른 사람이 가까이 왔을 때, 「떨어지고 싶은 느낌」이 드는 영역으로, 그 사람의 신체를 둘러싸고 보이지 않는 경계를 갖는「거품」으로 비유된다<그림 5-2>.

<그림 5-2> 신체를 둘러싸고 보이지 않는 경계를 갖는「거품」을 보여주는 만화

이와 같이 인간 사이의 이 거품을 우리는 개인이 점유하는 공간 즉 개인적 공간(Personal Space)이라고 부르며 개인과 개인 사이에 유지되는

간격을 개인거리(Personal Distance)라고 부른다.

R. Sommer(1969)[4]는, 인간은 개체의 주변을 둘러싼 타인을 넣고 싶지 않은 보이지 않은 영역을 가지고 있다고 하고, 그것을 그는 개인적 공간이라고 불렀다. 그리고 건축, 조경공간, 도시공간을 생각할 때에, 개인공간의 중요성을 지적하면서 그러한 인간적 요인 즉 개인적 공간에 대한 배려가 결여된 현대의 도시공간을 비판했다.

한편 개인적 공간의 크기는 모든 사람이 다 같지 않고 개인에 따라 또한 상황에 따라서 변화된다.

2. 개인적 공간의 크기

개인공간의 측정을 위한 객관적인 시도가 다양한 연구자들에 의해 시도되었으나 측정 방법의 타당성에 대한 의문이 끊임없이 제기되었다. 오히려 개인상호관계에 대한 가장 완벽한 측정 혹은 분류체계는 실험보다는 오히려 관찰자의 직관에 기초하는 것으로 나타났다.

E. T. Hall

The Hidden Dimension(숨겨진 차원)의 저자 **Edward Twitchell Hall, Jr.** (May 16, 1914 – July 20, 2009) 는 문화인류학자였다.

<그림 5-3> 문화인류학적 관점에서 개인적 공간을 연구한 E. T. Hall.

The Hidden Dimension(1966)에서 E. T. Hall<그림 5-3>은 백인 중산층 미국 사회의 일정 부류들 을 위한 규범으로서의 공간적 거리를 문화인류학적 관점에서 제시하였다. 이러한 분류는 그의 이전 저서인 The Silent Language(1959)에서 제안된 일련의 8가지 주요한 거리를 개정하여 단순화시킨 하나의 변형이다<그림 5-4>. Hall은 개인 상호간의 거리연구를 proxemics(프로세믹스)라고 칭하고 또한 피 실험자들로부터 단지 일정 거리에서만 정상적으로 일어나는 거래(transaction)의 의미로 이를 정의하였다. 이 연구는 개인 상호간의 관계에서 시선 접촉의 중요성

4) Sommer, R.(1969), Personal Space, Englewood Cliffs, NJ.: Prentice Hall.

을 확신하면서, 떠한 개인적 공간이 청각, 후각, 근육운동, 혹은 기타 수단들에 의해 침해 될 수도 있다는 사실에 주목하였다. 그가 제시한 네 종류의 대인간격은 다음과 같다.

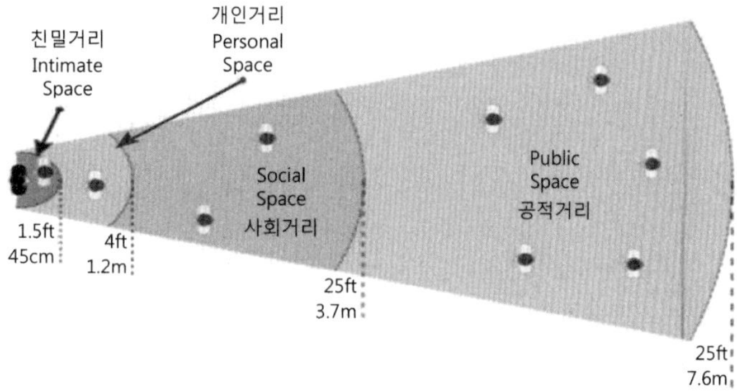

<그림 5-4> E. T. Hall이 제시한 개인 거리의 종류

1) 친밀거리(intimate distance)

이 거리는 격투, 애무, 그리고 위안 중의 하나를 말한다. 최대한의 신체적 접촉이 있고, 시각적 세부묘사가 흐릿하고, 후각의 감도가 증가하며, 그리고 근육 및 피부가 의사전달 행위에 추가된다. 약 0-45cm의 거리로서, 아기와 엄마 사이의 거리, 이성 간의 교제의 거리 혹은 친한 친구와 같이 아주 가까운 사람들 사이 혹은 레슬링이나 씨름 같은 운동선수들 사이에 유지되는 거리를 말한다<그림 5-5>.

<그림 5-5> 친밀거리

2) 개인적 거리(Personal distance)

이 거리는 사람의 얼굴과 같은 대상들의 3차원적 특징을 식별하기 위한 최상의 거리이다. 얼굴의 섬세한 세부까지 쉽게 드러나며, 아울러 상대방을 잡는다거나 끌어안는 것도 가능한 45cm−1.2m 사이의 거리로서, 친한 친구 혹은 잘 아는 사람들 간의 일상적인 대화에서 유지되는 거리이다<그림 5-6>.

<그림 5-6> 개인적 거리

3) 사회적 거리(Social distance)

교제중인 개개인들은 서로 다른 사람들의 개인적 공간을 침하지 않는다. 이 거리에서는 나의 눈에는 상대방 신체의 매우 상당한 부분이 들어올 수 있다. 그리고 시선은 한 눈, 입 혹은 코에 초점을 두면서 아울러 이러한 초점의 전후로 이동하는 경향이 있다. 이 거리에서는 목소리는 다소 높아지더라도, 고함은 공간을 침해하는 문제를 초래하기 때문에 사회적 거리를 개인적 거리로 축소시키는 효과를 가져올 수도 있다. 이것은 함께 일하거나 교제하는 사람들이 일반적으로 이용하는 거리로서 1.2m−3.6m 이상의 거리다. 업무상의 대화에 주로 유지되는 거리라고 보면 된다<그림 5-7>.

<그림 5-7> 사회적 거리

4) 공적 거리(Public distance)

공적 거리에서는 목소리는 커지고, 대화는 공식적이 되며 그리고 교제는 비개인적이다. 신체의 자세한 부분들은 보이지 않고, 입체감은 줄어들며, 그리고 단지 눈의 흰자위만은 분명하게 볼 수 있는 3.6m 이상의 거리를 말한다. 이 거리는 배우나 연사 등의 개인과 청중사이에 유지되는 보다 공적인 모임에서 유지되는 거리이다<그림 5-8>.

<그림 5-8> 공적거리

Hall은 그의 발견들이 주로 미국의 백인중산층을 대상으로 이루어진 것에 조심스럽게 주목하였다. 따라서 역사적 문화적 배경이 다른 우리나라 사람들에게도 이 거리가 적용될 수 있을 것인지에 관해서는 따로 연구되어야 할 필요가 있다.

한편 Bell(1978)은 개인적 공간은 방어기능 및 정보교환기능의 두 가지 측면에서 설명될 수 있다고 하였다. 그에 따르면 개인적 공간은 정신적인 혹은 물리적인 외부의 위협에 대한 완충작용을 하는 방어의 기능이 있다. 위협을 느끼지 않을 때 개인거리는 좁아질 수 있으며 위협 또는 압박을 많이 받을수록 먼 거리를 유지하려 한다. 그리고 개인적 공간의 거리는 정보교환수단인 눈, 코, 입, 귀, 피부의 선택과 밀접한 관계를 지니고 있으며 동시에 정보교환의 양과 질과도 밀접한 관계가 있다고 한다. 즉 거리가 좁을수록 보다 사적이며 많은 양의 정보교환이 이루어질 수 있으며, 반면 거리가 멀수록 점점 공적이며 제한된 양의 정보교환이 이루어진다고 그는 주장한다. 또한 가까울수록 냄새 및 접촉에 의한 정보교환이 이루어지며 멀수록 소리 및 시각에 의한 정보교환이 많이 이루진다고 한다. 그렇다면 이러한 정보를 디자인에는 어떻게 적용가능한지에 대하여 살펴보자.

5.3 신체의 방향과 대화

1. 개인공간과 디자인

실제 개인공간의 이론이 설계에 직접 응용되었는가에 관한 문제는 그리 긍정적이지는 않다. 1960년대 개인적 공간의 조사연구에 있어서 선구자였던 Robert Sommer가 그의 연구를 "향수적 의미" 라고하면서, 그의 많은 의미가 있는 연구에도 불구하고 사회과학자들의 연구 결과를 바탕으로 설계된 건물들이 이용자들을 한층 더 만족시킨다는 사실은 증명되지 않았다고 한다. 이제 사회과학자들이 건물의 디자인에 관여한지가 그리 길지 않은 역사를 가지고 있기 때문에 최종적인 판단도 유보되어야 한다. Hall 역시 조심스럽게 프로세믹스(proxemics) 조사연구가 디자이너가 고려해야 할 몇몇 사항을 제외하고는 어떻게 디자인하여야 하는지에 대해서는 결코 단언할 수가 없다고 주장했다. 마지막으로 분명한 것은 개인적 공간의 원리들이 공간의 디자인에서 아직 증명되지는 않았다 하더라도 공간의 관리문제들에 관해서는 매우 연관이 있다고 하겠다. 학교의 도서관, 교실, 기숙사 그리고 사무실 행태를 관리하는 개인 상호 간의 과정들에 대한 지식은 물리적인 환경이 바람직한 행태를 방해하기보다는 오히려 조장하기 위하여 물리적 환경의 관리적인 면에서는 매우 중요하다고 하겠다.

2. 소시오페탈과 소시오푸갈

개인적 공간의 개념은 주로 개인적 접촉이 이루어지는 공간의 디자인에 적용될 수 있다고 하겠다. 거실 혹은 사무실 의자, 공원 벤치 등의 배치에 있어서, 배치 여하에 따라서 개인적 접촉의 질 및 양이 달라진다. Osmond(1957)[5]가 제시한 공간디자인의 두 개념으로 소시오페탈(Sociopetal)과 소시오푸갈(Sociofugal) 있다. 이는 공간디자인이나 가구배치에 관한 개념으로 다수의 사람이 모이는 신체의 방향이나 앉는 위치에 따라 대화를 촉진시키는 타입을 소시오페탈이라고 하며, 대화를 단절시키는 디자인 타입을 소시오푸갈이라고 한다. 이 두 타입은 그가 정신병원에서 행한 연구에서 공간디자인의 두 가지 타입으로 제창한 타입으로 개인적공간과 매우 유사한 개념이다. 결론적으로 소시오푸갈이란 사람들 사이의 교류를 막기 위한 디자인을 의미하고, 소시오페탈은 반대로 교류

5) H. Osmond(1957) Function as the Basis of Psychiatric Ward Design, Mental Hospital 8: 23-30.

를 촉진시키는 디자인을 말한다.

일반적으로 기차역이나 버스대합실처럼 한 쪽 방향만 향하도록 평행되게 배치된 곳(소시오푸갈적 벤치, 그림 9)에는 최소의 대화가 이루어진다. 이는 교류를 최소화하기 위한 장치라고 생각된다.

<그림 5-9> 소시오푸갈적 벤치

이와는 반대로 거실 혹은 사무실 등에서는 마주보거나 90도의 각도를 유지하도록 배치하여 자연스럽게 대화가 이루어지도록(소시오페탈적 벤치, 그림 10)한다. 이때는 구성원들 사이에 보다 안락하고 쾌적한 대화 분위기를 조성하기 위하여서는 마주보는 거리, 옆 사람과의 거리 등이 너무 가깝거나 또는 너무 멀지 않도록 하는 것이 좋다.

<그림 5-10> 소시오페탈적 벤치

3. 사례연구

1) 조사연구 개요

이 사례연구에서는 건축외부공간의 벤치의 배치형태를 ㅡ자형 · ㄷ자형 · ㅁ자형 · 원형 등으로 나누어, 배치유형별로 개인거리(personal space)를 조사 · 분석 하였다.

<그림 5-11>은 대학생(계명대학교 생태조경학과 1학년) 30명이 8명이 한 팀이 되어 개인적 공간, 특히 소시오페탈(Sociopetal)과 소시오푸갈(Sociofugal)의 개념을 도심공원의 벤치에 적용시켜 사례 연구한 내용을 패널로 완성한 작품이다.

① 제목: 개인을 둘러싼 보이지 않는 공간(Personal Space)

<그림 5-11> 개인적 공간을 벤치에 적용시켜 연구한 학생 패널작품

② 연구배경(Background): 현대로 들어섬에 따라 개인의 공간인 퍼스널 스페이스가 중요시 되었고, 그에 따라 사람들이 앉는 벤치의 형태도 달라졌다. 벤치의 형태가 달라짐에 따라 퍼스널 스페이스의 거리도 달라지는가에 대해서 모두 의문을 가졌다.
③ 목적(Object): 퍼스널 스페이스의 적용이 벤치의 형태나 배치에 관계없이 일정하게 적용되는지 알기 위함이다.
④ 가설(Hypothesis): 퍼스널 스페이스는 벤치의 모양과 배치에 따라 달라질 것이다.
⑤ 개인적 공간의 정의(Personal Space): 개인을 둘러싼 보이지 않는 공간
⑥ 프로세믹스(proxemics): 개인공간의 행태에 관한연구를 말하는 전문용어로 그가 제시한 개인거리는 다음과 같다.
- 친밀한 공간(0−0.45m): 신체가 서로 닿거나 닿지는 않지만 손을 뻗으면 닿을 거리
- 개인적 공간(0.45m−1.2m): 서로 팔을 뻗으면 손가락이 닿을락 말락한 거리
- 사회적 공간(1.2m−3.6m): 사적인 관계보다는 업무상의 거리
- 공공적 공간(3.6m−7.6m): 사람이 의식할 수 있는 최대거리

⑦ 연구과정(Process): 연구를 진행하는 과정을 사진으로 보여줌
⑧ 연구결과(Bench Research & Distance): 연구결과는 연구방법 즉, 조사방법과 분석방법을 거쳐 결과가 도출되어야 함에도 이 연구에서는 프로세스에 포함시켜 생략했다.

2) 배치유형별 개인거리(cm)

① 일자형 벤치(대구 2.28공원)

구분	남남	여여	남녀
지인	27	9	11.5
타인	122.5	125	144

- 지인: 여여 < 남녀 < 남남
- 타인: 여여 < 남남 < 남녀

② 곡선형 벤치(대구 국채보상운동기념공원)

구분	남남	여여	남녀
지인	48.3	11.8	22.4
타인	190.3	140.6	210.1

- 지인: 여여 < 남녀 < 남남
- 타인: 여여 < 남남 < 남녀

③ ㅁ자형 벤치(계명대학교 오산관 앞)

구분	남남	여여	남녀
지인	5.5	8.2	3.8
타인	71.7	44.9	65.7

• 지인: 여여 < 남녀 < 남남
• 타인: 여여 < 남녀 < 남남

④ 소시오페탈적 벤치(계명대학교 의양관 앞)

구분	남남	여여	남녀
지인	33.5	19.8	35
타인	183	216	220.5

• 지인: 남녀 < 남남 < 여여
• 타인: 여여 < 남녀 < 남남

⑤ 소시오푸갈적 벤치

구분	남남	여여	남녀
지인	48.8	15.7	25
타인	90	60.5	76

• 지인: 남녀 < 남남 < 여여
• 타인: 여여 < 남녀 < 남남

3) 조사분석결과

도심공원을 대상으로 하여 벤치의 배치유형에 따른 개인거리에 대해 분석한 결과는 다음과 같다.

아는 사이일 때는 벤치의 모양에 상관없이 친밀거리인 0-45cm 이내의 간격을 두고 앉았으나, 모르는 사이일 때는 벤치의 모양에 따라 간격이 달랐다. 즉 모르는 사이일 경우 일자형 벤치와 곡선형 벤치, 소시오푸갈적 벤치는 사회적 거리인 120cm-130cm의 범위에 속했다. 이와는 달리 ㅁ자형 벤치의 경우에는 개인적 거리인 45cm-120cm의 범위에 속했고, 소시오페탈적 벤치는 친밀거리인 0-45cm의 범위에 속했다. 결론적으로 아는 사이일 때는 벤치의 모양이 개인의 거리에 영향을 주지 않지만, 모르는 사이일 때는 벤치의 모양이 간격에 영향을 주는 것으로 나타났다.

한편 일반적으로 공원에 설치되는 벤치는 모르는 두 사람이 앉을 수 있는 규격을 최소 폭으로(앉는 면적을 빼고 1.2미터, 통상 1.5미터) 할 때

쓰임새가 높다. 개인 정원의 경우는 90cm라도 무난하다. 아파트에서는 사회적 거리 이내로 벤치를 배치하고, 한편 마주보는 위치는 가급적 피하는 것이 좋다<그림 5-12>.

<그림 5-12> 공원의 벤치에서 나타나는 개인적 공간의 모습

이상의 1학년들의 개인의 공간에 관한 사례연구는 연구방법의 객관성으로 볼 때 그 결과를 신뢰할 수준은 아니다. 그러나 1학년 학생들이 개인적 공간에 대하여 실증적인 실험을 통하여 개인적 공간의 개념이 벤치의 설계에 고려해야 할 중요변수가 될 수 있음을 이해하는 좋은 기회였다고 생각한다.

5.4 영역성[6)]

1. 영역성의 개념

일반적으로 영역성(territoriality)이라 함은 개인 혹은 그룹의 사람들이 심리적인 소유권을 행사하는 일정지역, '나의, 너의, 우리의' 라는 소유격이 붙는 공간, 신체공간과는 다르게 고정된 공간, 보이는 공간, 영역에 몸의 일부나 흔적을 남김으로 몸과 관련된 것 등으로 정의 할 수 있다. 즉 개인의 공간이 사람이 이동할 때 사람의 몸과 같이 움직이는 반면, 영역성은 고정된 공간에 못 박혀 있는 경우이고, 개인의 공간이 보이지 않는 것에 비해 영역이란 것은 눈에 보이는 공간을 말한다. 예를 들어, 내 집은 나의 영역이며 내 친구의 집은 친구의 영역이다. 내가 만약 친구의 집을 방문했다면 나는 내 몸의 개인공간을 친구영역으로 옮긴 셈이 된다. 우리 집, 우

6) 임승빈(1999), 조경계획·설계론, 서울: 보성문화사 109-112쪽과 월간 환경과 조경 제 156호 "조경; 사람과 땅이 어울린 이야기(3)" 참조.

리 동네, 우리 골목 등은 우리라고 지칭 될 수 있는 집단이 소유한 공간의 범위, 즉 우리의 영역이 된다. 그곳에서 우리는 안전함과 편안함 그리고 소속감을 느낄 수 있다. 이 영역의 개념은 캐나다 출신 사회학자이자 작가인 E. Goffman의 "출입금지. 그것은 나의 소유." 라는 표현에 잘 함축되어 있다고 하겠다. 예를 들자면 디자인스튜디오에 학생들이 자리를 잡는 방식은(이름을 쓰고 물건을 놓고) 자신의 공간을 타인에게 알리는 일이다. 여기서의 물건이나 이름은 그 학생만의 공간이요, 몸의 일부이며 흔적이다. 즉 영역인 것이다<그림 5-13>.

<그림 5-13> 디자인 스튜디오에서의 영역성

환경심리학자인 Bell과 그 동료들(1978)[7)]에 따르면 개인적 공간은 사람이 움직임에 따라서 이동하며 보이지 않는 공간인데 반하여 영역은 주로 집을 중심으로 고정된, 볼 수 있는 일정영역 혹은 공간을 말한다. 영역성은 사람뿐만 아니라 일반 동물에서도 흔히 볼 수 있는 행태이다. 동물의 영역성에 대하여 여러 사람이 내린 정의를 살펴보면 다음과 같다.

- 영역은 동물의 집 주위에 형성되어 방어되는 부분이다(Burt, 1943).
- 영역은 동종의 다른 개체가 침입함을 막고 그 안에 살기 위한 지역이다. 영역은 먹이를 찾고, 작을 찾고, 새끼를 키우는 등의 여러 기능에 이용된다. 따라서 개인화된 공간이며 침입에 대하여 방어되는 지역이다(Hediger, 1950).
- 영역성은 시공적으로 표현되는 고도로 복잡한 행태체계의 개념으로 설명된다. 영역성은 개체 혹은 그룹의 일정지역의 방어를 포함하며, 예방적인 공격, 실제의 싸움 등을 포함한다(Carpenter, 1958).

7) Bell, P. A. et al.(1978) Environmental Psychology, Philadelphia: W. B. Saunder Company.

이상에서의 여러 학자들의 정의에서처럼 동물세계에서의 영역성은 동물의 생존에 관계되는 종족번식이나 식량의 확보 등의 기능과 매우 밀접한 관계를 가지며 주로 식량의 확보나 배우자 선정에 있어서 경쟁이 되는 같은 종 내의 서로 다른 개체 혹은 그룹 사이에서 나타나는 현상이다<그림 5-14>.

<그림 5-14> 동물의 영역성 표시를 위한 행동[8)]

한편 인간의 영역성에 관하여 내린 정의를 Bell(1978)의 저서에서 살펴보면 다음과 같다.

- 영역적 행태는 공간의 일부를 소유하며, 필요한 경우에는 타인의 침입을 방어하는 욕구를 나타낸다(Stea, 1965).
- 영역은 개인, 가족 등에 의하여 제어되는 지역이다. 제어는 물리적 투쟁이나 대결로서보다는 실질적이고 잠재적인 소유로써 표현된다(Sommer, 1966).
- 영역은 개인 혹은 그룹이 사용하며 외부에 대하여 방어하는 한정된 공간이다. 장소에 대한 심리적 식별성을 포함하며, 소유태도, 사물의 배치 등에 의하여 상징화된다(Pastalan, 1970).
- 영역은 개인화되거나 표시된 지역, 그리고 침입으로부터 방어되는 지리적 지역이다(Sommer, 1969).
- 영역성은 공간을 제어하려는 의도를 포함한다. 영역은 공공, 가정, 혹은 개인적일 수 있다(Lyman and Scott, 1967).

이상의 정의를 요약하면 인간사회의 영역은 개인 혹은 일정 그룹의 사람들이 사용하며 실질적인 혹은 심리적인 소유권을 행사하는 일정지역을 말한다. 이러한 영역은 표시물의 배치 등을 통한 개인화 혹은 그룹화된 공간이며 공공영역 · 가정영역 · 개인영역 등과 같이 사회적 단위의 개체에 따라 몇 단계로 구분된다.

8) http://en.wikipedia.org/wiki/Territory_(animal) 참조.

<그림 5-15> 인간에게 일정 영역의 소속감을 느끼게 하는 표시

2. 문화권별 영역성

인간에게 있어서 영역성의 문제는 사적 공간과 공적 공간의 구분에도 직접적인 관련을 보이고 있다. 오래전에 미국 위스콘신 대학의 Rapoport 교수는 국가(인도, 영국, 미국) 간 문화적 차이를 이 영역권의 문제로 들여다보았다<그림 5-16>.

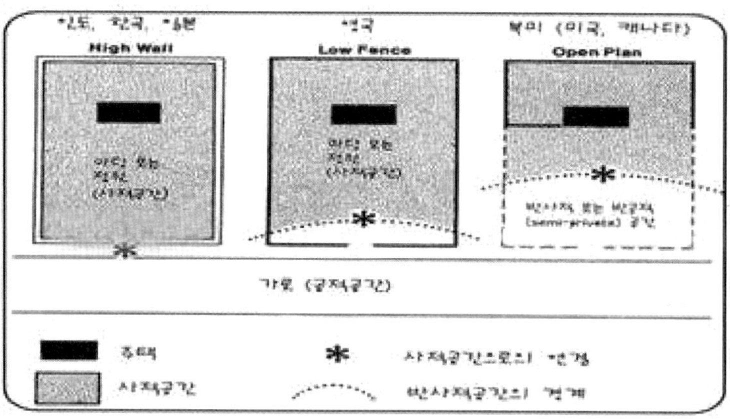

<그림 5-16> 라포포트의 문화권별 영역성 차이

인도의 주거는, 한국이나 일본과 같은 동양권의 나라와 유사하게, 높은 담으로 둘러싸여 있어서 내부의 건축공간은 물론이고 마당이나 정원의 외부공간도 높은 영역권을 추구한다<그림 5-17>.

<그림 5-17> 우리나라 주택의 담장

반면 영국의 정원이나 마당이 보여주는 영역권은 낮으며 내부가 투시되는 울타리 때문에 상대적으로 축소된다<그림 5-18>.

<그림 5-18> 영국 주택의 담장

더 나아가서 완전히 정원을 개방하는 미국식 주거는 집의 뒷마당에서나 영역권을 주장할 수 있을 뿐이다. 이런 면에서 영국이나 미국의 주거는 마당의 일부 또는 전부를 반사적(半私的)으로 또는 반공적(半公的) 공간으로 제공하고 있다<그림 5-19>.

<그림 5-19> 미국 주택의 담장

이처럼 인간사회에서의 영역성은 동물세계와는 달리 개인 주택의 담장이나 아파트의 입구처럼 인간에게 일정 영역의 소속감을 느끼게 함으로써 심리적인 안정감을 주며, 외부와의 사회적 작용을 함에 있어서 구심점 역할을 한다. 만약 이러한 구심점이 없어진다면 인간은 매우 높은 심리적, 사회적 불안감이 초래될 것이다.

6 건축공간

6.1 건축공간의 개념

1. 건축의 본질

1) 건축의 본질로서의 형태 · 기능 · 공간

지금까지 건축은 그 목적이나 기능에 대한 요구, 정신적 즐거움을 주는 쾌적성과 이를 가능하게 하는 구조체의 형태나 강성에 대한 다양한 요구에 대응하기 위한 목적으로 조형되어 왔다.

이를 역사적인 흐름에서 살펴보면, 지역적 · 민족적 · 시대적으로 특유한 형태를 지니게 되는데, 이를 양식(style)이라고 한다. 이렇듯 건축양식은 다양한 변천과정 속에서 새로운 건축공간과 형태를 창조하고 있는 것이다. 따라서 각 양식들의 기본을 이루는 형태, 기능 그리고 공간을 살펴보는 것은 새로운 조형의 창조를 위해 매우 중요하다.

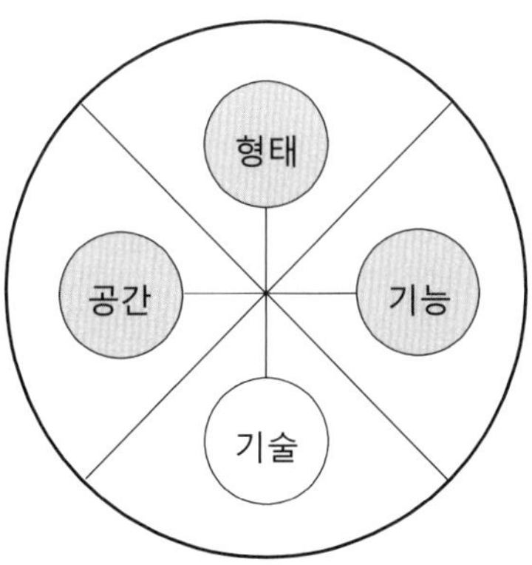

<그림 6-1> 건축의 형태·기능·공간 및 기술

2) 형태(Form)

베이컨(Edmund N. Bacon)은, "건축에 있어서 형태는 매스(mass)와 공간이 만나는 접점이라 할 수 있다. 건축물의 형태 · 질감 · 재료 · 음영 · 색 등은 모두 건축공간에 영감과 질을 부여하기 위해 결합한다. 건축의 형태는 내부공간과 그것을 둘러싼 주위환경에서 이러한 요소들을 조화시키는 디자이너의 기술에 의해 좌우된다." 라고 하였다.

형태는 여러 의미를 지니는데, 그것은 일단 인식될 수 있는 외관에 관한 것으로, 예를 들어, 의자형태나 거기에 앉아 있는 인체를 들 수 있다. 형태는 또한 어떤 것의 행동이나 자체의 존재를 증명하는 특별한 생활을 암시한다. 마치 우리가 물에 대해 이야기할 때, 수증기나 얼음 등의 형태를 떠올리는 것과 마찬가지다.

형태를 만드는 가장 기본적 요소로 점 · 선 · 면 그리고 볼륨을 들 수 있다. 점은 형태의 기점으로, 점은 연속되면 선이 생기고, 선은 면을 만들어 낸다. 그리고 건축의 형태는 크게 다음과 같은 7가지의 구성요소들로 이루어진다.

- 형상(shape): 특징적인 테두리나 특별한 형태의 윤곽
- 크기(scale): 형태의 사실적 길이 · 넓이 · 깊이 및 비례
- 색깔(color): 표면의 명도 · 채도 · 색상
- 질감(texture): 표면의 촉감 및 반사성질
- 위치(location): 주위 환경이나 시각적 영역
- 방향(orientation): 지평면 · 나침바늘 · 관찰자와의 관계
- 시각적 관성(visual inertia): 형태의 집중도와 안전도(기하학적 형태, 지평면과 관찰자의 시야 방향)

<그림 6-2> 인류 최초의 주거형태

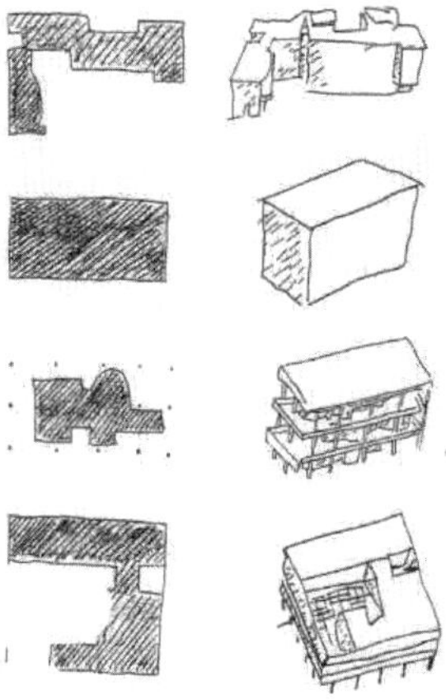

<그림 6-3> corbusier의 건축형태 구성원리

(출처: 대한건축학회, 건축공간론, 기문당, 2010, p.12 및 p.18)

3) 기능(Function)

기능은 모든 건축적 표현을 위한 중요한 출발점이다. 건물의 모든 기능적 조건을 재치 있게 수행하고 가능한 한 합리적으로 순환(circulation)을 조직하는 것이 건축가의 의무라는 점을 더 이상 논할 필요는 없다. 전형적인 결점들은 부적당한 조직과 불충분한 평면계획에서부터 비롯된다.

움직이지 않고 삐걱거리는 문, 좋지 않게 배치되어 팔꿈치를 멍들게 하는 화장실의 두루마리 휴지받침대, 물을 바지에 튀게 하는 작은 세면대 등과 같은 예는 수없이 많다. 자신의 고객에게 이런 종류의 불편을 덜어주는 것이 건축가의 작지만 소중한 의무이기도 하다.

4) 공간(Space)

건축공간은 대상 그 자체, 결국 건축물 자체에 의해 경험할 수 있는 공간이다. 그래서 어떤 법칙에 따라 건물이 공간을 포함하는지 또는 공간이 어떻게 건물을 성립시키는지를 알 수 있다. 다시 말하면 건축학에서의 공간이란 우리가 지각할 수 있는 대상이 되는 공간이다.

'공간' 이란 건축뿐만 아니라 수학 · 물리학 · 자연철학의 일부분으로 다루어질 수 있는 개념으로, 공간관(空間觀)은 인간의 세상사 속에서 끝임 없이 변화하여 왔다. 공간에 대한 인식이 각 시대의 사회사상과 세계관에 따라 변하여 온 만큼, 공간에 대한 논의의 전개과정도 철학과 자연과학에서의 공간관을 고찰하는 것이 중요하다.

아리스토텔레스의 공간개념은 공간을 모든 장소의 총화로 해석하는 한편, 방향성이라는 특성과 함께 동적인 장(field)으로서의 장소이론을 제시하여 고대의 세계관 형성에 지대한 영향을 미쳤다.

2. 건축공간의 의미와 유형

1) 건축의 어원

건축의 어원은 희랍어의 architecton, 그리고 라틴어의 architectura에서 나온 것으로, 어느 것이나 아키텍투라(Archi/Tectura: 기술)를 의미한다. 그래서 건축가는 모든 기술을 지도하는 역할을 하였다.

한편, 건축은 형태를 취급하는 학문으로서 아름다운 형태를 구성하기 위해서 예술적 지식이 총동원되기도 하여 "예술(art)과 기술(technique)을 종합시키는 방법" 으로 발전하고 있다. 그러므로 archi는 형태의 종합을 뜻하며, 건축의 창조적 의미는 곧 형태의 구성을 말한다.

2) 건축공간의 사회적 의미

건축공간이 가진 사회적 의미를 이해하기 위해서는 공간 하나 하나가 아닌 공간 상호 간의 관계성에 주목할 필요가 있다. 건물은 기본적으로 방(room)들과 이들을 연결하는 공간들의 조합 혹은 단위공간들의 조합으로 구성된다. 그런데 건물을 통해 재현되고 전달되는 의미는 개개의 단위공간보다는 이들의 상관관계의 차원에서 이루어진다고 할 수 있다.

에반스(R. Evans)는 건물이 가지는 단위공간의 상관관계를 가장 잘 보여주는 건축 평면도를 통한 분석의 중요성을 강조하면서, 평면도야말로 인간 관계성의 본질을 보여준다고 주장한다. 왜냐하면 평면도는 벽 · 문 · 창문 · 계단 등의 요소를 통해 거주공간을 분할하고 이를 조합하는 과정, 즉 공간의 분할과 연결의 구조를 보여주기 때문이다.

3) 건축공간의 유형

슐츠(C. N. Schulz)는 그의 저서 「실존 · 공간 · 건축 Existance · Space · Architecture」에서 5가지 공간개념을 구분했다. 즉, 육체적인 행위에 의한 실용적 공간, 직접적인 정위를 가능케 하는 지각적 공간, 환경에 대하여 인간에게 안정된 이미지를 형성하게 하는 실존적 공간, 물리적 세계에 대한 인식적 공간 그리고 순수한 논리적 관계에 의한 추상적 공간 혹은 논리적 공간 등이 그것이다(Schulz, 1980:20~21).

실용적 공간은 인간을 자연적이고 유기적인 환경과 직접적으로 관련시키며, 지각적 공간은 한 개인으로서의 동일성을 획득하는 공간인식의 경향이다. 실존적 공간은 인간을 사회적 · 문화적 전체로 귀속시키며, 인식적 공간은 인간이 공간에 관하여 사고할 수 있는 공간개념이다. 마지막으로 추상적 공간은 다른 여러 가지 공간들을 기술하는 도구개념으로 적용된다.

3. 건축공간형태의 변천

건축공간의 형태와 규모는 원시시대부터 현대에 이르기까지 커다란 변화를 겪어왔으며, 이에 따라 도시의 형태 및 경관도 다음과 같은 변화과정을 겪고 있다.

첫 단계는 원시 원형주거이다. 원시 원형주거는 인간이 동굴생활에서 벗어나 적극적으로 주거공간을 만든 초기형태의 원형주거로 알려져 있다. 처음에는 벽과 지붕의 구별이 없는 원추형이었으나 후에 수직으로 된 벽이 생기게 된다. 이러한 초기의 건축물은 실내공간도 벽체를 이용한 공간구분 없이 전체가 하나의 공간으로 구성되어 있었다.

둘째는 내부공간의 분화단계이다. 원형주거에 이어서 통나무 · 진흙 등을 벽체로 이용한 사각형 평면의 주거(움집, 귀틀집 등)가 등장하여 벽과 지붕의 구별이 분명한 주거양식이 발달되었으며, 실내에서 다양한 활동이 이루어지고 규모가 커지면서 용도에 따라 벽체로 실내공간을 구분하게 되었으며, 이렇게 하여 자연스럽게 여러 개의 방이 형성되기 시작하였다.

셋째는 중정(中庭)의 형성단계이다. 상류층의 가정 혹은 공공건물 등 많은 방을 필요로 하는 건물에서는 평면적 확장이 불가피하게 된다. 이때 가운데에는 채광되지 않는 방이 생기게 되므로 가운데를 중정으로 만들고, 그 주위에 방을 배치함으로써 모든 방에 채광이 되도록 하고 외기에 접할 수 있도록 하였다.

넷째는 다층화단계이다. 토지의 제한성으로 인하여 건물의 평면적 확장이 어느 정도 한계에 달하고, 건축기술의 발달에 힘입어 건물의 수직적 확장이 시작되게 된다. 처음에는 2층으로 확장되다가 벽돌 혹은 돌을 이용하여 4 · 5층 정도까지 확장되었다. 5층은 조적조 혹은 목조건물의 구조공학적 한계로 볼 수 있으며, 걸어서 올라가기에도 무리 없는 높이이다. 이 당시의 도시건물은 주변의 자연환경과 어느 정도 균형을 이루고, 토지이용의 밀도도 별로 높지 않아서 비교적 수평적인 도시형태를 유지하고 있었다.

다섯째는 초고층건물의 등장이다. 18세기 후반부터 시작된 철구조물의 발달로 철근콘크리트 혹은 철골을 이용한 초고층건물이 등장하게 되었다. 초고층건물은 철구조물의 발달뿐만 아니라 엘리베이터 · 냉난방 등 설비기술의 뒷받침에 의해 가능하게 되었으며, 고밀도 토지이용이 가능하게 되었다. 초고층건물의 등장은 도시의 스카이라인(sky line)을 크게 변화시켰으며, 도시주변 자연으로의 시야를 차단시키게 되었다. 또한 초고층건물은 현대건축을 대표한다고 볼 수 있는데, 최소의 장식과 가장 단순하고 기능적 · 경제적인 형태를 추구함으로써 개성 없는 무미건조한 도시공간을 형성하게 되었다.

여섯째는 초고층건물의 분화단계이다. 건물의 대형화가 진전되면서 초고층건물 한 개로는 수요를 충족시키지 못하는 경우가 생기면서 쌍둥이 건물이 탄생하게 되었는데, 여의도의 LG사옥이나 말레이시아의 페트로나스 빌딩 등에서 그 예를 볼 수 있다. 쌍둥이 건물은 동일한 형태의 건물이 반복됨으로써 인지도(認知度)와 그 상징성이 높은 건물이 된다. 따라서 쌍둥이 건물은 도시의 정체성을 높여주며, 도시 내에서 시민들에게 방향감각을 제공해 주는 랜드마크(landmark)의 역할을 하게 된다.

끝으로 포스트모더니즘(postmodernism)의 추구이다. 모더니즘 건축의 단순성 · 기능성 · 경제성 일변도에 대한 반성으로 1980년대 이후부터 포스트모더니즘이 등장하게 되었다. 포스트모더니즘 건축은 모더니즘 건축에 반하여 기능적으로는 불필요한 장식적 요소와 다양한 색채를 도입함으로써 표정 있고, 친근감 있으며, 개성 있는 건축외관을 추구하고 있다. 그러나 정도를 넘어서는 복잡한 건축장식의 도입과 건물 상호간 디자인의 통일성 결여는 오히려 도시의 가로경관을 혼잡스럽게 만드는 부정적인 영향을 미치고 있다.

<표 6-1> 건축형태의 변천과정

구 분	건 물 입 면		건물평면 및 도시의 형태	
		원시 원형주거 •벽과 지붕의 구별 없음(원추형)	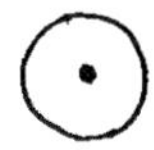	주거군 •원형
원시시대		내부공간의 분화 •벽/지붕 구별 가능 (집에서 서서 활동할 수 있음)	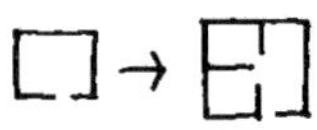	점적인 도시 •기능분화 [1실→다실(多室)]
	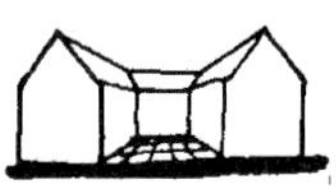	중정(中庭)의 형성 •한 집에 많은 사람이 살면서 많은 공간이 필요	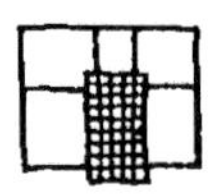	면적인 도시 •평면적 확장 (모든 방에 채광이 가능하게 함)
↓		다층화 •2~5층 •인간적 규모	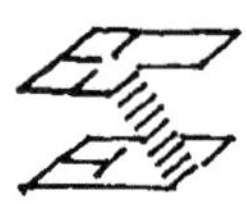	입체적 도시 •일체화
		초고층건물의 등장 •기능성·경제성 추구 •구름에의 도달 •비인간적 규모		수직적 도시 •단순화 (외기에 접하지 않는 실내공간)
현대		초고층건물의 분화 •인지도·상징성 고양 (말레이시아 페트로나스 타워)	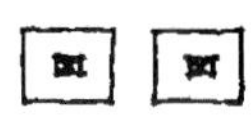	상징적 도시 •쌍둥이 건물
		포스트모더니즘 •개성·친근감 부여 •아치·주초(柱礎)·박공 등 고전적 건축요소 도입	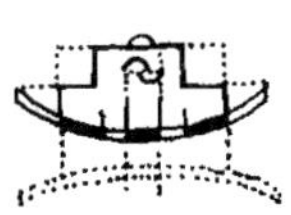	의미적 도시 •다양화 •장식적 요소 도입

(출처: 임승빈, 조경이 만드는 도시, 서울대학교 출판부, 1998, p.23 일부 수정)

6.2 건축공간의 구성요소

1. 인간과 건축

인간은 한없는 공간을 차지할 수 없으며, 한정된 영역을 확보해 인간화하려고 한다. 협의적으로 건축이란 바로 이러한 공간의 인간화·장소화 과정이라 할 수 있다. 인간은 상·하, 내부·외부 등과 같이 항상 어떤 장소에 있게 마련이다.

하지만 그렇다고 해서 인간이 항상 거실이나 동굴과 같은 한정되게 둘러싸인 공간을 필요로 한다는 것만은 아니며, 둘러쌈은 분명하게 공간을 국소적으로 구획함의 하나에 지나지 않는다. 이외에도 공간이 국소적으로 구분됨으로써 인간에게 인지되며 의미를 지니게 된다. 즉 기둥·벽·천장 심지어는 마루 같은 요소들도 공간을 둘러싸지 않으면서도 공간으로 인식 될 수 있다.

건축공간은 무형(無形)에 의한 공간과 유형(有形)에 의한 공간으로 분류할 수 있으며 건축공간 구성요소로는 벽·천장·바닥·개구부(창문, 현관문)으로 나타날 수 있다. 기능·구조·미적 요소를 동시에 만족시키며 건축 재료에 따라서 형태를 결정하는 것은 매우 다양한 설계방법이며, 이외에도 합리적인 계획·구조·설비 등의 요소가 요구된다.

2. 건축공간의 기본적 구성요소

1) 건축공간의 물리적 구성요소

건축공간의 물질적 구성요소에는 우리 몸을 지탱하는 바닥(1차원 공간), 지붕을 지탱하는 기둥과 벽(2차원 공간), 그리고 머리 위를 덮는 지붕(3차원 공간)이 있다. 바닥·벽·지붕 등은 주야·사계절·바람·비·눈 등의 자연의 변화에 견디며, 이것을 조절하고, 동시에 해충·먼지·한기·소음·사람의 눈, 타인의 위협 등으로부터 지키며, 쾌적한 환경을 구성하는 중요한 요소들이다.

2) 바닥

우리 생활공간의 구성요소 가운데 으뜸은 지구표면의 가장 보편적인 형태인 수평면이다. 수평면은 우리 생활 활동이 행해지는 기본 방향이며 우리 생활공간의 기반이다. 그러나 한없이 펼쳐지는 수평면은 인간에게 안정감을 주기에 너무 크기 때문에 자기의 영역임을 인식할 수 있는 한정된 공간을 필요로 한다. 지면에 동그라미를 그리거나 담요를 깔기만 해도 주위공간과 다른 장소를 창출하게 된다.

건물 내에서도 깔개 외에 바닥 재료의 재질과 색상 차이로 실내공간이 더욱 한정된다. 바닥의 높이 차이에 의해서도 주위공간과의 차이를 나타내는 장소를 만들 수 있다. 다만 바닥이 높은 공간은 위엄과 적극성을 암시하고 사회적으로도 높은 자리로 사용되는 경우가 많다. 바닥이 낮은 공간은 안정되고 아늑한 분위기를 풍기며 숨는 다든가 퇴거한다든가 하는 수동적 행동과 결합된다.

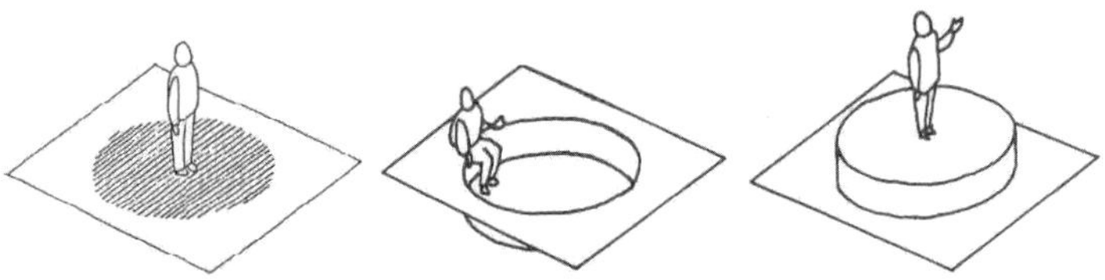

색상·재료·경계선에 의한 공간 구분

낮은 바닥 (안정·아늑함, 퇴거)

높은 바닥 (위엄, 적극, 상승)

<그림 6-4> 바닥의 유형과 의미

3) 기둥

넓은 수평면에 돌출된 수직물체는 명백한 국소적 변화를 가져온다. 탑 · 오벨리스크(obelisk) · 기념주 · 피라밋 등은 주위에 장소를 창출하며, 중력을 극복하는 힘과 독립성을 암시한다. 눈에 띄는 수직적인 물체는 울타리가 없으면서도 공간을 포작하고 응집시킨다. 단독의 물체는 초점 혹은 모임의 상징이 되어 주변 요소들을 통합시킨다.

기둥이 두 개 나란히 서면 사람이 통과하는 문을 암시하기도 하고 공간을 두 개로 나눠지는 영역성이 뚜렷해진다. 기둥 하나하나는 수직방향을 제시하지만 줄 · 선 · 기둥들은 공간의 수평적 흐름을 암시한다. 울타리 없이도 여러 개의 기둥을 서로 부근에 배치하여 내포된 공간을 암시할 수 있다. 이 공간은 개방적이기 때문에 주위공간과 자유로이 연결된다.

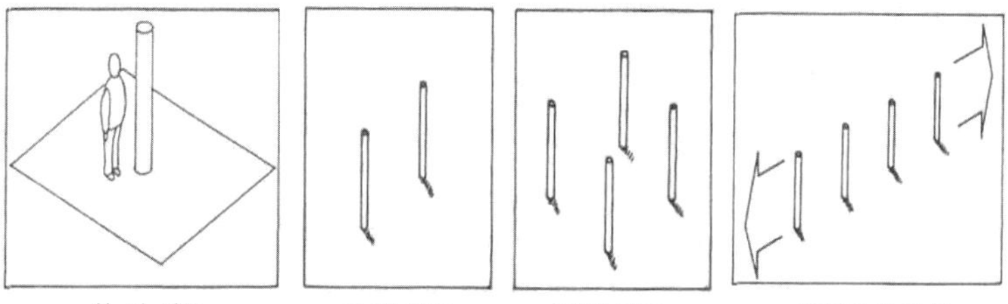

한 개 기둥

두 개 기둥

여러 기둥

줄지어선 기둥

<6-5> 기둥의 숫자와 의미

4) 벽

벽은 크게 곁공간 · 구석공간 · 사이공간으로 나누어진다. 벽은 그 곁에 장소를 창출하며, 바람막이나 시선 차단물로서의 용도와 더불어 보호감이 안락감을 준다. 즉, 단일 벽은 그자체가 경계가 되어 양쪽 동등한 장소를 창출한다. 굽은 벽은 구석공간을 형성하는데, 구석진 공간을 우리에게 매력 있는 피난처 또는 안식처를 제공해 준다.

한 영역이 벽으로 둘러싸임으로써 분명한 내부공간이 된다. 즉 내부와 외부라는 공간이 이분화가 확립된다. 벽으로 둘러싸인 공간이 하늘로 열려 있음은 여기서 문제되지 않는다. 왜냐하면 주로 수평방향에 전개되는 인간의 생활운동이 벽으로 인해 실제상 억제되기 때문이다. 또한 공간의 이분화는 시각과 신체운동에만 관련된 것이 아니라 심리적 측면도 지니고 있기 때문이다.

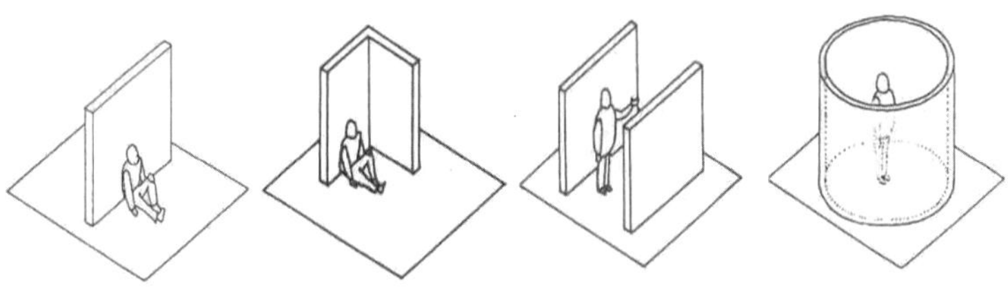

<그림 6-6> 벽의 유형과 의미

5) 지붕(천장)

지붕과 천장 같은 우리 머리 위를 덮는 요소는 우리의 시각적 · 신체적 수평운동을 방해하지 않으면서 독특한 보호된 장소를 창출한다. 머리 위를 덮는다는 것은 비와 먼지를 막고 그늘을 제공한다는 실용성과 더불어 우리 마음에 안정감을 준다. 노천카페의 매혹적인 파라솔, 넓게 펼쳐진 숲 그늘에서의 조용한 사색, 모자를 쓸 때 느껴지는 마음의 침착함 등은 모두 우리 생활 속에서 찾을 수 있는 덮은 공간이다.

머리 위를 덮는다는 것은 우리 생활에 있어 중요하고 매력적인 요소의 하나이다. 어린아이들이 집에서 놀 때 이미 집 지붕이 덮어주는 데도 불구하고 의자와 탁자 등의 밑으로 들어가 자기의 영역을 확보하려고 한다. 권력자의 앉은 자리나 잠자리를 덮는 지붕은 어른들의 자기 영역과 권위를 가시화시켜 주는 장치이다. 이 공간 유형을 만드는 기술적 방법에는 아래에서 지탱하는 것과 위에서 매다는 것이 있다.

3. 건축구조와 공간

건축구조방식은 건축물의 골격적인 형태와 외부경관은 물론 실내공간의 형태 및 크기를 결정하는 것과도 매우 깊은 관계가 있다. 일반적으로 현대 건축에서 가장 흔히 쓰이는 건축구조형식으로는 기둥과 인방보방식 · 벽식구조 · 트러스 · 강구조 · 아치 등이 있다.

기둥과 인방보방식은 가장 오래된 구조방식이며, 지금도 널리 사용되고 있다. 이 방식에서는 지탱되는 것과 지탱하는 것 사이에 분명하게 눈에 띄는 차이가 있다. 돌 인방보는 좁은 간격의 기둥배치를 필요로 하고, 돌보다 가벼운 나무는 이 방식에 더욱 적합한 재료이다. 한국을 포함한 동양건축에서는 나무기둥과 인방보가 널리 사용되어 있다.

벽식구조는 이것은 기둥이나 들 보 없이 벽과 마루로 건물을 조립하는 건축구조이다. 동양건축에서는 목조의 기둥과 인방보방식이 주류를 이루었지만, 서양건축에서는 석조 및 벽돌조의 벽식구조가 많은 부분을 차지하였다. 벽식구조에서는 벽체 밑에 연속적인 기초를 해야 하기 때문에 건축공간분할의 구성에 많은 제약이 따른다.

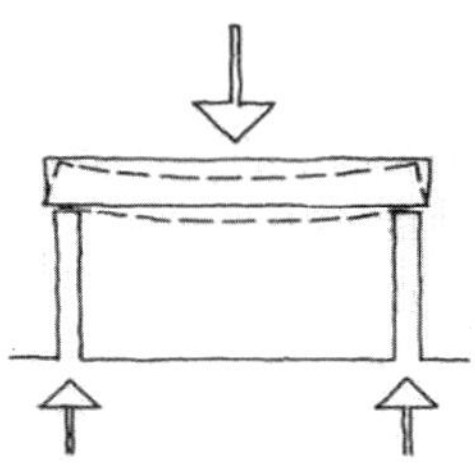
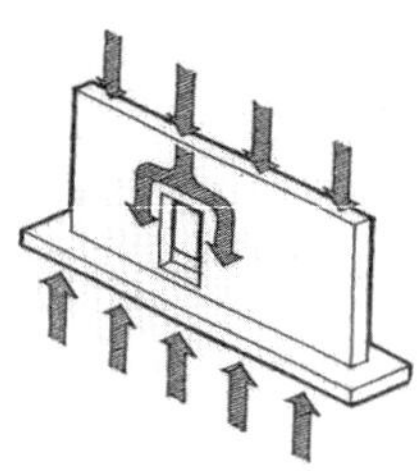

<그림 6-7> 기둥·인방보방식 <그림 6-8> 벽식구조 <그림 6-9> 캔틸레버

트러스(truss)구조는 여러 개의 세모를 연결시킴으로써 이루어진다. 서양의 전통적인 박공지붕에는 아주 간단한 목조트러스 구조가 사용되어 있다. 금속 입체트러스(스페이스 프레임의 일종)는 매우 큰 공간을 덮을 때 사용한다.

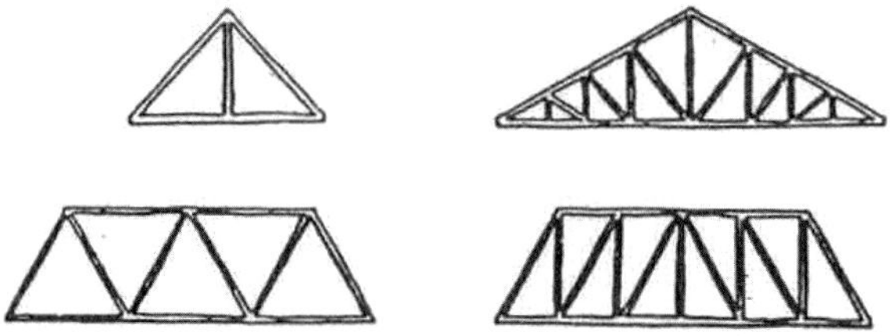

<그림 6-10> 트러스 구조

강구조(剛構造)는 기둥과 인방보를 일체화시켜 건물을 더욱 견고하게 만듦으로써 현대 건축구조의 주류를 이루고 있다. 강골구조가 가져다 준 하나의 획기적 변화는 벽을 구조체로부터 해방시켜 외벽·내벽을 불문하고 자유롭게 공간을 형성, 배치 혹은 제거할 수 있게 해준 것이다.

한편, 아치(Arches)는 기둥 혹은 벽 사이에 걸치는 구조로서 석재가 압축에 강하다는 점을 살리는 방식이다. 단일의 인방보로 가능한 것보다 더 넓은 공간을 덮을 수 있다. 르네상스건축에서는 아치가 기둥과 인방보와 함께 디자인 요소로서 벽의 일부를 형성하는 데 널리 사용되었다. 아치가 2차원 및 3차원으로 연속 혹은 전개된 것이 볼트(vaults)와 돔(domes)이다.

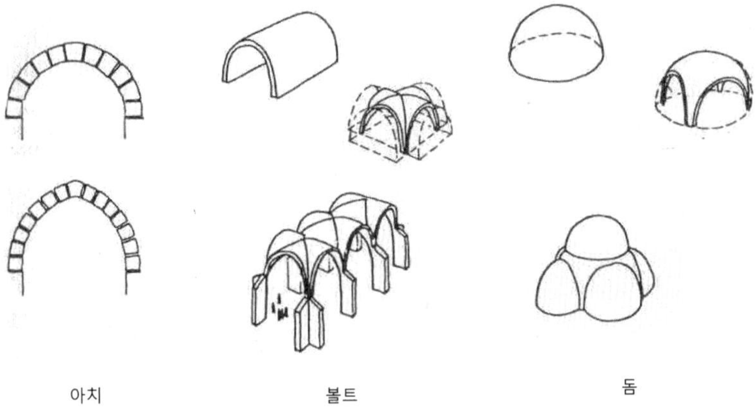

<그림 6-11> 아치·볼트·돔

또한 박람회장·경기장·콘서트홀 등 넓은 실내공간이 요구되는 건축물에서는 건축구조의 안전성과 건축형태를 아름다움을 추구하기 위하여 다양한 형태와 재료의 구조방식이 개발되어 있다. 몇 가지 예를 들면 셸(shell)구조, 서스펜션(suspension)구조, 텐트구조, 공기막구조, 스페이스 프레임(space frame)등이 있다.

4. 건축공간과 장소: 환경적 구성요소

건축이 무엇인가에 대해 논의할 때, 건축이 놓이는 장소라는 물리적 환경을 빼 놓을 수 없다. 장소가 갖는 가장 큰 특징은 그 물리적 환경에 있다. 장소가 갖는 사회적 문화적 환경 또한 고려되어야 하지만 장소가 지구상의 한 지점으로서 갖는 물리적 환경이 있기에 실제적으로 건물이 지어지는 건축의 행위가 가능하다. 장소의 물리적 환경을 살펴보면 다음과 같이 다양하다.

장소의 물리적 환경요소들을 살펴보면 첫째, 땅이라는 대지가 있다. 건물을 그 대지에 지을 때, 그 대지의 지면을 그 상태 그대로 사용하게 될 수도 있고, 지면을 지하로 파거나, 지면을 원래보다 더 북돋을 수도 있다.

둘째, 물리적 환경요소들 중에는 각 대지가 놓은 동서남북 방위도 있다. 그 방위를 알면, 1년 365일 중에 그 대지에서 태양이 어디서 뜨고 어디서 지는지를 대략 예상할 수 있다. 예를 들어, 주택에서 침실은 보통 아침에 해가 뜨는 동쪽방향에 배치하여 별도로 조명을 하지 않아도 침실에 자연의 빛이 비추는 시간으로 일어나게 하고, 정오를 기준으로 태양이 남쪽방향에 위치하는 점을 활용하여 거실은 남쪽방향에 배치하여 낮 시간 동안 최대한 자연광을 사용하게 하는 것이다. 그러므로 대지에 건물이 놓이는 위치는 매우 중요하다.

셋째, 장소의 물리적 환경요소들은 그 대지에 부는 바람의 양과 방향, 비나 눈이 많이 온다거나 하는 기후적 조건 등이 있을 수 있다. 다른 말로 표현하면, 장소의 물리적 환경은 건축에서 필요불가결한 요소들 가운데 하나이다.

한편, 건축에서의 필요불가결한 또 다른 요소들 중 하나는 인간이라고 할 수 있다. 사실상 장소의 물리적 환경을 이해하고 그에 따른 문제점들을 해결하는 것이 중요한 이유는, 그 장소의 물리적 환경에 적절히 대응하는 건물에서 인간이 주변환경의 영향을 받기 때문이다.

6.3 건축공간의 형태와 구조

1. 건축공간과 형태

1) 건축공간과 자연공간

건축공간은 지각적 공간으로 설명되기도 한다. 공간은 그 경계에 따라서 크기나 형상이 지각되며, 경계나 물리적인 장치들에 의해 구체적인 상황이 형성될 수 있다. 건축공간은 공간의 성격을 규정하는 것들을 통해서 지각이 이루어지고, 이를 바탕으로 구체적인 공간이 지각되는 것이다.

건축공간의 경계를 한정하는 기본적인 요소로는 벽 · 천장 · 마루 · 기둥 · 발코니 등과 같은 일상적인 건축물들의 요소들의 들 수 있다. 이 요소들은 개별적으로 건물 내의 작은 공간들을 형성한다. 그리고 이러한 작은 공간들이 모여서 큰 공간의 단위를 만들고, 공간단위들이 모여서 하나의 건축물을 형성한다. 그리고 건축물은 서로 인접하여 배열되는 등의 관계를 통해 가로 및 광장의 공간을 형성하는가 하면 다른 건축물들과 함께 일련의 건물군을 형성하고, 나아가 도시공간을 형성하게 된다.

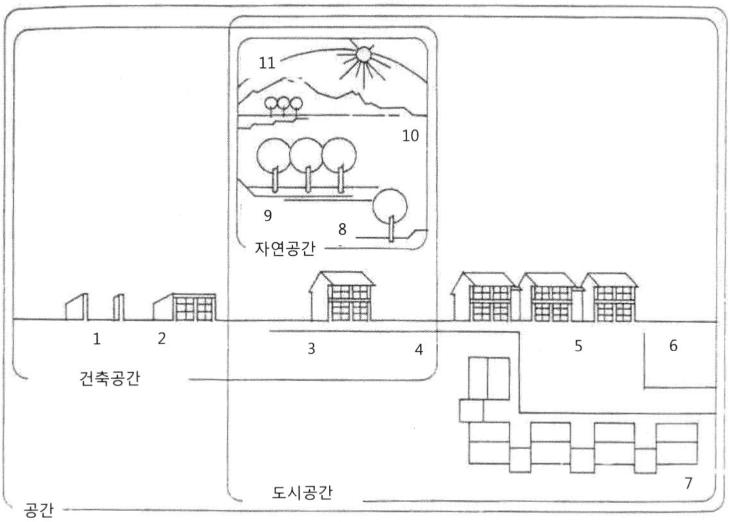

1.건축요소 2.건축요소의 그룹 3.건물 4.가로 5.공공광장건물의 그룹 6.건물의 그룹 7.지구 8.자연요소 9.자연요소의 그룹 10.지평선 11.하늘

<그림 6-12> 건축공간과 자연
(출처: 대한건축학회, 2010:40)

2) 건축공간과 도시공간

건축의 볼륨을 한정하는 면은 공간의 경계를 형성하고 크기를 한정한다. 건축에 있어서 면에 의한 공간구분은 매우 자연스러운 현상이다. 따라서 건물의 내벽에 의해 한정되는 내부공간뿐만 아니라 건물의 외벽 및 도시 환경요소에 의해 형성되는 외부공간 또한 모두 건축적 공간이 되는 셈이다. 교량·기념탑·분수대·도심의 조형물 등은 내부공간이 있는 건축물에 의해 조성된 공간이 아님에도 불구하고 건물들의 파사드(facade)와 함께 도시공간의 성격을 형성하는 매우 중요한 건축물로 인식될 수 있는 것이다.

건축공간에 대한 체험은 도심광장·가로·공원·운동장 등과 같이 경계가 한정된 내부공간뿐만 아니라 단순히 몇 개의 면으로 경계 지어진 공간들, 예를 들어 지붕이 없는 안뜰(court)이나 지하광장도 건축적으로 매우 중요한 의미를 가지는 공간이다. 조경이나 조형물·둑·제방 등에 의해 경관이 형성되는 무수한 도시공간도 모두 건축공간으로 볼 수 있다.

<그림 6-13> 건축과 도시공간

2. 건축공간의 구조적 특성

1) 건축의 바닥 · 벽체 · 천장

건축에 있어 바닥 · 벽체 · 천장은 근본적으로 다른 것들로, 건축공간 내부에 있는 특별한 장소들이다. 땅 위에서 사람은 우선 중력에 관계하여 방향을 잡는다. 그러므로 수직과 수평은 동일한 힘을 갖는 것이 아니라, 수직에 더욱 힘이 실리게 된다.

우선 벽이나 천장보다 바닥은 실용적 의미를 갖는다. 우리가 바닥에 물건들을 둘 수 있어야 하며, 또 돌아다닐 수 있어야 한다. 바닥은 중력에 저항하여 물건들과 삶을 지탱하는 역할을 부여받는다. 질감의 다양성은 바닥에 특별한 중요성을 부여할 수 있다. 그러나 바닥은 대부분의 건축공간에서 일어나는 다양한 기능들을 확보하기 위해서 수평으로 남아있어야 한다.

벽체와 수직구조물은 천장을 지지하고, 우리의 이동을 안내하며, 우리의 활동들과 오브제(object) 그리고 도구들을 포용하며, 우리를 받아들이고, 우리를 한 장소에서 다른 장소로 움직이도록 한다. 벽들은 건축공간을 분리시키고 구축한다. 벽체는 경계를 만들고 보호하므로 우리를 거주하도록 해준다.

천장은 바닥의 반대되는 것이면서 동시에 바닥을 항상 따라다닌다. 그것은 그 구축 상 필요하고, 비바람을 막아주기 때문에 실용적인 의미를 갖는다. 그 외에도 천장은 형이상학적인 의미를 들 수 있다. 그들은 꿈과 이상과 숭고함을 표현하는 수단이 된다. 그리고 천정이 조형적으로 잘 처리될 경우 건축의 구조미(構造美)도 성취할 수 있다.

3. 건축공간의 인식

1) 건축공간의 한정

건축공간은 건물들과 여러 경계면들 사이에서 생겨난다. 이들 경계면은 그 자체로 오브제(object) 특성을 지니지 않지만 건축의 한계를 규정한다. 이러한 한계들은 다소 명확할 수도 있으나 그렇지 않고 연속된 면들로 모호하게 구성될 수도 있다. 또한 그 반대로 관찰자들이 가상적 경계로 해석할 수 있도록(예를 들면, 네 개의 기둥들과 같이) 몇몇 물체들만으로 구성될 수도 있다.

고립된 면의 가장자리들 그리고 여러 경계면들이 교차하는 모서리는 방향을 이해하는데 보다 중요한 단서를 제공한다. 사람들은 자신이 방문하거나 살고 있는 공간의 전체 개념을 갖기 위해 존재하는 모든 단편들을 선형적으로 기억하지 않는다. 우리는 시각 외에도 청각 · 촉각을 사용한다. 지각이라는 주관적인 필터를 통과한 살아있는 공간이다. 이 필터는 이전에 겪은 경험 · 언어 · 문화 등에 의해 조건 지어진다.

2) 건축공간의 깊이(원근감)

공간의 깊이를 지각시키는 데 가장 공통적이면서 효과적인 방식은 두 가지다. 하나는 원근이 느껴지는 경우이고, 다른 하나는 하나의 오브제가 또 다른 오브제를 가리면서 앞에 놓여 있을 때이다. 도시가로, 광장 그리고 회화의 내부공간에서 깊은 원근감을 강조시키기 위해 고전건축은 텍스처의 정도를 보강하는 몰딩 장식과 소실선을 두고 있다.

회화에서 이 두 가지 현상은 깊은 공간과 얕은 공간의 환영(幻影)을 불러일으키는 방법으로 사용되었다. 르네상스 시대부터 19세기에 이르기까지 화가들은 원근감과 깊은 공간을 매우 선호하였다.

이탈리아 밀라노의 두오모광장과 스칼라극장을 연결하는 갤러리아(galleria)의 경우, 도시공간에 있어서 원근법에 의한 투시도 효과를 보여준다. 또한 내부와 외부공간의 중간영역의 성격을 갖고 있어 기후에 상관없이 공간의 밀도를 일정하게 유지하는 특성을 보이고 있다.

3) 건축공간의 상호관계

공간을 한계 짓는 요소들과 개구부들이 공간관계의 유형을 특징 짓는다. 즉, 독립된 공간인지 아니면 다른 공간과 연관된 공간인지를 결정한다. 우리는 공간을 관계 짓는 근본형식들을 두 가지로 구분할 수 있다.

하나는 두 가지 이상의 것들이 나란하게 병치(倂置)되는 경우이고 또 다른 하나는 여러 개의 것들이 공간적으로 얽히는 상호관입(相互貫入이)다.

병치는 독립성을 강조한다. 일상의 언어에서도 닫힌 공간에만 원칙적으로 적용될 수 있는 많은 어휘들을 포함하고 있다. 큰방 · 침대 · 작은방 · 거실 · 홀 · 복도 등이 그 예이다. 이 모든 것들은 프라이버시를 확보하고 있고, 그래서 다른 공간들과는 배타적인 관계를 가진다. 이웃한 공간들과의 연계는 벽체에 난 문과 창 그리고 좁고 통제된 통로를 통해 이루어진다.

이에 비해 공간적 상호관입은 하나의 공간에서 다른 공간으로 연속되면서 이루어진다. 그것은 벽 · 천장 · 바닥과 같은 공간을 규정하는 요소가 시각적으로 여러 개의 공간에 소속되면서 만들어진다. 공간을 분리시키는 면이 보다 가상적으로 되고, 암묵적인 구분만이 존재하게 된다. 이 암묵적인 구분이 실제로 공간을 닫지 않으면서도 공간을 닫게 한다.

라이트(F. L. Wright)가 설계한 카우프만 하우스(Kaufmann House)의 거실 옆에서 허공의 공간으로 돌출되는 발코니 공간에서 강한 공간감을 느끼게 한다.

<그림 6-14> Wright의 카우프만하우스(낙수장)

4) 건축공간과 빛 · 그림자

건축적 공간은 경계면과 사물에 빛이 비춰지면서 존재하게 된다. 형태가 드러나게 되고, 음향적 울림과 촉각 그리고 냄새를 통해 보충된다. 또한 건축물은 변화하는 빛 덕분에 건물의 얼어붙은 물체들은 갑자기 생기를 띤다. 각 개별 실들은 일출 때, 정오 혹은 일몰 때 인가에 따라 기하학적으로 동일할지라도 달라진다. 시간과 계절의 변화에 따라 달라지는 광경을 연출하는 것이다.

그림자는 항상 빛과 함께 한다. 형체들의 조형성을 알려주는 것은 명암의 점진적 변화를 통해서이다. 빛이 한 방향에서 들어와서 심한 대비(contrast)를 일으킬 때, 그 오브제에 대한 정보는 줄어든다. 각 맥락마다 또 각 오브제마다 대비성과 균질성이 균형을 이루며 가장 뛰어난 조형성을 드러내는 조명방식이 존재한다. 자연의 빛을 건축공간에 가장 잘 연출한 건축가로 알려진 꼬르뷔지에가 설계한 프랑스 라 뚜레 수녀원이 그 좋은 예를 보여준다.

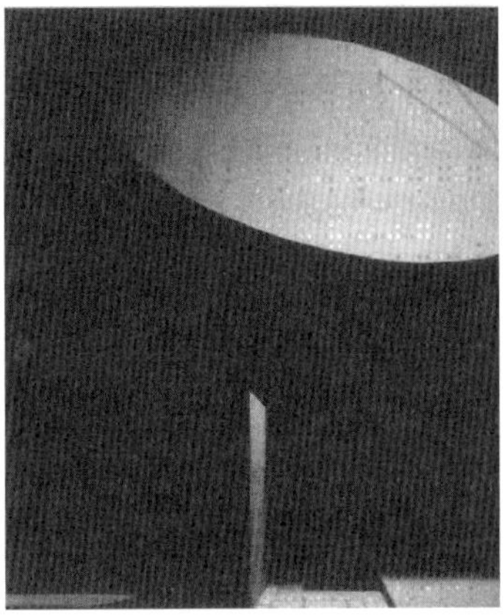

<그림 6-15> Corbusier가 설계한 라 뚜레 수녀원
(출처: 대한건축학회, 2010:50)

4. 무형의 건축공간: 노자사상

중국의 노자(老子)는 도덕경(道德經: 도가사상을 체계화한 총 5000자로 이루어진 경전)에서 "만물의 근원인 존재(being)는 도(道)이다. 도는 비어있는 것이고, 무형적(intangiable)인 것이다. 실재(実在)는 있는 그대로가 아니며, 단지 실존한다고 믿는 것이다. 즉 없는 것(無)이 존재(non-being)하는 것이다." 라고 주장하면서, 무형적 형태의 유용성을 강조하였다(윤장섭 역, 1996).

가장 훌륭한 것은 형태가 없다(大象無形) - 노자 도덕경 41장 -

노자는 진흙으로 그릇을 만들면 비어있는 허공에서 유용성을 찾게 되고, 집에 문과 창을 뚫게 되면 그 비어있는 공간에서 유용성을 찾게 된

다. 따라서 건축에서 음(陰), 비물리적인 공간(void: 비어 있는 것)이 오히려 양(陽), 물리적인 공간(solid: 채워있는 것)보다 더 중요하다고 하였다. 매스(mass)가 비어있는 공간을 위한 것이라는 것을 알게 되면, 매스의 고형적 공간을 줄이는 것이 공간의 잠재적인 다양성을 풍부하게 한다는 것이다.

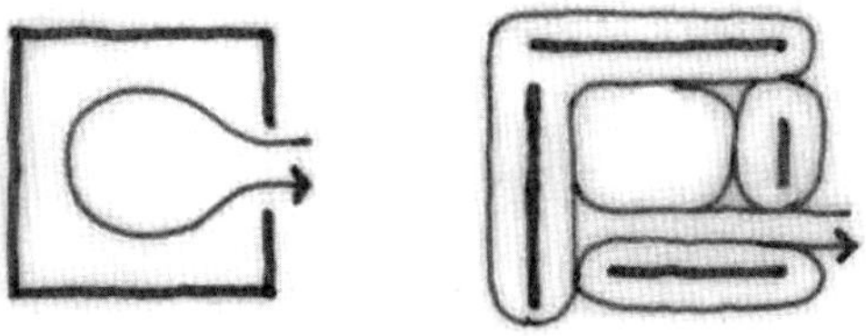

<그림 6-16> 비어있는 공간의 유용성

그는 물리적 공간 그 자체는 무의미한 것이며, 항상 변화하는 존재인 사람의 감각적 체험과 시간적 차원이 가미되어야 의미 있는 공간구성이 이루어진다. 그리고 각 개의 사물은 그것과 성질이 뚜렷하게 다른 정반대의 사물에 의하여 비교되어 분명한 존재가 된다고 하면서, 공간의 변화가능성과 상호보완성의 중요성을 강조하였다.

- 직선 vs 곡선
- 수평선 vs 수직선
- 단순성 vs 복합성

즉, 노자는 도(道)사상을 통해 건축형태에 있어서 무형적(intangiable) 요소가 건축공간을 보다 생기 있고, 인간적인 것이 되도록 만들고, 다른 건축물과 조화되게 하며, 또 사람의 감각능력을 통해 건축을 체험하게 한다고 하면서 '비어있는 건축공간의 유용성' 을 주장하였다.

6.4 건축공간과 외부공간

1. 외부공간의 개념과 역할

1) 외부공간의 개념

외부공간(outdoor space)이란 공간 내에서 인위적으로 형성된 일정한 틀 속에서 인간이 활동할 수 있는 내부공간을 제외한 잔여공간을 지칭하며, 자연상태에서 볼 수 있는 자연과 접촉되는 공간이 아닌 건물군이 집합된 지역에서 타 건물에 의해 창조된 공간을 의미한다.

건축적 공간에 비해 외부공간은 우선 그 대상의 규모가 훨씬 크고 형태도 매우 자유스러우며, 수직의 스케일에 비해 수평의 스케일이 훨씬 크다. 또한 그다지 정교함을 요구하지 않기 때문에 자유로운 형태가 용납된다. 예를 들면, 부정형한 평면은 주택의 방으로서는 적당하지 않지만 도시의 광장으로서는 있을 수 있으며, 때로는 바람직한 것이 되기도 한다.

2) 외부공간의 의미와 유형

건축에 있어서 외부공간(exterior space)이란 무엇인가? 이에 대해 아시하라(Y. Ashihara)는 외부공간은 자연 속에서 자연을 한정하는 데서 시작된다. 외부공간은 자연에서 틀(frame)에 의해 만들어진 공간이며, 단지 무한하게 퍼지는 자연 그 자체와는 다른 것이다. 즉, 외부공간은 인간에 의해서 창조된 목적 있는 외부환경이며 자연 이상으로 의미 있는 공간이라고 정의하고 있다.

또한 그는 외부공간을 그 틀에서 안으로 향하여 구심적인 형태를 갖는 외부공간을 적극적 공간(positive space), 이에 비해 밖으로 무리하게 펴져가는 원심적인 형태의 외부공간을 소극적 공간(negative space)으로 구분하였다.

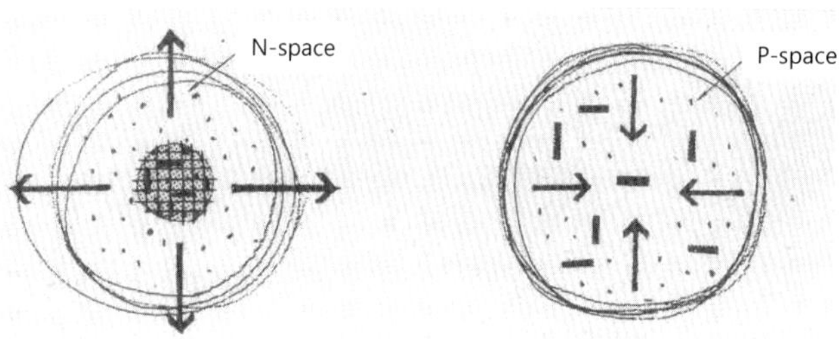

<그림 6-17> 외부공간의 유형
(출처: Ashihara, 1970: 16)

2. 건축과 외부공간

1) 건물형태와 외부공간

건축은 실내공간 만을 만드는 것이 아니라 외부공간에도 만들게 마련이다. 그러나 그 외부공간이 역동성을 지닌 적극적인 공간이냐 아니면 그저 건물을 짓다가 남은 공백의 소극적 공간이냐는 큰 차이가 있다. 건물형태와 배치가 외부공간의 성격을 크게 규정하기 때문이다.

피라밋이나 탑같이 수직성이 강한 기념비적인 건축은 자기를 중심으로 한 역동성을 강하게 암시할 수 있다. 이 경우 중심은 뚜렷하지만 경계를 알리는 요소가 없어 허전한 감이 있다. 이와 반대로 건물들이 외부공간을 둘러싸서 광장이나 중정을 구성하는 수도 있다. 이 공간은 경계가 뚜렷하여 아늑하고 보호된 느낌을 줄 수도 있다. 그러나 정도가 지나쳐 밀폐되어 버리면 다른 외부공간으로부터 단절되고 만다. 이러한 외부공간은 답답해지고 생기를 잃게 된다. 이 경우에는 다른 외부공간과 연결하는 구멍이나 통로를 뚫어 주면 아늑한 분위기를 유지하면서 인접공간과 연결되어 활기가 돌게 된다. 공간의 생명이 정적 추세와 동적 추세 사이의 균형으로부터 큰 영향을 받고 있는 것이다.

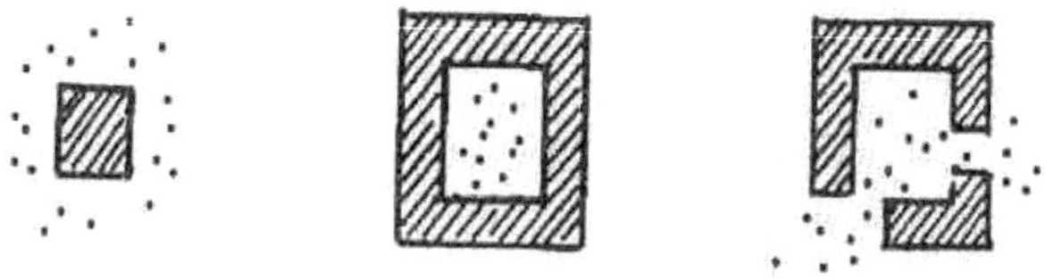

<그림 6-18> 건물 형태와 외부공간의 성격

2) 건축과 대지

모든 건축물은 대지(site)의 형태와 어울리는 기능 · 동선체계 · 시각적 형태의 패턴을 지녀야 한다. 건물 내부동선은 건물 외부동선의 연장이다. 건물의 내부공간은 전체 대지공간의 일부이다. 시각적 위계는 건물의 입구로부터 시작된다.

건물의 형태는 외부공간 구조의 기본적인 요소이다. 건물의 내부공간과 외부형태는 서로 상응해야 하며, 모든 공간형태가 돌이나 수목에 의해 시각적으로 차단되어서도 안 된다. 건물의 바닥높이(floor level)와 땅높이(ground level)의 관계 및 건물로 둘러싸인 공간의 개방과 폐쇄의 특성은 특히 중요하다.

3. 외부공간의 형성

1) 위요감(enclosure)

위요감이란 사람의 키보다 높은 장애물(약 180cm)이 전면에 있을 때 느끼는 심리적인 작용이다. 위요의 정도에 따라 공간의 성격이 달라지며 커뮤니티 형성에 있어서도 건물이 주는 영향이 크다. 강한 위요감의 장점은 장소성 · 식별성 · 프라이버시 및 영역성 제고, 거주자의 사회적 접촉 제고 등을 들 수 있다. 그러나 너무 획일적인 방법으로 공간을 둘러싸게 되면 공간이 단순해지고 무미건조해진다. 한편, 구석을 막도록 설계하면 더욱 위요감을 느끼게 된다.

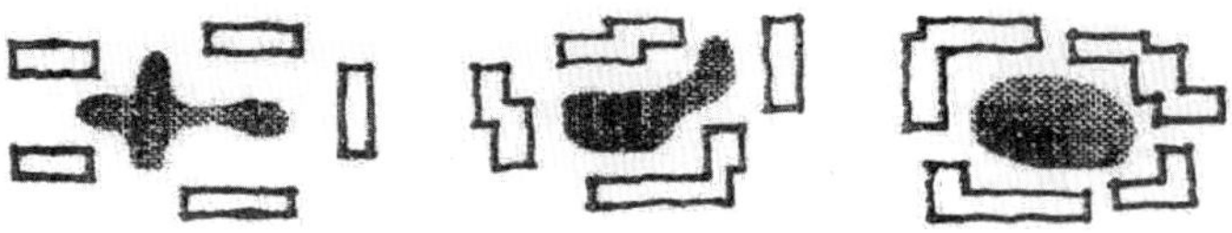

<그림 6-19> 외부공간의 위요정도

2) 폐쇄감

폐쇄성은 주로 수직면의 높이와 바닥면 넓이의 비례에 따라 그 성격이 좌우되며, 그밖에도 공간의 형태(shape) · 색채 · 패턴의 질감 · 크기 등이 관련 있다. 스프레이리겐(P. D. Spreiregen)은 관찰자가 느끼는 폐쇄성은 관찰자의 위치에서 수직면까지의 거리에 관계되며, 수직면과 관찰자의 거리를 D로 하고 수직면을 높이(H)로 할 때, 다음의 관계가 성립된다고 보았다.

- D/H=1일 때, 완전 폐쇄감
- D/H=2일 때, 폐쇄감을 느끼는 한계
- D/H=3일 때, 최소한의 폐쇄감
- D/H=4일 때, 폐쇄감 상실

6.5 건축미학과 공간경험

1. 건축미학

1) 조형예술로서의 건축

예술이 인간의 창조적 활동에 따른 미적 가치 표현체를 형성시키는 영역에 해당된다는 사실로부터 예술 창조의 영역에는 근원적인 체계가 존재하며, 그에 따른 다양한 양상의 예술대상이 존재한다는 것을 파악할 수 있다. 예술대상의 영역에서 일반적 의미의 조형예술로 정의되는 회화나 조각 · 공예 · 건축에는 그 존재양식으로 공간이 매체로서 작용하고 있음은 이미 잘 알려진 사실이다.

예술분야는 감각적 대상에 따라 크게 공간예술 · 시간예술 · 시공간예술로 나누어진다. 대상이 현실 공간에서 성립하는 회화 · 조각 · 건축 · 공예와 같은 예술을 공간예술로, 시간 속에 성립하는 음악 · 문예는 같은 예술을 시간예술로 규정된다.

이외에도 연극 · 영화 · 무용 등은 현실의 시간상에서 전개될 뿐만 아니라 동시에 현실 공간을 가지기 때문에 '시공간 예술' 로 규정하고 있다.

<표 6-2> 감각대상에 따른 예술의 분류

<table>
<tr><td rowspan="2"></td><td colspan="2">공간예술</td><td rowspan="2">시간예술</td><td rowspan="2">시공간 예술</td></tr>
<tr><td>3차원</td><td>2차원</td></tr>
<tr><td>사물적 예술</td><td>조각</td><td>회화</td><td>시
문예</td><td>펜터마임</td></tr>
<tr><td>비사물적 예술</td><td>건축
공예</td><td>평면장식</td><td>음악
오페라
발레</td><td>무용</td></tr>
<tr><td rowspan="2"></td><td colspan="2" rowspan="2">조형예술</td><td>율동예술(협의)</td><td>운동예술</td></tr>
<tr><td colspan="2">율동예술(광의)</td></tr>
</table>

(출처: 대한건축학회, 건축공간론, 기문당, 2010, p.215)

2) 공간예술과 건축미학

건축은 인간의 실용적인 활동을 대표하는 장르임과 동시에 인간의 여러 가지 생활을 담기 위한 기술, 구조 및 기능을 수단으로 하여 이루어지는 공간예술로 정의되어 인간에게 미적 형식을 부여하는 활동을 행하게 된다.

건축에 있어서 공간은 고대 이래로 건축의 본질이 되어왔고, 그 표현의 문제로서 공간개념이 대두되어 왔다. 19세기 말 '건축예술이 공간의 창조자' 라고 정의한 쉬말소(A. Schmalsow) 이후부터 공간적 의미로서의 건축이론들은 건축예술의 본질적이고 중심적인 의미 파악을 위한 미적 인식과 체계를 갖추게 된다. 건축이 다른 예술형태로부터 구분되는 가장 큰 특징은 무엇보다도 인간을 포함하는 3차원적 표현수단인 공간을 가지고 있다는 것은 자명한 사실이다.

건축의 조형적 · 구조적인 평가는 바로 건축의 고유의 공간적 가치로부터 의미 지어지는 것이고, 그 공간 안에서 인간은 자신의 감성적인 주관적 판단과 이성적인 객관적 논리를 통해 미적 체험을 하게 되며, 이로부터 미학적인 인식논리와 가치체계를 형성하게 된다. 즉, 미학적 의미로서의 건축의 가치는 바로 건축공간의 미학적 인식과 그 표현의 종합에 있는 것이며, 이로부터 하나의 공간예술로서의 건축이 성립되는 것이다.

2. 건축공간의 체험

1) 인간 · 시간 · 공간

사람이 삶터에서 삶을 영위한다는 실용성과 삶의 시간적응 체험에 대해서 기본적인 개념(human behavior in time)을 공유하고, 인간↔시간↔공간이 별개로 독립된 것이 아니라 공존의 필연적 관계에 있음에 대해서 살펴보면 다음과 같다.

일상생활용어로서의 공간은 '물체와 물체 사이의 다른 물체로 채워지지 않은 빈 곳' 으로서 비(非)물체이고, 공간 자체는 보이지도 만져지지도 않는 '비어 있음' 이다. 인간이 눈으로 지각하는 것은 공간이 아니라, 기하학적 육면체 공간을 구성하는 3차원 입체로서의 바닥 · 벽 · 천장의 공간구성요소 즉, 물체를 보는 것이다. 또한 인간 삶과 관련된 공간은 인간의 행위가 발생하는, 발생될 수 있는 장소(place)이다.

그리고 일상생활용어 개념으로서의 시간은 '일과 일 사이의 다른 일(事)로 채워지지 않는 빈 것' 이며, 이때 일은 사람들이 삶의 내용으로서, 삶의 구체적 표현은 생활 · 형태 · 행동 · 동작으로서 삶터인 공간 속에 자리한다.

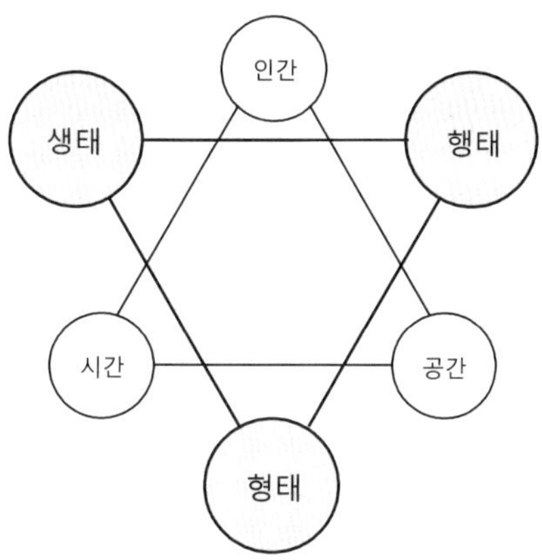

<그림 6-20> 인간생활과 3(間·)3(態)

(출처: 대한건축학회, 2010:160)

2) 건축공간의 생태 · 행태 · 형태

건축형태는 그 물리적 건축공간의 구성요소들뿐만 아니라 그 주변 자연요소(가시적, 환경공학적)와의 유기적 관계(생태)가 중요시 되어야 하고, 인간의 사회공동체가 건강하게 이루어질 수 있는 유기적 생명체(organism)로서 성장 · 변화에 대응할 수 있어야 한다. 인간은 시간과 함께 공간에서 생활(행태)하며, 인간행동 양식에 영향을 미치는 요인은 물리적·생리적 그리고 심리적 배경이고, 건축(행태)결정에는 사회문화적 환경, 인공환경 그리고 자연환경 요소가 중요하게 작용한다.

첫째, 생태(ecology)학은 인간을 포함한 유기적 생명체와 그들의 생활에 영향을 주고받는 주변의 환경요인/요소들 간의 관계 파악에 중점을 두고 있다. 사물이나 현상의 생태적 관점은 고정된 장면으로 보는 것이 아니라 살아있는, 움직이는 성장 변화에 적응할 수 있어야 하고, 이를 현실적으로 실천(계획·설계·시공·생활)하기 위해서는 유기적 생물체의 개채↔개체, 개체↔군집(마을, 공동체), 개체↔환경 간의 관계가 긴밀하게 연결되고 조직화되어야 한다.

둘째, 인간의 모든 행태(behavior)는 생활과 공간과의 관계에서 비롯한다. 건축에서의 공간의 의미·기능·용도 등은 그곳에서의 생활의 수용성과 깊은 관련됨을 뜻하고, 이때에 생활이란 단위행태(behavior)의 연속된 총체적 집합을 의미한다. 공간의 건축적 특성은 시간속의 움직임을 통한 생활과 함께 특징지어지고 활성화된다.

셋째, 형태(form)는 대상물이 그 주변 배경(ground)과 경계되어 지각되어지는 실체이다. 1차 형태로서의 매스는 점·선·면·입체로서 구성되며, 볼륨화하는 과정에서 수평·수직으로 분할·첨가되고 단위공간들의 기능·동선·크기·관계에 따른 유기적 조직(organic system)에 의해서 비대칭적(상하, 좌우)으로 다양하게 구성된다.

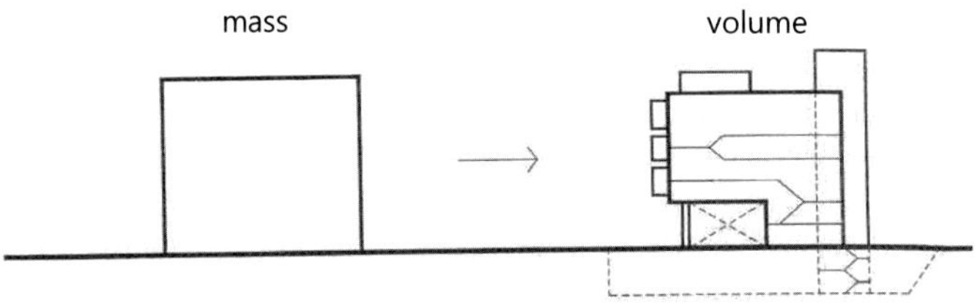

<그림 6-21> Mass형과 Volume형 공간형태
(출처: 대한건축학회, 2010:145)

3. 건축공간의 인지와 경험

1) 건축공간의 인지

사람들이 건축공간을 인지할 때는 시각을 비롯한 촉각·청각 등을 사용한다. 그 중 공간의 형태·거리·깊이 등을 인지(perceive)하는 시각(vision)이 가장 중요하며, 이 과정을 통틀어 시지각(visual perception)이라고 부른다. 지각(perception)이 신체감각을 통하여 물리, 화학적인 현상이나 사물을 단순히 느끼는 것인데 반해 경험(experience)은 눈에 보이지 않는 사건이나 행위 · 생각 · 행사 등에 대한 기억과 지식 등을 포함한다.

시지각 과정에 심리상태가 극단적으로 반영될 경우 객관적 인지가 어려우며, 결과적으로 경험 자체에 큰 영향을 미치는데 공간과 관련된 대표적인 심리증세로 광장공포증 · 폐쇄공포증 · 고소공포증 등이 있다. 광장공포증은 주위가 탁 트인 광활한 공간에 대하여, 폐쇄공포증은 협소한 공간에 대하여 공포를 느끼는 심리적 현상이다.

2) 건축공간의 경험

건축은 기본적으로 아름다움을 추구하는 예술이다. 그러나 순수예술과는 달리 미학적 성취 이전에 건축주의 실용적인 요구조건에 부합하는 설계를 해야 사회적인 존립이 가능하다. 따라서 이 세상에 존재하는 건축물들이 상당수는 심미적이지 않고 일상의 공간에서 건축미학을 경함하는 것은 흔치 않은 일이다. 건축공간에 대한 경험은 몇 가지 특징이 있다.

첫 번째로 시간의 흐름을 통한 경험이다. 건축은 3차원 공간이지만 시간의 흐름 속에 존재한다. 건축물의 공간은 인체에 비해 규모가 커 대부분 한 번에 인지가 불가능하다. 따라서 시간을 통한 조합된 인지가 필요한데 사람들은 주로 시각 · 촉각에 의존한다.

두 번째 특징은 움직임을 통한 경험이다. 움직임은 첫 번째 특징인 시간과도 밀접한 관계가 있는데, 일반적인 건축물의 공간규모에 비해 우리의 지각은 한정되어서 전체적인 공간인식을 위한 시점의 이동이 필요하다.

공간경험의 세 번째 특징은 공간을 경험하는 주체가 경험대상인 건축물과의 상관관계에 있어 절대적이지 않은 위치에 있다는 점이다. 보다 자세히 설명하자면, 건축공간에 대한 감상은 그림이나 조각처럼 대상으로부터 거리를 유지한 채 전반적인 이해가 가능하지 않고, 관찰자가 공간 속으로 들어가야 가능해진다. 이 때문에 미로와 같이 시야가 한정된 공간 속에선 관찰자가 길을 잃을 수 있다.

3) 공간의 식별성과 길찾기

19세기 말 이후 대규모 상업시설 · 병원 · 관공서와 같은 불특정 다수가 이용하는 시설이 증가하게 됨에 따라 건축환경과 인간 사이의 상관관계를 연구하는 전문가들은 인간이 환경에 미치는 영향뿐만 아니라, 환경이 인간에게 미치는 영향에도 관심을 보였다. 그들은 환경의 구체적이고 개별적인 요소들에 초점을 맞추기보다는 보다 큰 규모의 환경에 초점을 맞추면서, 건축환경이 인간에게 미치는 영향을 강조하게 되었다. 이와 관련된 건축환경의 중요한 요소 중의 하나가 공간 식별성과 길찾기이다.

누구든지 어릴 적에 종의 위의 미로(迷路)찾기 놀이를 한번쯤 경험해 보았을 것이다. 미로의 공간적인 개념은 인간의 지적 호기심을 자극해 왔다. 이러한 이유로 미로는 세계의 여러 지역에서 신화와 문학의 소재로 활용되었다.

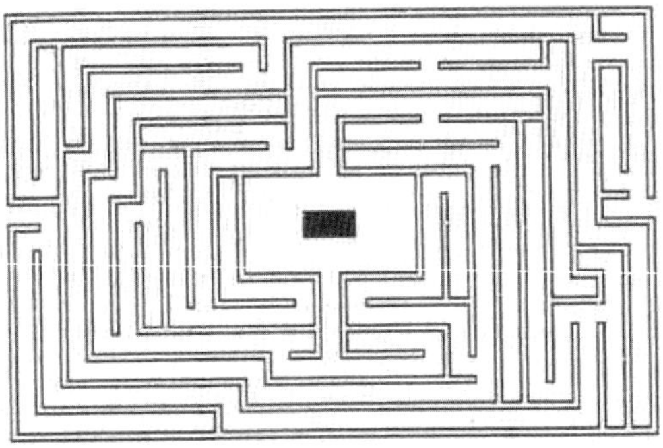

<그림 6-22> 미로의 예

건축공간 구조에서 길찾기 문제는 복잡한 건물 내부에서 특히 잘 드러난다. 길찾기 문제는 단순히 한두 사람의 이용객이 길을 잃는다는 문제를 넘어 보다 심각한 문제로까지 확대될 수 있다. 길찾기의 어려움으로 인해 야기되는 혼란스러움과 이로 인한 시간과 노력의 소모는 이용자들로 하여금 불편함과 함께 심각한 스트레스를 유발시킬 수 있다.

6.6 건축공간의 새로운 양상

1. 디지털건축

디지털건축이라는 어휘의 정의와 범위는 아직까지 뚜렷하지 않고 광의적으로 사용되고 있다. 디지털건축은 컴퓨터 · 소프트웨어 · 네트워크 그리고 인터액티브기술의 발전과 더불어 그 정의와 특성이 변화하고, 건축분야에서의 적용범위가 끊임없이 확대되어 가고 있다.

건축가는 설계를 위한 도구로서 디지털기술을 크게 두 가지 목적으로 이용한다. 첫째는 Design Computerization으로 전통적으로 행해오던 건축도면의 작성을 디지털화하는 것으로 정의할 수 있고, 둘째는 Design

Computation으로 디지털과 컴퓨터기술을 인간의 사고능력만으로는 불가능하였던 건축물의 설계나 분석에 창의적 설계나 분석도구로 활용하는 것으로 정의할 수 있다.

오늘날 디지털건축분야에 가장 많은 영향을 미친 대표적 디지털기술은 CAD(Computer Aided Design)를 필두로, 2차원 그래픽/3차원 모델링/VR(Virtual Reality) 기술과 네트워킹 및 인터넷의 발전이라고 할 수 있다.

<그림 6-23> Google SKETCHUP의 walk-through 애니메이션
(출처: 대한건축학회, 2010:261)

특히, 3차원 모델링기술이 발전하면서 마치 실제 건물 안을 사용자가 걸어 다니며 둘러보는 것 같은 체험이 가능하게 되었다. 이 기능을 통해 사용자는 건물이 지어지기도 전에 건축에 대한 지식이 전혀 없어도 건물이 완공된 이후를 가상으로 체험할 수 있기에 디자인 단계에서 건축가와 건축주(client) 간의 의사소통에(또는 시공단계에 입주분양자를 모집할 때) 아주 유용하게 이용되고 있다.

2. 유동적(네트워크) 공간

유동적 운동을 하는 공간에 대한 건축적 예는 실제로 이미 1950년대 후반부터 등장하기 시작했다. CIAM(근대국제건축회의)의 해체와 함께 새롭게 등장한 팀텐(Team X)·GEAM 등 건축가 그룹들은 도시와 건축의 성장과 이동성(mobility) 등을 주제로 건축에 도로를 포함시킨다든가 공중에 도시골조를 세우고 자유롭게 이동할 수 있는 공중도시 등의 다양한 실험을 보여주었다.

일본의 메타볼리스트(metabolist)들이나 영국의 아키그램(Archigram) 등은 1960년대 초반부터 거대한 메가스트럭처(megastructure) 속에서 건물들을 캡슐과 같이 플럭인(plug-in)시키며, 소비하는 이동성을 실험하며 심지어는 건축 자체를 의복이나 자동차와 같은 개념으로 유동적으로 이동하는 수단으로 보여주는 실험들까지 보여주었다.

<그림 6-24> 아키그램의 Walking City(1964)

3. 무한확장 공간

산업혁명이후 똑같은 규격의 제품이 공장에서 생산되듯이 건축물의 대량생산체제가 오늘날 수직 및 수평적 무한확장 공간의 원형(archetype)이 되었다. 오늘날 이러한 형식은 뉴욕의 마천루 숲과 대형 쇼핑몰들의 구조적 기초원리로 작용하였다.

확장공간의 첫 번째 유형은 도심의 고층건물의 프로토타입(prototype)에 의한 무한수직적 확장공간을 통해 나타나는 수직상승의 욕망을 구현하는 오피스 건물군이다. 뉴욕과 홍콩 등 오늘날 대규모 거대도시에서 흔히 볼 수 있는 마천루의 원형은 돔(dome) 구조와 합리적인 설비재료 등의 발전과 함께 지가가 높은 지역에서 최소한 토지면적을 유지하면서 최대의 공간을 사용할 수 있는 방법으로 진화하였다.

두 번째 유형은 수평적 공간의 확장이다. 오늘날 쇼핑몰·쇼핑센터·공항·터미널 등은 인간이 한눈에 건물의 외관과 내부공간을 인지할 수 없을 정도로 대규모화되었다. 어느 공간을 가더라도 똑같은 모듈의 공간들이 수평적으로 무한확장되면서 특성이 없는 공간이 펼쳐진다. 이에 따라 공간의 특성을 인지할 수 있는 것은 각 공간을 점유하고 있는 프로그램에 의존할 수밖에 없다.

4. 보행 및 상업공간

1970년대 이후 여러 나라 대도시의 도심(CBD) 상업공간들은 대중들을 오랜 시간 머무르게 하기 위해 하드웨어적인 면과 소프트웨어적인 면을 변화시켜 나가고 있다. 엔터테인먼트 요소가 포함된 쇼핑몰이 등장한 이래 유통업자들은 흥미로운 요소의 시설들을 삽입시키고, 가능하면 폭넓은 관객을 끌어들일 수 있는 교통편의시설을 쉽게 이용할 수 있는 입지를 선정하기 위해 모든 관심을 쏟았다. 보행자지대나 코트(court)와 같은 대형 공간 안에서 고객들은 놀이와 가상현실게임 · 생방송 · 영화 · 테마식당 · 회전목마 등의 시각적으로 흥미를 유발시키는 홍보기술을 사용한다.

<표 6-3> 엔터테인먼트의 요소

구분		특성		종류
하드웨어 요소	배경	고정공간	물리적 건축요소와 관계 이미지 결정요소	건축물 외관(색채 · 형태 · 재료) 조형물, 조명, 수목, 판매대 등
	시설		프로그램화된 내 · 외부기능 고정된 공간, 상업시설 실효기능	영화관, 수족관, 게임센터, 극장, 레포츠, 테마파크, 카지노 등
소프트웨어 요소	이벤트	비고정공간	집객을 위한 단기, 즉흥행사 충동구매 조장	패션쇼, 초청공연, 테마축제, 신상품 홍보 바겐세일 등
	충동요소		고객 충동심리 자극, 경험욕구 유발, 즉흥구매 조장	회전목마, 관람차, 유람선, 번지점프, 암벽등반 등

요즘에는 심지어 젊은이들이 주로 이용하는 도서관마저도 엔터테인먼트의 요소가 강해지면서 학습의 역할도 햄버거를 먹어가며 재미있게 학습할 수 있는 공간으로 변해가고 있다.

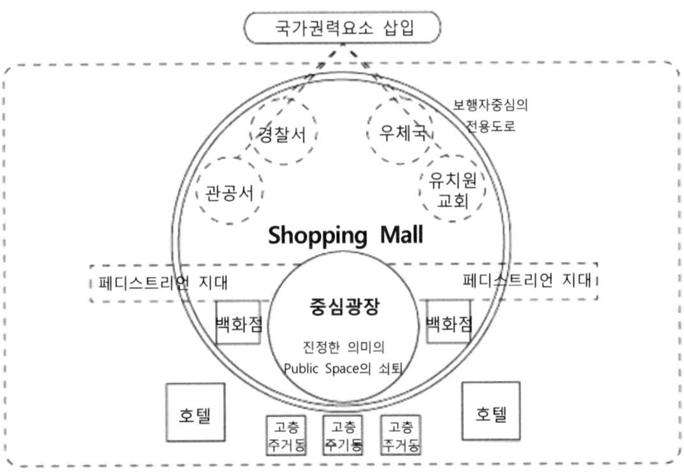

<그림 6-25> 쇼핑몰 공간구성 다이어그램
(출처: 대한건축학회, 2010:311)

참고문헌

1) 공간과생활교재편찬위원회, 공간과 생활, 계명대학교출판부, 공간과 생활, 1993.
2) 김철수, 단지계획, 기문당, 2012.
3) 김철수, 도시공간계획사, 기문당, 2009.
4) 대한건축학회, 건축공간론, 기문당, 2010.
5) 임승빈, 조경이 만드는 도시, 서울대학교 출판부, 1998.
6) 임승빈, 환경심리행태론, 보성문화사, 1997.
7) 이중우, 건축사상과 공간, 기문당, 2002.
8) 정무웅 외, 건축디자인과 공간, 기문당, 2002
9) 황연숙 옮김, 건축의 행태공간 · 규범, 도서출판 국제, 2004.
10) Ashihara, Y., Exterior Design in Architecture, Van Nostrand Reinhold co., 1970.
11) Chang, A.I.T., 윤장섭 옮김, 건축공간과 노자사상, 기문당, 1999.
12) Corbusier, L., Towords a New Architecturs, Frederick Etchells, Dover, 1986.
13) Norberg - Schulz, C., Existence, Space & Architecture, Van Nostrand Reinhold Co., 1976.
14) Spreiregen, P.D., Urban Design: The Architecture of Towns and Cities, McGraw - Hill Book Co., 1966.
15) TranciK,R., Finding Lost Space, Van Nostrand Reinhold company, 1986.

7 도시공간

7.1 도시공간의 의미

1. 도시의 어원과 개념

인류는 오랜 역사를 통해 정치 · 경제 · 사회 · 문화 등 여러 분야에서 변화와 발전을 거듭하고 있고, 그것들은 각 시대의 인간생활에 영향을 미쳤으며, 그 자취는 도시공간 속에 남아 있게 된다. 도시의 어원에서 도(都)는 궁성으로서 왕이 거주하는 수도를 뜻하고 시(市)는 교역이 행해지는 장소를 의미하듯이, 도시는 정치 · 행정의 중심지인 동시에 상업 · 경제적 기능이 집중되어 있는 장소를 의미한다. 영어로는 도시를 town · city · urban 등으로 표현하고 있는데, town은 정기적인 시장이 열리는 도시적 집락을 의미하고, city란 라틴어의 civitas(city-state, 도시국가)에서 유래되었듯이 행정적으로 독립된 자치단체를 의미하며, polis도 이와 유사한 뜻으로 사용된다. 또한 urban은 흔히 공간적 · 형태적 측면에서 농촌(raral)과 상대되는 개념으로 이해하고 있다.

도시의 개념에 대하여 사회학자 위스(L. Wirth)는 도시란 많은 사람들이 사회적으로 이질적인 사람들로 구성되어 있고 상대적으로 넓은 면적과 높은 인구밀도를 가진 정주지라고 정의하였고, 경제학자 웨버(M. Weber)는 주민의 대부분이 농업이 아닌 공업 또는 상업으로부터의 수입으로 생활하는 커다란 취락이라고 정의하였다.

즉, 도시란 2차 · 3차의 산업과 기능에 종사하는 사람들이 중심이 되어 많은 사람들이 높은 밀도로 모여 사는 생활공간이다. 그리고 도시는 주택 · 공장 · 상가 · 학교 · 병원 · 공원 등과 같이 매우 여러 가지의 인간의 활동기능을 담는 그릇으로서의 인공적 · 물리적 장치를 구비하고 있으며, 따라서 도시공간의 형태 및 경관도 매우 복잡하고 다양하다.

2. 도시공간의 개념

도시공간(urban space)은 사람이 어떤 목적으로 사용하거나 상징성을 부여하기 위해 만들어진 의미공간이라는 점에서 도시의 모든 부분들은 장소적 개념을 가지고 있다. 어떤 장소의 특징은 일정한 크기로 정해지며, 베츨라드(Bachelard, 1964)가 말한 바와 같이 구심성과 중심성을 띄고 있다. 따라서 장소는 기본적으로 원형이며, 원형은 중심과 그것을 둘러싼 원환(圓丸)의 두 요소로서 성립된다. 또한 모든 장소에는 축(axis)과 방향성이 있다.

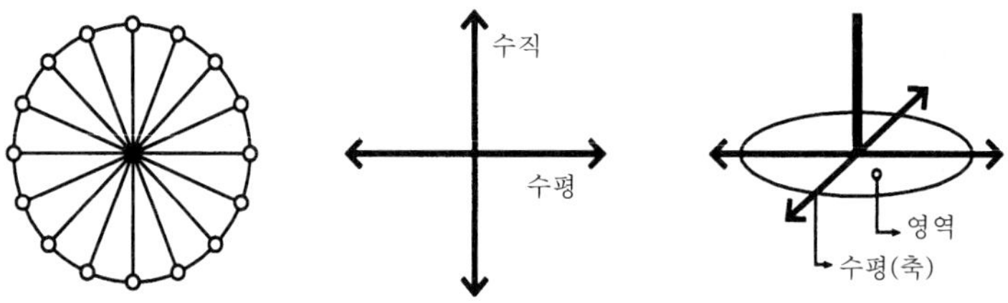

<그림 7-1> 공간의 구성과 체험
(출처: Norberg-Schulz, 1976:20~22)

인간이 공간을 체험한다는 것은 어떤 통로(path)를 지나가는 이동을 의미하며 통로에 부수되는 제 요소를 조직하는 축으로서의 기능을 갖는다. 또한 통로는 인간의 환경을 여러 구역(area)가 어떻든 간에 도시는 자기를 중심으로 원형의 형태를 가진 것으로 인식하게 되며, 경우에 따라서는 도시의 중심은 도심(CBD)일 수도 있다. 도시공간 속에는 토지와 수면과 같은 수평적인 요소와 산이나 건물과 같은 수직적 요소가 존재하며 이들은 각각의 상징적 의미를 내포하고 있다.

또한 도시공간은 도로 · 철도 · 수로와 같은 통로와 그 통로에 의해 구획(subdivision)되는 도심 · 주거지역 · 공업지역 · 공원 · 광장 등과 같은 영역으로 구성되며, 사람들은 활동축인 이 통로를 이동함으로써 도시의 공간(장소)을 체험하게 된다고 볼 수 있다.

전통적으로 도시란 인간의 사회생활을 담는 '그릇'으로 인식되어서 처음에는 그릇 자체, 즉 구조물과 도로 등 도시의 구조에 주로 관심을 가져왔다. 그러나 최근에는 도시를 단순한 물리적 공간(space)으로 보는 관점으로부터 물리적 공간과 인간의 활동이 어우러지는 장소(place)로 보는 관점이 지배적이다.

3. 도시공간 형태의 의미와 상징성

인간이 동물과 가장 크게 다른 점 중의 하나는 인간의 환경에 그대로 반응하지 않고 환경에 의미를 부여하며, 상징화하려는 데 있다고 한다. 상징(symbol)이라는 말은 회화를 비롯한 조형예술 분야, 건축 · 조경 · 도시계획 등 여러 환경디자인분야에서 제 나름대로의 정의를 갖고 사용되고 있으나, 전반적으로 어떤 낱말이나 형상을 직접 나타내는 뜻 이외의 어떤 함축적인 의미를 암시하는 것을 말한다.

예를 들어, 형태에서 원은 완벽하고, 영원하며, 하늘을 상징하기 때문에 여러 종교에서 널리 사용되고 있다. 또한 수직선에서 위는 하늘 · 신성을 뜻한 반면에 아래는 땅 · 세속 등을 뜻하였으며, 수평선은 평등과 무한한 확장을 표상하고 있다.

인간의 침입뿐만 아니라 귀신이나 죽음의 신으로부터 사람을 보호하기 위해 만든 성벽을 기본으로 형성된 고대도시나 종교적으로 성스러움을 상징했던 대성당과 교회를 중심으로 만들어졌던 중세의 도시들에 비하면, 현대의 도시들은 시장이나 위락시설 등과 같이 사회 · 물리적 측면에서 세속적인 힘을 나타내는 요소들이 정신적인 요소들을 압도하고 있다(이규목, 1988).

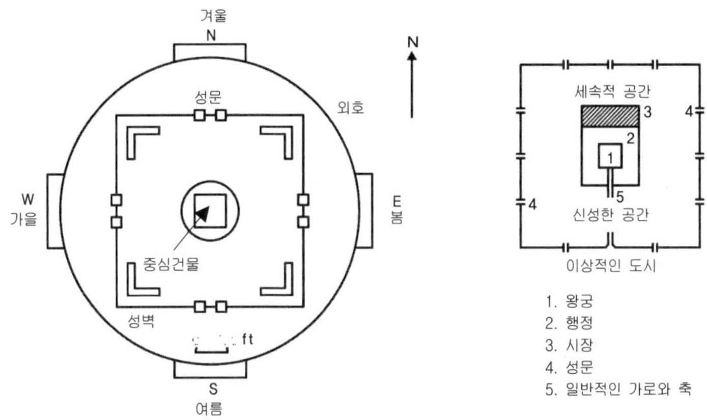

<그림 7-2> 고대 중국의 도시공간의 의미와 상징성
(출처: 김철수, 도시공간의 이해, 기문당, 2006, p.20)

그러나 비록 현대 도시공간 속에서 상징성이 다양하고 찾기 어려우며, 또 빈약하다 하더라도 '우리가 사는 도시'에서 인간의 지각과 체험을 바탕으로 한 상징성은 추구되어야 한다. 왜냐하면 인간이란 상징적인 동물로서 자기가 지각하고 체험하는 모든 것에 어떤 의미를 부여하고, 그 의미에 따라 행동하기 때문이다.

7.2 도시공간의 구성요소

1. 도시공간의 구성요소

1) 도시의 구성요소

도시는 다양한 종류의 직업을 가진 많은 사람들, 홍수처럼 쏟아져 나오는 차량의 물결, 그리고 빼곡히 들어찬 빌딩에 이르기까지 매우 많은 것들로 이루어져 있다. 그러나 이처럼 천의 얼굴을 가진 도시라 해도 그 본질은 사실 인간과 인간의 활동, 그리고 토지와 시설물 등 몇 가지에 지나지 않는 구성요소로 압축할 수가 있다.

첫째는 인간(citizen)이다. 당연히 인간은 도시의 본질적인 구성인자일 수밖에 없다. 도시가 항상 다양한 모습으로 인간을 에워싸고 있듯이 인간, 즉 도시 거주민은 저마다의 다양한 인식에 의해 도시를 체험하며 살아가고 있다.

둘째는 활동(activity)이다. 보편적으로 인간의 활동은 전술했던 것처럼 살고, 일하며, 쉬고, 움직이는 네 가지 기본적인 행동패턴을 지속적으로 반복해 가는 것으로 이루어져 있다. 다시 말해서 주거 · 노동 · 휴식(여가) 활동과 이 세 가지 활동을 연결시켜 주는 이동활동, 즉 교통으로 도시의 다양한 기능이 유지되고 또 발전해 가는 것이다.

셋째는 토지 및 시설물이다. 토지와 시설물은 이러한 인간활동이 원활하게 이루어지기 위해서 필연적으로 뒤따라야 하는 구체적이고 물리적인 공간이다. 우선, 토지는 도시형성의 근거가 되는 것으로서 물리적 도시계획의 기초가 된다. 토지는 그 소유주체에 따라 국공유지와 사유지로 나눠지며, 국공유지는 사용목적에 따라서 다시 교통 이외의 공공용지로 분류된다.

그리고 도시의 인위적인 시설물은 기능에 따라 주거 · 상업 · 공업 · 공공시설 등 건축적인 시설과 교통 · 공급처리 · 녹지시설 등 도시기반시설로 나누어질 수 있다. 이 시설물들이 인간의 활동에 적합하도록 기능에 따라 상호 관련되어 배치되어야 함은 물론이다.

<그림 7-3>은 주택 · 공장 · 고층빌딩 · 타워 등의 건축물과 도로 · 교량 · 하천 등 매우 복잡 다양한 도시공간 구성요소들을 보여주고 있다.

<그림 7-3> 도시공간의 다양한 구성요소들

2) 도시의 물리적 공간체계

도시의 공간구조는 건물 · 도로 · 공원 등의 물리적(physical) 측면뿐만 아니라 경제 · 사회 · 문화 등의 비물리적(non-physical) 관점으로도 포착할 수 있다. 따라서 도시를 계획할 때에는 비물리적인 관점으로부터의 정확한 공간파악이 중요한 의미가 있다는 것은 말할 것도 없다. 그러나 일반적으로 도시계획은 물리적 관점을 중심으로 도시공간을 생각하는 것이 그 역할이므로, 비물리적 공간의 현황에 대한 충분한 이해의 바탕 위에 물리적 공간에 투영해서 고려하게 된다. 물론 규모가 그다지 크지 않은 고립적인 도시를 상정한다면 사회적 · 경제적 · 문화적으로 받아들인 공간은 물리적인 공간과 어느 정도 일치한다고 할 수 있다. 그러나 현대에 와서는 그와 같은 도시는 존재하지 않으며, 각 공간은 커다란 지역적 범위 안에서 복잡하게 얽혀 있는데, 도시의 물리적 공간체계는 크게 다음 3가지로 나누어 볼 수 있다.

- 지형 · 수계 · 지질 · 지반 등의 공간기반계
- 교통 · 정보전달 · 공급처리 등을 목적으로 네트워크를 구성하고 있는 순환시설계
- 여러 가지 용도로 제공되는 토지나 건물로 구성되는 이용공간단위계

3) 하드 스페이스와 소프트 스페이스

도시공간의 구성요소는 그 소재의 성격에 따라 크게 하드 스페이스(hard space)와 소프트 스페이스(soft space)로 나누어 볼 수 있다. 하드 스페이스들은 원래 건축적 벽돌로 경계가 이루어진 것이며, 이것들은 종종 사회활동을 하는데 중요한 집합장소들로서의 기능을 하고 있다. 소프트 스페이스들은 도시의 내부에서든 외부에서든 자연 환경의 지배를 받는 것이다.

하드한 도시공간의 중요한 구성요소는 건물 · 벽 등과 같은 3차원적(수직적)인 틀, 지면 · 도로 · 광장 등과 같은 2차원적(평면적)인 패턴, 그리고 인간 · 나무 · 조각 · 물 등과 같은 공간 내의 대상물(object in space)의 3가지이다. 훌륭한 도시공간은 이들 요소들의 조직적인 개념의 풍부한 혼합물로 구성된다. 한편, 소프트한 공간은 하드 스페이스와 같은 정도의 폐합성(enclosure)이나 한정된 경계선을 필요로 하지 않는 밀집된 도시환경에 반대되는 개념으로서, 자연스럽고 인간적인 공간을 의미한다.

어떤 도시 공간이나 환경이 얼마나 잘 이루어져 있는지에 대한 질적인 판단은 결국 그것의 물리적 형태가 소프트한 사회 · 문화적 요구를 얼마나 잘 수용하고 있느냐에 따라 좌우된다.

2. 도시공간의 범위

1) 도시의 구역

도시의 구역을 어디까지로 잡느냐 하는 것은 도시 현황의 파악이나 계획의 대상으로서 중요한 의의가 있다. 고대 메소포타미아에서는 북소리를 듣고 곧장 모일 수 있는 범위를, 그리고 중세 런던에서는 성메아리루보사원의 종소리를 들을 수 있는 범위를 도시의 구역으로 하였으며, 또한 성곽을 가진 도시에서는 성벽 그 자체가 도시의 구역을 의미하였다.

그러나 오늘날에는 농촌의 공업화와 생산 · 유통기능의 도시로의 이전, 광역에 걸친 교외주거지의 전개 등에 의해 이른바 광역도시권이 이루어지게 됨에 따라 도시는 단순히 연속된 시가지뿐만 아니라 주변의 광대한 농업지역을 포함하게 되었다.

따라서 오늘날 도시의 구역은 그 설정 목적에 따라 행정관할과 조사통계를 위한 행정구역, 국토계획법과 건축법이 적용되고 모든 도시계획사업의 공간적 대상이 되는 도시계획구역, 그리고 실제로 도로와 주택 · 상가 · 공장 등이 이루어져 있는 시가화지역(built-up area) 등으로 구분할 수 있다.

2) 광역도시권

도시가 살아있는 유기체로 비유되듯이 인구 및 산업의 증가, 소득증대에 따른 생활수준의 향상, 교통시설의 확충과 자동차 보급의 확대 등에 의해 도시체계를 구성하는 제반요소들의 공간적 분포 패턴이나 상호관계의 변화를 통한 도시의 기능과 공간구조의 질적 변화를 수반할 뿐 아니라 외연적으로 도시의 범위와 기능이 확산되는 광역화(metropolitanization)가 진행된다.

도시가 거대도시(metropolis)로 성장하여 기능이 분화되면, 도심에는 업무상의 업무기능만 남고 주거 · 공업기능은 종래의 도시경계를 뛰어 넘어 주변지역으로 확대되어 이른바 광역도시권의 형성되는데, 이러한 광역화현상은 무엇보다도 자동차의 증가로 인한 기동성(mobility)의 향상에 기인한다.

이러한 광역도시권은 크게 중심도시(central city)와 그 주변지역으로 구성되는데, 도시주변지역은 전반적으로 경관상 농촌적 토지이용을 나타내지만 실제적으로는 전원주택을 비롯하여 쓰레기매립장, 레저시설, 공장 등이 입지하게 되기 때문에 이의 효과적인 계획 · 관리를 통한 바람직한 도시발전을 유도하기 위해서는 광역적 차원에서의 도시계획, 즉 광역도시계획이 절대적으로 필요하다.

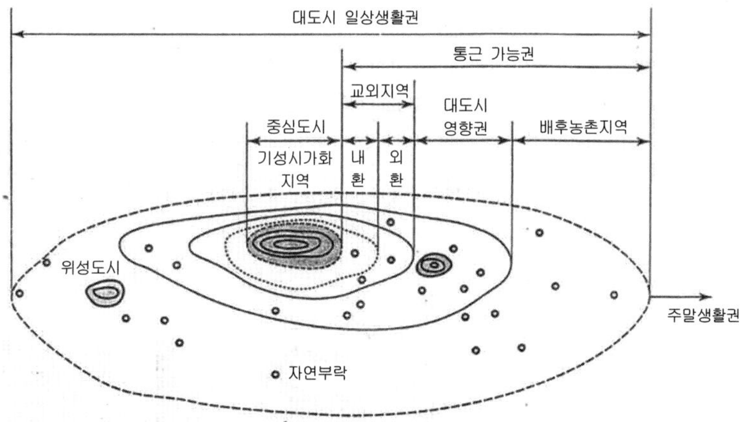

<그림 7-4> 광역도시권의 공간구조
(출처: 한국도시지리학회, 한국의 도시, 법문사, 1999, p.201)

7.3 도시공간의 기능과 구조

1. 도시공간의 기능

1) 도시의 활동기능 유형

도시공간의 활동기능은 코르뷔지에(L. Corbusier)가 주도한 CIAM(국제현대건축회의)그룹에 의해 발표된 아테네헌장(1933)에서 제시된 바에 따라, 크게 주거 · 생산(노동) · 여가(레크레이션) · 교통의 4대 기능으로 구분되며, 또 여기에 교육 · 유통 · 공급처리기능을 추가하여 모두 7가지의 활동기능으로 나누기도 한다.

그런데 도시의 규모가 커짐에 따라 정보 · 문화 · 주거 · 자연환경의 접촉적 기능이 줄어들어 가고 있다. 뿐만 아니라 도시가 점점 국제화되고, 광역화됨에 따라 서비스 내지 업무기능이 증대하고, 소득수준이 향상됨에 따라 문화 · 교육 · 여가 등 이른바 사회 · 경제적 잉여에 따른 새로운 사회적 욕구가 증대한다. 특히 향상에 따른 여가시간의 증가는 서비스산업의 발전을 동반하기 마련이다.

2) 도시활동과 기능지역

도시의 기능지역(functional area)은 주요 활동기능에 따라 크게 주거 · 상업 · 공업 · 녹지지역의 4가지로 나누어지기도 하고, 또 개발 여부에 따라 개발용지와 미개발용지로 구분되기도 한다. 첫째, 주거지역은 도시 토지의 가장 넓은 면적을 점유하고 있다. 우리나라의 경우 주거용지의 비율은 시가화지역(built-up area)만을 대상으로 하면 60~70%로서 도시공간의 가장 넓은 부분을 차지하므로 도시 내의 여러 활동들 중에서 가장 먼저 주거기능을 논의하게 된다.

둘째, 상업 및 공업지역이 도시 전체에서 차지하는 부분은 각각 도시공간의 10~20% 정도를 차지한다. 그러나 고용과 판매면에서 이와 같은 상 · 공업활동이 미치는 경제적 영향은 미미한 공간점유율에 비해 훨씬 높은 비중을 차지하고 있으며, 도시에서 가장 땅값이 높은 토지의 일부를 점유하고 있다.

셋째, 녹지지역은 미개발용지로서 공간이용면에서 대부분 공원과 녹지이다. 이러한 레크리에이션 활동은 접근이 제한적이라 하더라도 종종 오픈스페이스(open space)로 분류된다. 한편, 미개발지의 비율은 중심가에서 멀어질수록 현저하게 높아지는데, 외곽지대의 미개발토지는 전형적으로 투기목적이 큰손들이 소유하고 있다.

<그림 7-5> 도시의 다양한 활동기능들
(출처:김철수, 도시공간의 이해, 기문당, 2006, p.47)

2. 도시공간의 구조와 형태

1) 도시의 공간구조

도시의 기능과 구조는 크게 비공간적(aspatial)인 것과 공간적(spatial)인 것으로 나누어진다. 도시공간구조는 궁극적으로 도시의 자연조건과 시가화지역(built-up area) 및 간선도로망의 패턴 등의 개발상태에 의해 나타나게 되는 도시 골격(framework)이라 말할 수 있다.

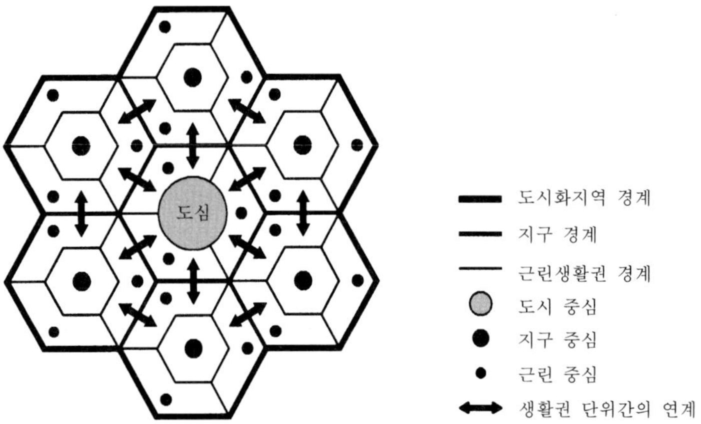

<그림 7-6> 도시공간구조의 개념모델
(출처: 김철수, 현대도시계획, 기문당, 2008, p.110)

도시공간체계의 구성방식은 시가화지역의 배치와 계통의 형태에 따라 방형상 · 방사환상 · 대상 등으로 대별된다.

첫째, 방형상(gridiron pattern)은 지형조건이 평탄하여 지역 배치나 성장장애가 없는 도시에 적합하며 미국에서 가장 널리 채택되었으나, 도시구조와 형태가 단조로워 강력한 도심부를 형성하기가 곤란하다.

둘째, 방사환상(loop with radial pattern)은 인구 100만 명 이상의 대도시에서 흔히 볼 수 있는 구조로서 서울 · 동경 · 모스크바 등이 대표적인 도시이며, 중심에 행정 · 업무 · 상업 등 도심기능이 입지되고 주변에 주거 · 공업 · 레크리에이션 활동 등이 입지된다.

셋째, 대상(linear pattern)은 해안도시나 공업도시에 적합하나 도심형성이 불리하고 교통거리가 길어지는 단점이 있다. 그런 도시규모가 커지면 다수의 부도심이 형성되고, 또 이들을 계통 짓는 교통기관이 필요하기 때문에 일정한 구조로 규정하는 것은 사실상 무의미하다.

2) 도시공간구조의 특성(semi-lattice)

알렉산더(Ch. Alexander)에 의하면, “계획된 도시는 나무구조를 가지고 긴 세월에 걸쳐서 형성된 도시는 보다 복잡한 세리라티스로 불리는 구조를 취하고 있다” 고 한다.

나무는 1개 이상의 결절(node)을 갖는 집합으로 결절점들은 다른 결절점들의 원소와 중복되지 않는 n개의 부속 나무로 나뉜다. 나무를 구성하는 집합은 어느 2개의 집합을 보아도 진부분집합이지만, 2개의 그룹은 서루 간의 공통부분이 존재하지 않는다. 한편 세미라티스를 구성하는 집합은 공통부분을 가지는 어느 2개의 집합을 보더라도 그 공통부분이 다른 그룹에 공통으로 속한다.

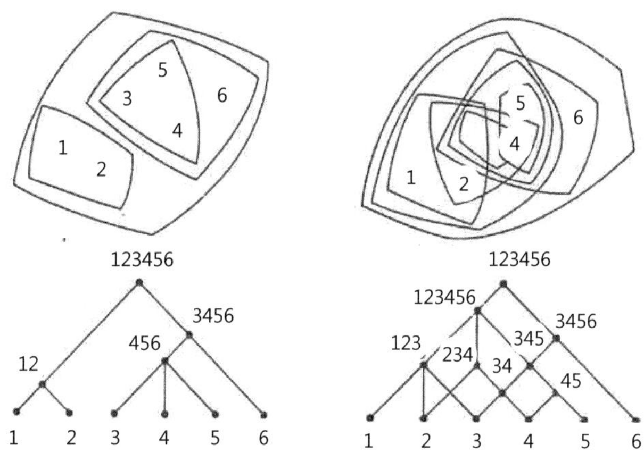

<그림 7-7> 나무의 구조 <그림 7-8> 세미라티스의 구조

즉, 세미라티스의 구조를 취하는 도시에는 각각의 시스템에 공통부분이 있으며, 그것이 또 도시의 구성요소가 된다. 그런데 나무에 대해서는 공통부분이 없는데, 많은 사람들이 인공의 도시에 무엇인가 본질적인 물건이 빠져 있다고 느끼는 것은 바로 이 때문이다.

예를 들어, 도시공간을 분할하는 근린주구(neighbourhood unit)는 같은 근린주구의 요소끼리 긴밀히 결합되지만, 다른 근린주구의 요소란 그것이 속하는 상위 레벨을 매기로서 처음으로 결합된다고 가정하고 있다. 그러나 실제의 사회시스템에 대하여 청소년클럽 · 우체국 · 초등학교라는 성질이 다른 센터는 개인이 동시에 필요로 하는 시스템이 아니다. 따라서 그 요소(회원 · 이용자 · 학생)의 공간적 확대는 서로 겹치고 있으며, 또한 이러한 시스템은 하나의 근린주구(공간적 확대) 안에 들어간다고는 말할 수 없다.

7.4 도시의 공공공간

1. 가로공간

1) 가로의 위계(hierarchy)

가로공간은 그 도시의 도시성(urbanity)과 시민문화를 상징하는 중요한 요소이자 척도이다. 우리가 어떤 도시를 생각할 때 먼저 머리에 떠올리는 것은 가로에 대한 이미지이다. 즉 가로가 멋있으면 도시 또한 멋있게 느껴지고 가로가 초라하면 도시 역시 초라하게 보이기 때문이다.

가로의 제1차적 기능은 사람이나 차량의 통행을 수용하는 통행공간(channel space)으로서의 역할이지만 가로의 구성은 시민의 활동이나 건축과 도시의 경관에 지대한 영향을 미치는 매우 중요한 요소이기 때문에 가로의 기능과 도시경관을 고려해서 조성되어야 한다. 즉 고속도로는 그 형태가 단순하고 명쾌하여 이용자가 방향을 쉽게 식별할 수 있어야 하고, 시가지내에서의 입체교차는 가급적 피해야 한다.

간선도로(aterial road)는 그 도시의 건축물과 모든 경관요소를 동원하여 시간적 요구를 만족시켜야 하며, 이를 위해서는 가로형태의 명쾌함, 도시경관과의 조화, 도로변의 건물과 대지의 형태, 간판이나 교통표지판 등이 잘 정비되어야 한다.

그리고 국지도로(local street)는 비교적 차량통행이 적지만 보행통행량은 간선도로보다 오히려 많은 경우가 많으므로 자동차의 흐름과의 마찰이나 혼란의 방지는 물론 무리한 직선보다는 부드러운 곡선으로 하며, 보행자들에게 관심과 흥미를 끌 수 있는 세부적인 공간요소들이 강조되어야 한다.

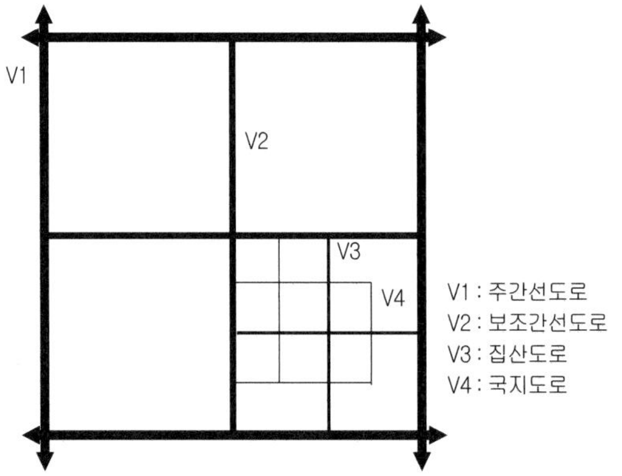

<그림 7-9> 도시가로의 위계 구성
(출처: 김철수, 도시공간의이해, 기문당, 2006, p.156)

2) 가로의 횡단 구성

일반적으로 도시가로의 횡단(section)면은 크게 차로부분과 보도부분으로 구성된다. 차로부분은 차도 · 중앙분리대 · 길어깨 · 정차대 · 주차장 등으로 이루어지며, 보도부분은 보도 · 자전거도로 · 식수대(planter) 등으로 구성된다.

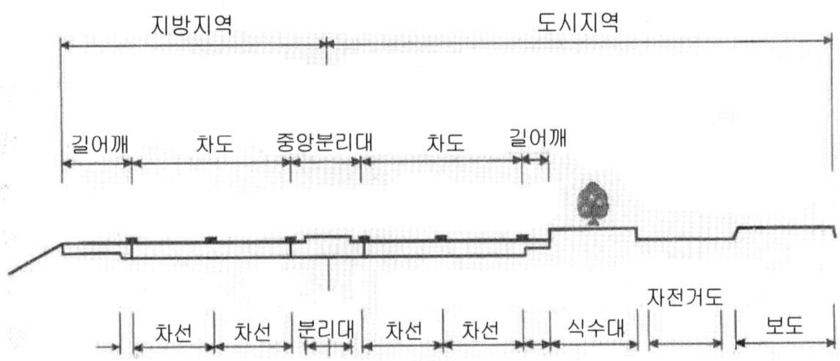

<그림 7-10> 가로의 횡단구성(예)

도로의 횡단 구성은 도로의 폭원, 도로의 성격과 기능, 가로미관 등을 고려하여 결정하게 된다. 최근 도시 내 가로는 쾌적성과 안전성을 높이기 위해 가급적 차도를 좁게 하고 보행공간을 넓게 구성하는 추세이다.

2. 광장

1) 광장의 의의

광장이란 건물의 벽면이 사방으로 둘러싸인 비교적 좁은 공간으로서, 걷는 사람들에게는 옥외의 거실(living room) 같은 역할을 한다. 이러한 공간은 사람들이 담소하고 경우에 따라서는 개방된 단체모임의 장소로서, 휴식하며, 어린이들을 놀게 할 수 있는 사교장으로 이용할 수 있는데, 이런 공간은 유럽의 역사도시에서 흔히 찾아 볼 수 있다.

도시광장은 사람들이 많이 모이고 행사가 이루어지므로 시민활동의 중심이 된다. 또한 공간적으로 도시의 중앙에 위치하는 경우가 많으며, 주요 관공서 및 문화시설이 광장 주변에 많이 위치하게 되어 사회적 · 공간적 측면에서 도시활동의 중심(CAD: Central Activity District)이라는 상징적 의미를 지닌다.

2) 광장의 유형

도시의 광장은 사람이 많이 모인다는 공통점이 있으나, 광장에서 이루어지는 행위는 다양하다. 광장은 그 기능에 따라 다음과 같은 유형으로 구분된다.

- 보행광장으로 차량의 통행이 제한되고, 주로 보행자가 통행할 수 있도록 조성되며, 만남 · 휴식 · 산책 등의 행위가 이루어지는 넓은 마당을 의미하는 광장이다.
- 교통광장은 차량소통을 원활하게 하기 위하여 도로의 결절점에 형성되는 광장으로 보행자보다는 차량중심으로 구성되는 광장이다.
- 행사광장은 대규모 군중이 모이는 집회 또는 퍼레이드를 위하여 만들어진 광장이다. 행사광장은 많은 사람들이 모여야 하므로 광장의 규모가 매우 크다.
- 만남의 광장은 지하철역 · 기차역 · 공원 등 사람이 많이 모이는 곳에서 약속장소로 이용될 수 있도록 접근이 용이한 곳에 설치하는 광장을 의미한다.
- 놀이마당이 있다. 이는 전통적인 성격을 가진 다목적으로 이용가능한 마을 공동공간이라 할 수 있다. 최근에 주거단지의 사회적 교류를 활성화시키고, 전통적인 분위기를 창출하기 위하여 마을마당 또는 놀이마당의 개념을 도입하여 다목적 놀이 · 휴게 · 전시 · 공연공간을 만드는 것을 볼 수 있다.

<그림 7-11> 교통광장에서 행사광장으로 변한 서울광장

3. 보행자 공간

1) 보행공간의 의미

보행자 공간은 인간적인 삶의 정취를 느낄 수 있는 장소이다. 그곳은 시민들 누구나 마음껏 웃고 즐길 수 있는 도시의 거실로서의 역할을 수행하던 공간이었으나 오늘날에는 차량의 홍수 속에 휩쓸려 인간의 보행마저도 자유롭고 안전하게 할 수 없게 되었다.

이처럼 대부분의 현대 도시들이 안고 있는 보행자공간의 문제는 매우 복합적이기 때문에 어떤 한 부분의 해결방안으로는 풀릴 수 없는 복잡한 성격을 띠고 있기에 새로운 개념의 보행자공간이 창출되기를 바라고 있다. 따라서 공원 · 광장 · 녹지 등의 단일 개념의 도시 오픈스페이스보다는 효율적 이용이 가능하고 복합적인 기능을 갖는 진정한 의미를 보행자공간의 필요성이 높아가고 있다.

2) 보행공간의 유형

보행자공간은 차량통행의 통제를 통해 보행자의 자유로운 활동을 보장하는 차량통행금지구역(traffic-free zone)의 개념이 적용된다. 광의의 이 지역은 공원 · 광장 · 산책로 등의 도시 오픈스페이스를 포함하나 여기서는 차량의 통행을 금지시키거나 규제하여 보행자의 안전을 보장하고 도시의 활동을 가능하게 해주는 공간만을 의미한다.

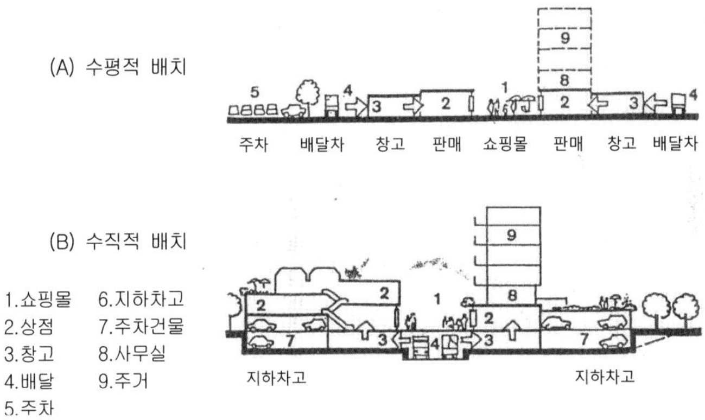

<그림 7-12> 쇼핑 몰(예)

이러한 보행자공간은 차량통행의 규제정도, 보행자공간의 이용형태, 입체처리의 유무, 외기와의 접촉관계와 특수한 형태 등에 따라 쇼핑몰 · 아케이드(arcade) · 보행자덱(pedestrian deck) · 지하도로 · 보행자천국 등이 있다.

3) 보행공간의 구성요소

보행공간을 구성하는 요소는 인간의 행위를 제외하면 크게 2가지로 구분된다. 우선 공간의 틀을 형성하는 1차 요소와 이에 의해 한정된 공간에 설치되는 보행자용 시설물로 이루어지는 2차 요소이다.

여기에서, 1차 요소는 건축공간을 한정하는 바닥 · 벽 · 천장의 3요소를 말한다. 여기에서 바닥이나 벽은 내부공간이나 외부공간을 막론하고 대부분 분명한 형태를 가지는 요소이지만, 천장은 옥외의 보행공간에서 뚜렷하게 인식할 수 없는 경우가 많다.

2차 요소는 다시 자연요소 · 예술요소 · 가로시설물(street furniture)의 3가지로 구성된다. 자연요소는 물리적인 형태를 가지고 있는 물 · 흙 · 돌 · 수목 등을 말하고, 예술요소는 보행자공간에 설치되어 공간의 질을 높이고 예술적인 감흥을 주는 도시벽화나 환경조각을 말하며, 가로시설물은 보행자의 활동을 보다 편리하고 쾌적하게 하는데 이용되는 각종 시설물을 말한다.

- 1차요소
  - 바닥
  - 벽(주로 건축물의 도로변 외벽)
  - 천장(스카이라인)
- 2차요소
  - 자연요소(물, 흙, 돌, 수목 등)
  - 예술요소(도시벽화, 환경조각 등)
  - 가로시설물(가로등, 벤치, 안내판 등)

4. 오픈 스페이스

1) 오픈 스페이스의 유형

오픈 스페이스(open space)는 넓은 의미에서 공공적 혹은 개인적인 건물의 건축면적 및 교통용지를 제외한 토지의 총칭이며, 비건폐성(uncovered)의 토지와 수면을 갖춘 것이다. 도시공간 차원의 오픈 스페이스에는 다음과 같은 유형들이 있다.

- 공원 · 녹지 · 운동장 · 광장 등 공공녹지
- 하천 · 해안 · 삼림 · 녹지 등의 자연녹지
- 공공시설의 부속녹지
- 공동주택단지의 녹지
- 철도 · 학교운동장 등의 공용녹지

2) 오픈 스페이스의 역할과 의미

오픈 스페이스는 빈터를 의미할 때 소극적인 인상을 주지만 밀집하는 건물의 대립하는 형태로, 건물 내에서 생활하거나 일을 하는 사람이 안전하고 건강하며 쾌적하게 생활하기 위해 다음과 같은 중요한 역할을 담당하고 있다.

- 시가지의 확대 방지
- 자연의 보호, 일조 · 통풍의 확보, 화재의 연소 방지 기능
- 삼림이나 농지 등 생산녹지의 기능
- 공원, 운동장 등의 레크리에이션 기능
- 자연공원, 정원 등 녹지의 경관 기능

도시의 오픈스페이스를 보다 적극적으로 활용하기 위해서는 위의 역할을 복합적으로 갖게 하면서 도시계획을 평가하여 도시경관으로서 생각하는 것이 중요하다. 한편, 건축과 관련되는 오픈스페이스는 도시광장, 고층빌딩의 공개공지, 대학 등의 옥외공간을 의미하며, 재배 · 조원 · 포장 · 연못이나 분수 · 조각 · 가두시설 등에 의한 디자인도 많이 있다. 이 레벨에서는 건물과 일체적으로 기능하고 심벌의 의미를 가지기도 한다.

도시디자이너(urban designer)인 치스만(S. B. Zismans)은 "계획의 본질적 문제는 시설을 어디에 세울 것이냐가 아니라 어디에 세우지 말아야 하는가?" 라고 말했듯이, 현대 도시공간을 잘 조성하는 것은 공원 · 분수대 · 도시광장 · 보도 등 부족한 오픈스페이스를 어떻게 확보하느냐에 달려 있다 해도 과언이 아니다.

5. 수변공간(waterfront)

과거의 도시들은 식수의 확보와 수상교통의 편리성 때문에 해안이나 강변에 형성되어 있었다. 따라서 시청사 · 도서관 · 미술관 · 은행 등의 도시의 주요 공공건물도 수변공간에 입지하였고 건물의 전면(facade)도 하천을 향하여 배치되었는데, 이러한 사례는 테임즈 강과 런던, 세느 강과 파리, 미시간 호반과 시카고, 보스턴과 항구 등 수없이 많다.

<그림 7-13> 파리의 세느 강변

그러나 하천 · 항만 위주의 도시형성이 철도의 등장과 자동차의 대중화에 따라 내륙의 시가지가 크게 확산되고 경제성장을 위한 공업화가 급속히 진행됨에 따라 수질은 순식간에 오염되어 도시의 하천은 더 이상의 인간생활과 친밀감 있는 공간으로서의 역할을 기대할 수 없게 되었다.

근년에 들어 인간과 물의 관계, 도시생활과 물, 친수공간의 형성과 물의 중요성이 크게 부각되면서 오염된 수질을 회복시키기 위해 폐수처리를 엄격히 단속하고 하천변이나 해안환경의 미화작업이 활발히 추진되고 있다. 강변이나 해안의 환경이 악화되면 토지이용이 저조하기 마련이고, 땅값도 상대적으로 하락하기 마련이며, 이렇게 매력도가 낮은 수변공간을 재개발을 통해 활성화시켜 토지이용을 높이고, 산책로 · 공원 등을 조성하여 쾌적한 도시공간을 창출하는 것이 수변공간 개발의 목적이다.

이에 따라 선진 여러 나라의 유명한 도시들은 수변공간의 개발을 착실히 진행하고 있고, 최근에 조성된 서울의 한강 둔치도 많은 시민들이 이용하고 있다는 점에서, 앞으로 모든 도시에서는 수질의 보존과 더불어 아름다운 수변공간의 개발이 활발히 추진될 것으로 보인다.

<그림 7-14> 서울 한강둔치공원

6. 매력 있는 도시공간

아름답고 활력이 넘치는 도시공간을 창출하는 데는 탁 트인 녹지공간이 가장 중요한 요소이다. 그러나 기존의 도시공간 속에서 대규모의 오픈 스페이스를 확보하기는 사실상 한계에 도달한 상태이며, 또한 숲은 멀리서 보는 원경은 아름답기는 하지만 오밀조밀한 작은 매력은 찾기 쉽지 않다.

오히려 도시의 내부공간 속에서 나무 몇 그루의 작은 녹지공간과 옥외 조경시설 등이 도심의 고층건물군 속에서나 주택지 속에서 주위의 도로나 건물과 조화를 이룰 때 보다 아름답고 매력 있는 도시공간을 형성하게 된다.

도시가 거대해지고 복잡해질수록 작고 조용한 공간은 더욱 필요해지게 될 것이다. 여기에서 작다는 것은 반드시 공간 크기의 협소를 의미하는 것이 아니라 작게 함으로서만이 적극적으로 실현될 수 있고, 오히려 크기 때문에 실현되기 어려운 '내밀의 풍요' 함을 추구할 수 있는 작은 공간을 의미한다. 도시공간에서의 이러한 예는 아주 작은 쌈지마당 · 소공원 · 미니파크(mini park), 옥상정원(roof garden) · 지하정원(sunken garden) 등을 들 수 있다.

또한 사무실이나 상점, 아파트 등에서 잘 가꾸어진 화분을 베란다나 창가에 정성스럽게 내놓음으로써 부족한 녹색공간을 메꾸어주고 보행자들에게 푸르름과 아름다움을 제공하는 것도 별도의 공간이 필요없는 매력 있는 도시공간요소의 하나임이 틀림없다.

<그림 7-15> 매력있는 도시공간들

도시의 문화나 경관은 결코 하루아침에 이루어지는 것이 아니라 오랜 시간의 흐름 속에 축척되는 것이다. 또 흔히 사람들은 자기의 사적(private) 공간은 아름답게 만들려고 노력하지만 공적(public) 공간에 대해서는 소홀히 다루게 된다.

그러므로 도심을 비롯한 사람통행이 많은 도로에서는 건물 뒤로 후퇴(setback)시키고, 이로 인해 생긴 건물의 전면의 공지는 적극적으로 거리의 공원으로 조성하여 시민들에게 즐거움을 제공하도록 유도해야 한다. 물론 이를 위해서는 시민은 물론 기업가나 건축주들도 도시의 공공공간의 중요성에 대한 의식이 더욱 높아져야 한다.

7.5 도시경관과 이미지

1. 도시경관의 구성요소

1) 도시경관의 의의

경관의 개념은 조망되는 대상으로서 경(景)과 조망하는 주체로서 관(觀)의 두 가지로 구성된다고 볼 수 있다. 즉, 경관이란 인간의 시각에 의해 포착되는 공간에서의 형상 · 색채 · 질감 · 분위기 등의 시각적 대상이라고 정의된다.

도시경관은 사람 얼굴의 경우와 마찬가지로 그 도시가 어떠한 도시인가를 말해준다. 명랑한 도시와 우울한 도시, 지혜로운 도시와 어리석은 도시, 연륜이 쌓인 도시와 갑자기 급조된 도시, 품격 있는 도시와 경박한 도시, 활기찬 도시와 맥빠진 도시 등등 저마다 독특한 분위기의 도시를 나타내고 있다. 그리고 이러한 도시의 표정은 도시의 경쟁력에도 영향을 크게 미친다. 즉 아름다운 도시에는 경제적으로 여유 있는 사람들을 유입시키고, 유망한 기업들을 유치하며, 많은 관광객이나 방문자들을 끌어들일 수 있기 때문이다.

세계 제일의 아름다운 항구도시로 손꼽히고 있는 시드니의 경관은 가까이서 보든지 멀리서 보든지 또 어느 방향에서 보든지 매력있는 수변경관을 창출하고 있는데, 여기에는 20세기 최고의 건축물로 인정받고 있는 오페라하우스가 있기 때문이다. 덴마크의 건축가 웃존(J. Utzon)의 설계하여 1973년에 완공된 이 건물은 몇 겹의 조개껍질로 구성된 형태 또는 요트의 돛이 바람을 듬뿍 담고 달리는 듯한 새하얀 건물 모양이 그 배경을 이루는 공원 · 하버브릿지 등과 절묘한 조화를 이루고 있다.

<그림 7-16> 시드니의 오페라 하우스

또한 독일의 경우 가장 번화한 거리의 중심에 위치는 빌헬름황제기념교회는 세계2차대전의 폭격에 의해 거의 파괴되었으나 전쟁의 비참함을 후세대에 알리기 위해 보기 흉한 건물모습이 그대로 보존되고 있다.

<그림 7-17> 빌헬름황제 기념교회

그러나 우리나라의 경우 도시화라는 거대한 물결 속에서 지역적인 역사성이 없어지고, 전국이 획일적인 도시경관으로 바뀌었다. 예를 들어, 서울이 지닌 도시 매력의 하나는 600년 이상 이어온 수도로서의 풍부한 역사성임에도 불구하고 무분별한 도시개발에 의해 역사적 · 문화적 가치가 있던 장소와 건축물이 안타깝게 사라져버린 예가 많았으며, 외래건축문화에 대한 맹목적인 도입으로 국적불명의 도시로 변하였다.

2) 도시경관의 구성요소

도시경관의 구성요소는 크게 물적 요소와 비물적 요소로 구분될 수 있으며, 물적 요소는 다시 자연적 요소와 인공적 요소 및 복합적 요소로 구분되고, 비물적 요소는 다시 인위적 요소와 행태적 요소 등으로 나눌 수 있다.

경관구성요소			
경관 구성 요소	물적 요소	자연적 요소	기후, 지형, 지질, 토양, 수문
			식생, 야생동물, 등
		인공적 요소	평면적 요소: 도로, 획지
			입체적 요소: 구조물, 건축물, 옥외장치물 등
		복합적 요소	오픈스페이스
			스카이라인
	비물적 요소	인위적 요소	역사, 경제, 문화
			제도, 행정
		행태적 요소	사람, 자동차의 행태 등

<그림 7-18> 도시경관의 구성요소

3) 삶의 모습으로서 도시경관

도시의 경관을 도시의 얼굴이라고 한다면, 사람의 인상이나 아름다움의 60% 이상을 차지한다는 눈에 해당하는 것은 무엇일까? 그것은 도시의 건축물이나 도로뿐만 아니라 도시에 사는 사람, 즉 시민들의 생활 속에 흐르고 있는 문화 또는 질서로 이해되어야 한다.

도시의 경관은 산이나 강의 자연경관과는 달리 그림으로서 경관만이 아름다운 것이 아니다. 생활하는 삶의 모습이 그대로 배어나온 생활의 활기가 없다면 진정한 아름다운 도시라고 말할 수 없는 것이다.

2. 도시경관의 지각

1) 도시경관의 대상과 지각

경관은 사물을 보는 위치나 장소에 따라 보이는 방위와 방향이 달라진다. 도시의 경관은 보는 사람으로부터의 시각에 의한 인지거리에 따라 크게 근경 · 중경 · 원경으로 구분할 수 있으며, 대상범위를 기준으로 구분한다면 지구적 경관 · 시가지 경관 · 광역적 경관으로 분류할 수 있다. 또한 조망의 대상에 따라 국토경관 · 도시경관 · 가로경관 · 하천경관 등으로 나눌 수 있으며, 이 가운데서도 사람들이 가장 많이 살고 있는 도시경관이 가장 의미가 크다.

〈표 7-1〉 도시경관의 대상범위와 시점

경관유형	대상범위	경관구성요소	주요시점
근경 (지구적 경관)	근린지역	• 건축물, 장치물, 가로가구 등 점적인 속성의 인공적 요소	• 건물옥상 • 보행중 도로 위
중경 (도시적 경관)	도시전역	• 지형, 능선, 하천 등의 자연경관 • 도로, 대형, 건축물, 도시기간시설 등의 인공경관	• 도시의 주요 지점 • 자동차 안
원경 (광역적 경관)	광대한 지역에 걸치는 대규모의 경관	• 세부적인 경관요소 무시 • 스카이라인, 지형, 하천, 오픈 스페이스 등의 경관을 좌우	• 비행기, 산의 정상부 • 바다 • 비일상적 위치

(출처: 대한국토·도시계획학회, 도시계획론, 보성각, 2004, p.478)

도시공간을 이동하는 사람들이게 있어서 도시는 공간이나 시간의 연속성과 함께 지각된다. 이동에 의한 지각에서 특징적인 것은 이동속도가 빠르면 빠를수록 경관의 디테일(detail)은 사라지고 또 시야도 좁아진다.

<그림 7-19> 시점의 이동과 경관변화

2) 도시경관의 다양성과 식별성

도시경관을 단순하게 시각상으로 여기는 경향이 있으나 도시경관은 형태 이외에도 다음과 같은 인간활동이나 역사성을 요소로 포함하고 있다. 첫째는 눈에 보이는 사물의 형태이다. 건축물과 토목구조물(도로 · 교량 등), 그리고 자연물(산 · 강 · 바다 · 수목 등)로 구성되어 있다. 그러나 도시경관을 사물의 형태만으로 이해하는 것은 아니다. 즉, 사람들의 활동성과 그 도시에 쌓인 역사성 등이 동시에 고려되어야 한다.

이에 따라 최근에는 거리 · 광장 · 쇼핑몰 · 건축물과 같은 물리적 환경뿐만 아니라 이러한 경관을 재현하고 있는 그림이나 문학작품 · 영화 · 광고 · 사진 · 저널 · 사이버공간 등의 재현공간을 논의에 포함한다. 따라서 문화경관의 상징과 의미를 읽어냄으로써 도시경관을 해석하는 방식이 매우 다양해지고 있음을 알 수 있다.

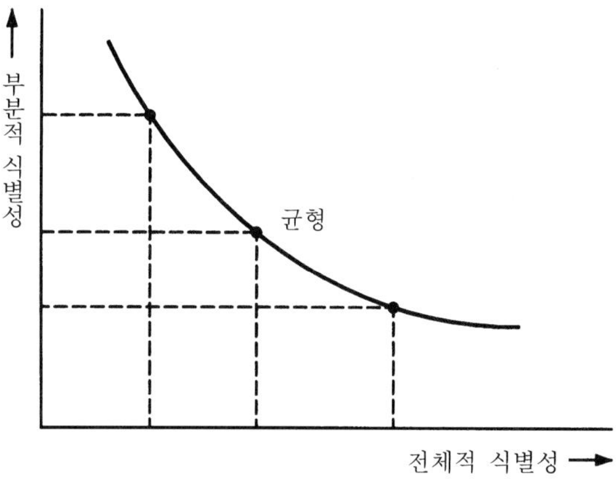

<그림 7-20> 도시공간의 식별성 관계
(출처: 임승빈, 조경이 만드는 도시, 서울대학교 출판부, 1986, p.65)

한편, 도시경관의 다양성은 식별성(legibility)과 관련성이 크다. 예를 들어 간결하고 규칙적인 통행로 체계는 도시의 공간구조 파악을 쉽게 해준다. 이러한 관점에서 격자형 혹은 환상방사형의 가로망 패턴은 도시의 식별성을 높여준다는 측면에서 바람직하다.

따라서 도시공간은 부분적 요소로서가 아니라 전체의 이미지로서 지각된다. 인간의 시각구조와 자주 비유되는 카메라의 경우에는 시야 내의 모든 풍경요소가 빠짐없이 기록되어 있겠지만, 인간의 풍경에 대한 인식은 자기의 관심을 끈 몇 가지 요소 이외에는 아무것도 기억에 남아 있지 않다.

3. 도시경관 이미지

린치(K. Lynch)는 그의 유명한 저서 「도시의 이미지(The Image of the City, 1960)」에서 아름다운 도시란, 알아보기 쉬운 즉 식별성(legibility)이 있는 도시이어야 한다는 견지에서 출발하여 도시 속의 공간요소들이 쉽게 식별되어 전체의 패턴, 즉 환경이미지(environmental image)를 뚜렷하게 해야 한다고 하였다.

환경의 이미지를 선명하게 하기 위해서는 경관을 구성하는 것은 대상이 개성과 구조(identity and structure)의 특색이 있어 관찰자에게 강한 인상을 주는 이미지어빌리티(imageability)가 강해야 하며, 이것이 탁월한 도시로서 이태리의 베니스, 미국의 샌프란시스코와 맨하탄 및 시카고의 미시간 호반을 들고 있다.

또한 그는 이미지어빌리티라는 기본개념을 미국도시에 적용시키기 위해 시민들에 대한 인터뷰조사와 현지답사를 통해 사람들이 마음속에 그리는 이미지를 계통화하여 심상도(image map)을 작성하였다. 그 결과 각 요소는 강약, 연속과 단절, 상호관계 등이 있으나, 주민의 대다수가 공감하는 소위 집단이미지(group image)가 존재한다는 사실과 이미지의 형성에 영향을 크게 미치는 물리적 도시공간요소를 랜드마크(landmark)·결절점(node)·

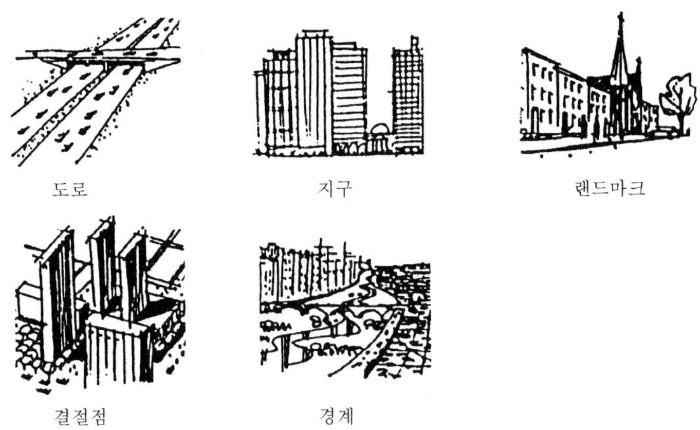

<그림 7-21> 린치의 도시이미지 구성요소

통로(path) · 지구(district) · 경계(edge)의 다섯 가지로 구분하였다.

한편, 도시는 그 자체가 복잡한 구성요소에 의해 이루어져 있기 때문에 선명한 이미지를 갖는 질서 있는 도시공간을 단순히 아름답다는 의미를 넘어 시각적 단서(visual clue)의 제공, 길찾기, 커뮤니케이션 등의 심리적 · 사회적 역할을 하게 되는 것이다.

4. 읽기 쉬운 도시공간

우리가 무엇을 읽는다고 하는 것은 정보의 메시지를 전제로 하며, 정보의 양은 나타날 사건의 확률과 반비례하게 된다. 즉 갑작스런 시각적 변화가 있을 때 쉽게 읽혀지는데, 이는 엑센트나 대조의 개념으로 설명되고 클레이(Clay, 1980)가 가로패턴이나 가로디자인에서 눈에 띄게 갑작스런 전환이라 말하는 변환점(breaks)의 개념으로 설명될 수도 있다.

이 변환점의 개념은 래포포트(A. Rapoport)의 눈에 띄는 차이점의 개념과도 같은 것이다. 그림에서 보는 바와 같이 고층건물 사이에 끼어 있는 조그만 건물이나 그와 반대로 린치의 낮고 평범한 건물군 속에 우뚝 솟은 건물에 의한 랜드마크 효과도 지역환경을 쉽게 읽고 기억하게 해준다.

그리고 도시의 스카이라인을 이루는 건물들이 각기 윤곽이 서로 눈에 띄게 다르고, 경사진 지형의 윤곽을 돋보이게 할 때 도시이미지는 더 쉽게 읽고 기억할 수 있다. 도시의 스카이라인은 리드미컬해야 하며, 한 두 동의 고층건물에 의해 전체의 리듬이 파괴되는 것은 바람직스럽지 못하다.

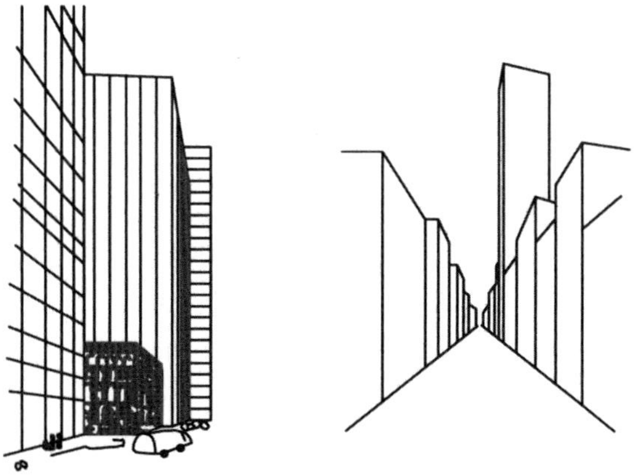

<그림 7-22> 가로공간의 변환점 개념
(왼쪽: Rapoport의 차이점, 오른쪽: Lynch의 랜드마크)

참고문헌

1) 공간과생활교재편찬위원회, 공간과 생활, 계명대학교출판부, 1993
2) 김철수, 도시공간의 의해, 기문당, 2006
3) 김철수, 현대도시계획, 기문당, 2008
4) 대한국토 · 도시계획학회, 도시계획론, 보성각, 2004
5) 박병주, 한국의 도시, 열화당, 1996
6) 이규목, 도시상징성의 역사적 변천에 관한 연구, 서울대 박사학위논문, 1986
7) 일본건축학회, 한영호외 옮김, 공간학사전, 기문당, 2010
8) 임승빈, 조경이 만드는 도시, 서울대학교출판부, 1998
9) 한국지리학회, 한국의 도시, 법문사, 1999
10) Jacobs, J., The Death and Life Great American Cities, New York: Random House, 1969
11) Krier, R., Town Spaces, Berlin: Birhauser, 2003
12) Lynch, K., The Image of the City, The MIT Press, 1960
13) Norberg-Schulz, C. Existence, Space and Architecture, Praeger Publisher, 1976
14) Rapoport, A., Human Aspects of Urban Form, Pergamon Press, 1977
15) Spreiregen, P.D., Urban Design: The Architecture of Towns and Cities, McGraw-Hill Book Co. 1966
16) Trancik, R., Finding Lost Space, Van Nostrand Reinhold Co, 1986

8 친수공간

8.1 친수공간과 조경

1. 수변공간(Waterfrount)의 의미

도시민에게 가장 쾌적성이 높은 공간은 아마 '물이 있는 공간' 즉 친수공간<그림 8-1>일 것이다. 이 친수공간 이라함은 물과의 적극적인 상호작용을 통해 도시생활에 활력을 주는 도시수변공간 또는 워터프론트 공간을 의미한다. 따라서 친수공간, 도시수변지역, 그리고 워터프론트는 같은 의미라고 생각된다. 일반적으로 워터프론트의 사전적인 의미는 바다, 강, 호수 등의 수역과 주변 육역이 유기적으로 결합된 영역을 지칭할 때 사용한다. 이러한 의미의 수변공간은 지역주민들과 교류하고 아이들과 물놀이하면서, 자전거와 산책을 즐기는 오픈 스페이스이다.

<그림 8-1> 친수공간으로 개발된 4대강사업 충주 선도지구 물놀이장

최근 들어 도시화에 따른 제반 도시환경에 대응하기 위하여 시민들의 증가하는 친수욕구를 충족시키기 위해 지방정부에서는 물과 녹지를 확충하는 정책을 펼치면서 지난 시절 복개되고 매립되어 주민들로부터 철저하게 외면 받았던 하천의 제 모습을 서서히 찾아가고 있다.

이러한 시민들의 욕구를 충족시키기 위해서는 하천이 가지고 있는 친수기능을 향상시켜야 한다고 생각한다.[1] 이 친수기능에는 부가적으로 해방성 · 개방성 · 생산성 등의 기능을 포함하고 예전부터 내려오는 지역 고유의 역사성과 함께 독특한 문화를 형성하는 기능을 갖고 있다.[2] 아울러 이종훈은 그의 글에서 워터프론트<그림 8-2> 특성상 사람들에게 매우 친근한 물과 소통 가능한 선형 통로인 수변공간은 수역을 중심으로 형성된 생태계에 직접적인 영향을 주므로 개발에 있어서 세심한 주의가 필요하며 이와 함께 기상 · 지형 · 지반 등의 많은 고려사항이 있음을 제안하고 있다.[3] 그러나 이러한 도시 인근의 친수공간이 생태적이기 위해서는 그 친수공간 주변의 도시가 생태적이어야 하지 않을까? 이러한 생태적인 도시를 조성하는 관건은 도시에너지의 주축이었던 화석연료를 대체하는 신재생에너지로의 전환이라고 주장하고 있으나 도시가 생태적이기 위해서는 인위적 시스템과 자연적 시스템 사이의 균형을 회복하는 것이 가장 시급하다. 여러 가지 도시화의 문제로 인하여 도시생태계 시스템의 균형이 무너지는 근본적인 요인 중의 하나는 바로 자연시스템을 대표하는 녹지공간의 감소라고 할 수 있겠다.

<그림 8-2> 일본 후쿠오카현 기타큐슈 리버워크의 워터프론트

1) 김선희 (2007), 안양천 살리기와 친수공간, 물과 미래, 40권 5호.

2) 임해옥 외 (2009), 워터프론트의 개념-마곡지구 워터프론트 조성계획을 중심으로 - 물과 미래, 42권 6호.

3) 아종훈(1999), 워터프론트의 특성 및 개발동향, 해양수산동향, 제 12권, 한국해양수산개발원.

이처럼 생태시스템의 불균형으로 녹지가 부족한 도시에서 대부분의 토지를 차지하고 있는 건축물 혹은 토목구조물 등을 녹지공간으로 활용하고자하는 움직임들이 일어나고 있다. 이러한 인공구조물에 녹화를 하는 행위를 인공지반녹화라고 부르며 대표적인 예로 옥상조경을 들 수 있다.

2. 인공지반과 옥상녹화

도시에서 인공지반(deck)이라고 할 수 있는 곳은 건축물이나 고가, 지하주차장 상부 등 인간에 의해 조성되어진 공간으로서 자연지반과 분리되어 있으므로 인위적으로 새로운 토양층을 조성하여 녹화하여야 한다. 녹화된 인공지반은 자연 상태의 녹지와 마찬가지로 주변 동식물이 서식할 수 있는 공간을 제공하고, 건물 상부에 쏟아지는 우수를 저장하고 우수의 유출시간을 지연시켜 줌으로써 도시홍수와 지하수 고갈 문제에 대처할 수 있다.

아울러 건축물의 냉·난방에너지 소비를 감소시킴과 동시에 옥상의 축열현상을 줄여 도시열섬현상을 완화시킨다. 이외에 일반적으로 알려진 대기정화, 산소발생, 미기후조절, 소음경감 등도 인공공간에 녹화를 함으로써 얻을 수 있는 혜택이며 도시생태계의 자연시스템으로서의 건축으로도 접근하고 있다.

인공지반녹화는 도시녹지 중에서 개별적인 작은 점에 해당되지만 이러한 점적인 녹지공간들이 모여서 선적인 하천변의 녹지대와 면적 녹지공간인 산, 공원과 연결되어 도시의 녹지 네트워크를 형성함으로써 하나의 생태계를 구축한다. 물론 이와 같은 녹화가 공원이나 자연을 대신할 수는 없지만 이러한 부분적인 지역들의 개별적인 녹화를 통해 도시생태계를 추가적으로 개선하는 데 큰 역할을 할 수 있다. 즉 주요한 생태계를 연결함에 있어 인공시스템에 녹화가 되면 이는 생물 서식공간의 디딤돌이 되어 생태적 통로로서의 주요한 역할을 하여 도시생태계를 살리는 데 기여한다.

이처럼 도시에서 인공지반녹화의 생태적 가치는 매우 높으며, 이에 대한 관심은 도시의 생태문제에 대한 인식의 제고와 함께 현저히 달라지고 있다. 뿐만 아니라 도시의 환경오염과 기후변화 그리고 미기후 조절, 생태계의 균형파괴 문제를 해결 할 수 있는 현실적이고도 종합적인 대안으로 인공지반의 녹화 특히 옥상조경이 필요하다.[4)]

이러한 배경 하에서 4대강 이후의 낙동강 살리기의 한 방안으로 생태적인 친수공간 조성은 주변 도심의 생태계의 건강성의 척도는 자연적인 토

4) 한승호 외 (2007) 입체녹화를 통한 친환경 건축물 조성, 2008 건축학회 춘계학술발표대회 논문집 제7권 제 1호 (통권 12호)

지에 공원을 확보할 수 없는 도심건물의 옥상조경과 빗물정원[5]과 같은 도시공원녹지[6]의 확보에 달렸다고 할 수 있다. 앞으로 이러한 도시녹지의 조성이 4대강 사업 이후의 수량, 수질 및 생태관리와 같은 지방의 새로운 물관리 체계 구축의 새로운 방법으로 부상하고 있기 때문이다.[7]

우선 도시의 대표적인 친수공간인 하천에 대해서 살펴보기로 하자.

8.2 도시의 하천

1. 하천의 개념 및 법상 정의

국어사전 및 세계대백과사전에 나타난 하천은 「하천(河川, rivers) 일정한 물길, 즉 하도 (河道)를 따라 흐르는 유수(流水)[8]」 그리고 「유지표면에서 대체로 일정한 유로(流路)를 가지는 유수(流水)의 계통으로 하(河)는 큰 강, 천(川)은 작은 강을 뜻하고, 한국에서는 큰 강을 강(江), 작은 강을 천(川) 또는 수(水)로 나타내고 있다[9]」 라고 정의하고 있다. 또한 이원환[10]은 「하천은 흐르는 물과 이것을 떠받들고 있는 모래, 자갈 등으로 이룩된 하신(河身), 그리고 그 속과 주변에서 살아 숨쉬는 생태계와의 삼위일체로 구성된다」 라고 하고 있으며 이종석[11]은 「하천(河川)이란 공학용어상으로는 강수(降水)가 지표면을 따라 흘러서 천연 또는 인공적으로 형성된 수로(channel) 로서 유로(流路)와 유수(流水)로 구성되고, 지상에 내린 천수(天水)는 중력에 의해 수로경사가 낮은 곳으로 흘러 호수나 바다로 유입하게 되는데, 이때의 유로(流路)를 하도(河

5) Nigel Dunnett 와 Andy Clayden 이 공동으로 쓰고 (주)한설그린 부설 조경생태디자인연구소에서 최근 번역한 <지속가능한 도시 물관리를 위한 **레인가든**>을 참고바람. 개인적으로 지속가능한 도시물관리의 한 방편으로 옥상조경과 함께 건물주변 환경을 결합하는 레인가든의 조성에 절대 공감하고 있으나 한국적 상황에 맞는 레인가든의 조성방법에 대해서는 많은 논란의 여지가 있을 것으로 보인다.

6) 도시공원 및 녹지 등에 관한 법률(제2조 정의)에 따르면 "공원녹지"라 함은 쾌적한 도시환경을 조성하고 시민의 휴식과 정서함양에 기여하는 공간 또는 시설을 말한다.

7) 최지용(2010), 4대강 사업이후 물관리 방안, 대구경북연구원 주최 낙동강살리기 포럼 특강.

8) 브리태니커 세계 대백과 사전(1994) p.397

9) 두산 세계 대백과 사전(1998) p.340

10) 이원환 (1995) 하천계획관리론. 동명사. p.1

11) 이종석 (2001) 하천공학, 새론출판사, p.2

道)라 하며, 이로써 강수와 유역특성이 하천의 특성을 만든다」라고 주장하였다. 표영평[12]은 「하천(river)은 지상에 내린 강수(降水, 비, 눈, 서리, 우박, precipitation)가 모여서 흐르는 자연적으로 형성된 유로(流路)」 라고 말하였다. 한편 홍성기 등[13]은 「하천(河川)이란 연중 대부분의 기간에 지표수가 흐르는 크고 작은 물길과 물을 통칭하며, 큰강을 의미하는 하(河)와 강보다 작은 물이 흘러가는 내(川)의 합성어이다」라고 하고 있다. 이처럼 하천이란 「지상에 내린 강수(降水)가 모여서 크기와 상관없이 높은 곳에서 낮은 곳으로 흐르는 물줄기」라 할 수 있겠다.

또한 도시계획시설기준에 관한 규칙 제6장 방재시설 제1절 하천에 속하는 하천법[14]을 보면, 「하천」이라 함은 지표면에 내린 빗물 등이 모여 흐르는 물길로서 유역(流域)의 면적에 따라 국가하천 또는 지방하천으로 지정된 것을 말하며, 하천구역과 하천시설을 포함한다고 정의하고 있다.[15] 그리고 참고로 하천법상의 주요용어를 정의하면 다음과 같다.

「하천구역」이라 함은 하천법 제10조 제1항[16]에 따라 결정된 토지의 구역을 말한다.

또한「하천시설」이라 함은 하천의 기능을 보전하고 효용을 증진하며 홍수피해를 줄이기 위하여 설치하는 다음 각 목의 시설을 말한다. 다만, 하천관리청이 아닌 자가 설치한 시설에 관하여는 하천관리청이 해당 시설을 하천시설로 관리하기 위하여 그 시설을 설치한 자의 동의를 얻은 것에 한한다.

- 제방 · 호안(護岸) · 수제(水制) 등 물길의 안정을 위한 시설
- 댐 · 하구둑(「방조제관리법」에 따라 설치한 방조제를 포함한다) · 홍수조절지 · 저류지 · 지하하천 · 방수로 · 배수펌프장(「농어촌정비법」에 따른 농업생산기반시설인 배수장과 「하수도법」에 따른 하수를 배제(排除)하기 위하여 설치한 펌프장을 제외한다) · 수문(水門) 등 하천수위의 조절을 위한 시설
- 운하 · 안벽(岸壁) · 물양장(物揚場) · 선착장 · 갑문 등 선박의 운항과 관련된 시설
- 그 밖에 대통령령으로 정하는 시설

그리고「하천수」라 함은 하천의 지표면에 흐르거나 하천 바닥에 스며들어 흐르는 물 또는 하천에 저장되어 있는 물을 말한다.

---

12) 표영평 (1996) 하천공학. 보문당. p.11

13) 홍성기 외 4명 (2004) 생태복원공학. 라이프 사이언스. p.93

14) 하천법 제2조(2012.1.17.)

15) 제7조(하천의 구분 및 지정)

16) 제10조(하천구역의 결정 등) ① 하천관리청은 제7조제6항에 따라 하천의 명칭 및 구간의 지정 또는 지정의 변경·해제의 고시가 있는 때에는 다음 각 호의 어느 하나에 해당하는 지역을 하천구역으로 결정 또는 변경하거나 하천구역을 폐지하여야 한다.

2. 도시하천의 개념 및 기능

1) 도시하천의 개념

도시하천은 인구가 과밀한 지역을 흐르는 중소하천을 의미하며, 명확한 개념은 정립되어 있지 않다. 우리나라 하천법에서는 도시하천을 지방하천으로 간주하여 '공공의 이해에 밀접한 관계가 있는 하천으로 대통령령으로 그 명칭과 구간이 지정된 곳' 이라 하고 있다. 또한 권오준은 도시하천이란 일반적으로 인구과밀의 도시지역을 흐르는 중 · 소하천으로서 좁은 의미로는 시급 이상의 도시를 관류하는 준용하천급 이상의 하천을 총칭한다.[17)]

즉, 도시하천은 인구과말지역인 도시에 흐르는 중 · 소 하천이라 할 수 있겠다. 과거에서부터 인간생활에 없어서는 안 될 중요한 요소인 물은 우리생명을 유지시키며 수목과 함께 자연경관을 형성하고 생활의 중심지인 도시의 모태이기도 한 것이다. 따라서 고대 인류발생지도 하천을 중심으로 발달하였고 오늘날 도시도 하천을 끼고 있다. 이러한 '도시하천' 의 기능은 다음과 같다.

2) 도시하천의 기능[18)]

하천의 기능에는 크게 나누어 치수기능 · 이수기능 · 환경기능 · 공간기능 · 경관기능 등이 있다. 치수기능은 홍수의 배수, 수평의 유지, 지하수의 공급과 배수, 하수의 배수, 토사의 배제 등의 유수기능을 말하고, 이수기능은 농업용수 · 상수도용수 · 공업용수를 위한 상수공급과 수운으로서의 교통로 · 수산업 · 모래채취 · 수목저장산업 등을 말한다. 환경기능은 미기후 조정, 대기정화, 수질정화, 지하수함양, 수생물의 서식, 지형의 변화 등인 자연생태계를 말하며, 공간기능은 교량, 지리적 지표, 지역의 분할 등의 공간, 통풍, 채광, 거리감쇄에 의한 소음이나 진동 등의 저하, 방재나 피난 등의 공간 등 공지기능을 말하며, 유수면이 없어도 가능하다. 경관기능은 공원이나 낚시, 보트 물놀이 등의 여가활동과 친숙한 공간 등의 친수기능을 말한다.

3) 도시하천 경관의 구성요소[19)]

하천부지는 다양한 경관요소로 구성되어 있다. 물이 흐르는 수면과 주변의 고소부지와 건물군, 하안의 수목, 가로수, 도로, 산들도 이러한 하천

17) 권오준 (1999) 도시 소하천 관리 개선방안 p.52

18) 유복모(1996) 경관공학, 동명사 p.175

19) 김수봉외 3명 (2002) 환경계획 이론과 실제, 홍익출판사 p.273~274

을 이루고 있는 경관요소에 들어간다고 볼 수 있으며, 아울러 기후나 계절의 변동도 경관변화요소에 포함된다. <그림 8-3>은 도시하천의 경관 구성요소를 나타낸 것이다.[20]

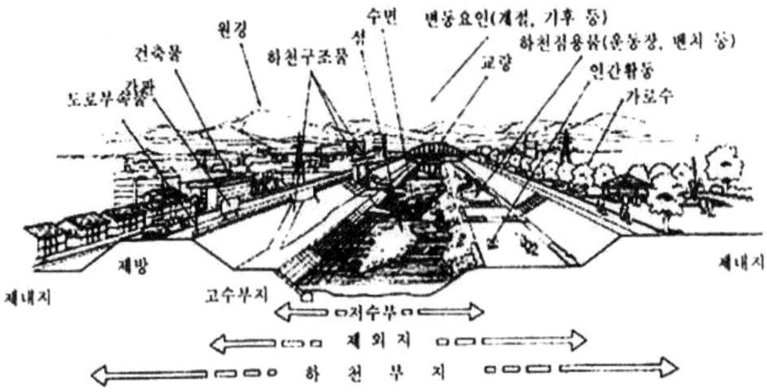

<그림 8-3> 도시하천경관 구성요소

3. 하천변의 식재 방안

1) 하천식생의 기능

일반적으로 알려진 하천식생의 기능들을 간단히 살펴보면, 제방의 보호, 하안의 보호, 하천경관의 향상, 녹음효과 및 친수공간의 조성, 수변생태계의 보전, 동·식물 서식공간 제공, 수질정화, 대기오염경감 등 경관 생태학적 관점에서의 다양한 기능을 수행한다.

2) 하천식생의 특징

자연을 상징하는 것은 물과 녹지이며, 물은 하천을 의미하고 녹지는 식재를 의미한다, 하천의 식재는 물과 녹지가 일체화됨으로서 보다 좋은 경관이 형성되는 것이지만, 치수상의 제약이 있어 하천부지에 자유롭게 식재할 수 있는 것만은 아니다. 하천의 식재는 도로의 녹화에 준하지만 다음과 같은 특징이 있다.

첫째, 수종은 수변의 수목으로서 하천에 어울리는 것을 선택한다. 바야흐로, 우리나라에서는 버드나무, 벚나무, 소나무, 단풍나무 등이 많이 사용되고 있기 때문이다.

둘째, 구부러진 하도의 경우에는 하천언덕의 법면이나 관리용 통로를 이용하여 식재한다. 식재공간이 충분하지 않을 경우에는 이에 맞는 수종을 선택한다.

20) 자료: 김수봉외 3명 (2002) 환경계획 이론과 실제, 홍익출판사

셋째, 물과 녹지가 같은 시야에 들어옴과 동시에 수변이 수목에 감추어져서 보이지 않게 되는 것은 곤란하므로, 수목이 수변에 가까운 편이 좋다.

넷째, 기존에 있는 큰 나무의 경우에는 치수에 지장이 없는 한 하천안의 법면이나 관리용 통로 등으로 보존하고, 지역적인 경관구성 요소로서 보존한다.

다섯째, 인접지가 도로나 공원, 항만 등의 공공용지인 경우 물론이고, 사유지인 경우에도 협력을 받아서 일체감을 느낄 수 있는 하천경관 정비를 계획하는 것이 바람직하다.21)

3) 하천의 식재 방안

교목은 일정한 지역의 경관을 조성하고 사면을 안정화 시키며 토양환경을 개선시킨다. 침식에 대한 지표면 보호기능은 초본류가 뛰어나므로 일정지역의 식재계획 시에는 초본류의 도입으로 지표면의 식재를 이룬 다음 교목과 관목을 식재하게 된다.

가장 선호되는 교목의 종은 천이 초기종인 버드나무류와 오리나무류이다. 버드나무류는 수변의 환경조건에서 천이 단계를 이루는 교목종이며, 오리나무류는 제방사면에서 천이 조기종이며 뿌리의 생육성이 심근성으로 사면 안정화를 높인다. 특히 오리나무류는 질소고정작용을 하여 토양환경을 개선한다. 한편, 식물선정 시 고려되어야 할 사항은 다음과 같다.

- 적용대상지 생태계를 재생하는 목표에 적합한 식물이어야 한다.
- 대상지 자연환경조건에 잘 적응하는 식물로서 지역 내에서 자생하는 식물을 활용한다.
- 환경형성작용이 뛰어난 식물로서 토양 내 유기물 형성을 촉진하는 식물, 근계가 치밀하여 토양안정효과가 높은 식물을 선정한다.
- 번식이 용이하여 유묘의 대량생산이 가능한 식물이어야 한다.
- 미적효과가 높아 경관형성효과가 높고 생태적 특성에 대한 교육적 가치가 높은 식물이어야 한다.

8.3 친수공간의 조성

1. 친수공간 조성의 기본전제

우리나라에서 지금까지 시행해온 홍수예방이나 물 부족해소를 위한 강의 이·치수 및 환경적인 개발은 국민들의 생활 속에서 물과 접촉하는 기

21) 유복모(1996) 경관공학, 동명사 p.195

회를 감소시켰다. 따라서 논자는 이 친수구역 특별법에서 주장하는 친수공간의 개발은 무엇보다도 시민이 물에 쉽게 다가가기 위한 전제조건을 마련해놓고 논의되어야 한다. 아울러 논자는 그 전제조건을 4대강으로 흘러들어가는 도심의 지류하천의 수질의 개선과 수량의 확보라고 할 수 있다. 그러기 위해서는 도심에서부터 그러한 맑은 물이 지류하천으로 흘러들어가야 하며, 이를 위해서는 도심에서 아무런 대책도 없이 지천으로 버려지는 우수를 머무르게 하고 거르는 필터링장치 혹은 유수지를 마련해두어야 하는데, 그것이 바로 도심의 녹지인 것이다.

2. 빗물정원(Rain Garden)

일반적으로 도시는 2/3가 불투수면으로 피복되어 있는데 그중 40~50%가 옥상과 지붕이고, 나머지의 대부분은 도로와 주차장이 된다. 그러므로 빗물 관리는 지붕은 물론 도로에 떨어지는 빗물을 모아 저류하여 재활용하거나 지하로 침투시키는 것을 기본개념으로 한다.[22] 이러한 목적을 위해 자연적인 물순환체계의 원리에 바탕을 둔 빗물정원이 영국이나 미국에서 현재 조성 중이다. 기후 온난화로 홍수의 피해가 본격화하는 상황에서 빗물정원의 조성은 도시의 지속 가능성을 높여줄 수 있을 것이다. 도시의 녹지공간을 조성함에 있어서 단순히 심미적인 환경만을 강조하는 것으로는 부족하다. 녹지공간도 도시화에 따라 왜곡되는 자연순환형 물의 시스템 확보에 기여하게 될 때 더욱 가치가 있을 것이다.

도시의 건천화(乾川化) 방지, 열섬효과 감쇄, 지하수의 건강한 보전, 홍수와 가뭄에 대한 대응능력의 제고가 가능하기 때문이다. 그 예로 미국 미주리주(Missouri) 캔자스시티(Kansas City)의 레인가든을 들 수 있는데. 이곳은 주민들이 자발적으로 빗물을 자기 집의 정원에 모아서 관리하도록 교육시키고 참여시키는 프로그램이다. 레인가든은 빗물의 흐름을 완화시키고 모아서 땅에 스며들도록 하기 위해서 토착 식물을 심어 놓은 조그마한 정원이다. 빗물이 하루 안에 배수되도록 고안함으로써 48시간이 지나야 성충이 되는 모기의 서식을 막을 수 있다. 또 토착식물은 가뭄을 예방하고 해당 지역의 토양에서 잘 자라며, 나비와 새들의 먹이와 서식지 역할을 한다. 레인가든을 조성하는 것은 오염된 빗물이 하수도나 개울로 스며들지 않도록 하는 가장 간단하고 효과적인 방법이다. 시에서는 빗물을 모아 여과시킴으로써 정화된 물을 땅에 되돌려 주기 위하여 주택소유자로 하여금

22) 영국 Sheffield대학교 조경학과 교수인 Nigel Dunnett 와 Andy Clayden 이 공동으로 쓰고 (주)한설그린 부설 조경생태디자인연구소에서 최근 번역한 <지속가능한 도시 물관리를 위한 **레인가든**>을 참고 바람.

1만 개의 레인가든에 토착 화초류를 심도록 할 계획이다.

레인가든 사업추진을 위해 시책추진을 위해 시 당국은 먼저 레인가든을 만들기 위한 기술적 지원과 교육을 위하여 주요 업체를 선정했다. 그리고 홈페이지를 통하여 주소 · 연락처 · 지원가능 사항 등을 안내하고, 토착식물과 빗물통 등을 취급하는 업체에 대하여도 자세한 정보를 제공하고 있다. 그리고 레인가든을 만드는 방법(디자인 및 견본, 만드는 순서, 규격 등)에 대하여 그림과 사진을 통하여 구체적으로 알 수 있도록 하고 있다. 빗물정원 조성에 있어 우리나라는 아직도 걸음마 상태다. 빗물정원의 조성은 지속가능한 발전을 위한 친환경 자원절약형 자립도시 조성을 위한 방안이기도 하다. 기후 온난화로 홍수의 피해가 본격화하는 상황에서 빗물정원의 조성은 도시의 지속 가능성을 높여줄 수 있을 것이다.

8.4 생태적 친수공간의 매개

1. 자연미와 예술미

전 교토대학교수였던 나카무라 마코토(中村 一)는 이어령 교수의 명저 <축소지향의 일본인>이라는 책에서 영감을 얻어 1984년 한국조경학회에서 행한<축소와 자연미>라는 주제의 강연[23]을 했다. 그는 조경의 매우 중요한 주제를 <자연>이라고 전제하면서 생물이나 암석 그리고 물 등과 같은 자연재료를 사용하는 것이 다른 건설업과 구분되는 특징이라고 주장했다. 그는 자연의 재료를 사용하고 그것을 아름답게 표현하는 것이 조경의 큰 목적 중의 하나 이기에 자연미를 연구하는 것은 조경의 본질을 연구하는 것이며 아울러 조경의 방법론을 구축하는 것이라고 했다.

한편 조경의 주제인 자연미는 18세기 영국 풍경식정원의 태동에 영향을 준 풍경화(Landscape Painting: 그림 8-4)와 직접적인 연관이 있다. 풍경화(風景畵)는 영어권에서의 표현인 Landscape Painting의 번역어로서, 서양문물이 동양으로 전래되던 19세기에 번역되어 통용되기 시작한 것으로 추정된다. 풍경화는 문자 그대로 풍경을 주제로 한 그림이다.

우리가 흔히 풍경화라고 하는 것은 그림의 양식(樣式)에서 보았을 때 별다른 이의(異意) 없이 서양화 내지 서양화풍 그림에 국한시킨다. 이 한정은 풍경화가 동양화의 한 양식인 산수화와는 다른 것으로 생각하기 때문이다.

23) 나카무라 마코토(中村 一) 1985, 축소와 자연미, 한국조경학회지, 13(1), pp.131-134.

<그림 8-4> 클라우드 로랭의 풍경화

즉 풍경화와 산수화는 그림의 주제로 보면 크게 옥외의 환경적 상황을 다루고 있다는 점에서 공통점이 있지만, 발생 형성된 지역의 문화적 차이가 크고, 그림을 그리는 작의와 태도에 있어서도 상당한 차이가 있어 풍경화=산수화라는 등식이 반드시 성립한다고 보지 않기 때문이다. 그러나 동양의 산수화를 서양인들이 Landscape Painting으로 번역하여 쓰고 있음을 알게 되면 혼란이 나타난다. 즉 우리는 Landscape Painting을 풍경화라고 번역하지만, 서양인들은 이를 자신들의 풍경화일 뿐 아니라 동양의 산수화라고도 해석하고 있는 것이다.24)

특히 19세기의 풍경화를 살펴보면, 오히려 대도시, 공장 등과 같이 내용상으로나 외견상으로나 분명한 인공·문화경관을 주제로 한 그림으로 보편화되는 경향이 강하게 나타났다. 이는 19세기 사회적 현실과 함께 과학적인 객관적인 현실의 관찰이라는 사실주의의 태도로 볼 수 있다. 그러나 근대 풍경화가 새로운 시각으로 바라본 자연은 지금까지와 같은 인간의 배경으로서의 자연이 아니라 그곳에 독자적인 법칙과 질서, 그리고 미가 있는 실재적인 자연이다. 이런 자연에 대한 시각의 확대는 예술 관념의 확대와 더불어 예술이란 무엇인가 하는 가장 기초적인 해답도 얻지 못한 채 종교적인 수용이나 특권층의 주문에 의하여 장인적 역할을 했던 종래의 예술에서 탈피하여 예술의 자유라는 새로운 가치를 이끌어 내었다.

예술미는 자연미보다도 고급이다. 예술미는 정신에서 생기며 정신에서 재생산된 미이기 때문이다. 정신이 자연보다 고급인 한 그만큼 소산(所産)도 훨씬 고급이며, 예술의 소산도 그러하다. 따라서 예술미는 자연미보다 훨씬 더 고급인 것이다. 이처럼 인간의 정신에 의해서 미적 가치가 있는 형성체로서 산출되는 예술은 실용적 기술의 경우처럼 외적 목적을

24) 마순자, 2003, 자연, 풍경, 그리고 인간, 서울: 아카넷.

위한 수단으로 일정한 규칙에 의해 실현되는 것이 아니라 천부의 예술적 소질에 의해 자연적으로 생성되며 이른바 영감(靈感)에 의해 창조되는 것으로 여겨지고 있다. 이러한 독창적 창조성에 대한 인식에서 예술적 천재(天才), 영감(靈感), 상상력(想像力) 등의 개념이 미적 문화 영역에서 중요한 의의를 가지게 되었고, 예술에 있어서의 독창성 내지 창조성이 고조되기에 이른 것이다.

일반적으로 '미(美)' 라는 말은 '눈을 즐겁게 한다' 는 의미로 사용되며, 이 개념에 선(善)의 개념이 포함되어 있지 않다. 그러나 유럽 여러 나라의 말에는 예술의 미(美)가 형식미의 의미 이외에 '선(善)' 또는 '친절' 이라는 의미도 내포되어 있어 '좋다' 는 말의 대용으로 쓰이고 있다. '아름다운 마음' , '아름다운 사상' , '아름다운 행위' 라는 표현이 자연스럽게 사용되고 있다. 논리적인 인식의 대상은 진리요, 심미적(감성적)인 인식의 대상은 미(美)이다. 미(美)는 감성에 의해 인식되는 완전한 것이고 진리는 이성에 의해 지각되는 완전한 것이다. 그리고 선(善)은 도덕적 의지에 의해 달성되는 것이다. 예술이란 막연한 감정에 의해 인식된 미(美)를 진(眞)과 선(善)의 경지에까지 끌어올리는 것으로, 이 예술의 목적은 도덕적 완성이다.

헤겔에 따르면 신(神)은 자연과 예술에서 미(美)라는 형태로 나타난다고 했다. 그는 신은 객관과 주관, 즉 자연과 정신 두 가지 형태로 표현된다. 미(美)란 물질을 통하여 나타나는 관념의 빛이며, 참으로 아름다운 것은 오직 정신과 정신에 관련된 일체의 것일 따름이라고 했다. 따라서 자연미란 정신에만 국한된 미의 반영에 지나지 않는다. 아름다운 것은 주로 정신적인 내용을 갖고 있기 때문이다. 그러나 정신적인 것이 발현되려면 감성의 형식을 빌리지 않으면 안 된다. 정신이 감성을 통해서 발현되는 것은 단순한 가상(假象)에 지나지 않는다. 그러므로 예술은 이러한 관념의 가상을 실현하는 것이며, 종교와 철학과 마찬가지로 인간의 가장 깊은 문제와 정신의 가장 높은 진리를 의식에 올려놓고 그것을 표현하기 위한 수단이다.[25] 이러한 이유로 예술미는 자연미보다 고급의 미로 취급되어 왔는데 이는 예술미는 정신에서 생기며 정신에서 재생산된 미이기 때문이다. 다시 말해 예술미는 자연미보다 훨씬 더 고급미이다.

2. 대상의 축소와 자연미

동양에서는 예부터 자연과 인간이 혼연일체가 됨으로써 자연의 운행에 순응하려는 자연숭배의 사상이 싹터, 자연 속에서는 편안함과 초탈(超脫:

25) http://osan.hs.kr/pds/ethics/에서 인용

脫俗)이 존재하며 파란이 없다고 보는 달관적 사고(達觀的思考)가 성숙되어 왔다. 이러한 사상은 마침내 자연과의 밀접한 접촉을 통하여 자연미(自然美)를 일상생활에 끌어들여 늘 누리고자 하였다고 한다. 그리고 여기에서 광대한 자연경관을 한군데에 축소하여 뜰과 방안에 꾸미는 여러 가지 지혜와 창의력이 발현되었다.

<그림 8-5> 한국 정원에 도입된 석가산의 모습(인간이 사는 곳이라고는 보이지 않는다)

그리고 이것이 동양 산수화 · 석가산(石假山 그림 8-5) · 수석 · 분재 · 분경(盆景) 등의 형식을 이루었다. 산수화는 자연의 흥취에 의하여 산수와 수석(樹石)을 즐기려는 의욕에서 발달되었다고 하겠으며, 특히 일본에서 조경의 한 기법으로 축경(縮景)이 발달했다. 이러한 맥락에서 축경을 통한 미의 추구를 통하여 심신과 자연이 융합되고 새로운 자연을 각성하며 또 인간이 자연미의 본질과 호흡할 수 있는 생명 현상을 창조해 나간다고 한다.[26)]

나카무라 교수는 일본에서 발달한 조경기법인 축경(縮景)[27)]이 바로 대상의 축소에 해당된다고 했다. 나카무라 교수가 주장하는 관계의 축소란 복잡하고 간접적인 관계로부터, 단순하고 직접적인 관계로의 축소를 의미하는 것이며 대상과 관계라는 두 측면에 대해서 진선미라는 세 카테고리로 종합해보면 <그림 8-6>처럼「축소」의 6가지 형이 잘 설명될 것이다.

특히 그는「미」의 2가지 모습인 대상과 관계의 축소에 대한 특징에 대

26) http://www.encyber.com/search_w/ctdetail.php?gs=ws&gd=&cd=&q=&p=&masterno=148512&contentno =1 48512 출처: 두산 엔사이버

27) 이어령교수는 그의 책 <축소지향의 일본인>에서 "자연을 자기 것으로 만들려는 방법을 보다 직접적인 조원(경)술로 나타낸 것이 축경(縮景)정원이다. 그것은 '빌리는 자연'으로부터 '옮기는 자연'으로서 대상이 되는 경치 자체를 축소하는 방식이다"라고 했다 (135쪽).

하여 강조했다.

그는 우선 대상의 축소가 가진 특징인 상징화에 대하여 일본 정원에 흔히 표현되는 시마 즉, 섬을 예로 들면서 "…… 이처럼 커다란 풍경을 축소하여 표현하는 것은 일본정원의 특징이지만, 여기에 축소해서 표현된 풍경은 고대 사람들의 생활환경을 상징하고 있다. 그 전형적인 예는 고대에 있어서의 시마(섬)의 표현이다. …… 중국과 일본의 섬을 비교해 보면, 중국(혹은 한국)의 섬은 신선이 사는 섬이라고 여겨 신비주의적인 색채가 농후한데 비해 일본의 섬에는 인간이 사는 섬이라고 할 수 있는 자연의 표현을 볼 수 있다. 어느 것을 보아도 시마(섬)와 같은 축경은 원시적 상징주의 기법이고, 오늘날에도 좁은 공간에서 자연미를 들여놓기 위해서 이를 충분히 응용할 수 있다. 대상을 축소시키는 형태는 이와 같이 상징화의 형태라고 간주할 수가 있다" 라고 하였다.

대상
- 진 <접다> 도구화
- 선 <짧게 하다> 소형화
- 미 <채워 넣다> 상징화

대상
- 진 <만들다> 형식화
- 선 <한곳으로 뭉치게 하다> 집단화
- 미 <취하다> 구상화

<그림 8-6> 축소의 6가지 형식

이러한 축경은 한국의 경우 신라인들이 즐겨 쓰던 조경기법이었다. 특히 안압지 서쪽에 위치한 임해전의 위치에서 알 수 있듯이 신라인들은 안압지를 통해 바다의 모습을 축소하여 표현했던 것으로 보인다. 서쪽 물가에 위치한 건물터에서 동쪽을 바라보면 심한 굴곡을 이룬 호안을 따라 자연스럽게 놓인 경석과 그 뒤에 자리를 잡은 석가산이 마치 바닷가의 경관을 바라보는 것과 같은 느낌을 준다.[28] 실제로 이 안압지 호안의 모습은 최근 컴퓨터 시뮬레이션 결과 동해바다와 감은사로 이어지는 동해구 지역을 바닷물로 채웠을 때와 비슷한 모습을 나타내어 안압지가 동해바다를 축소하였음을 보여 주었다.[29]

28) 윤국병(1964), 조경사, 일조각.

29) 대구문화방송(2004), 안압지- 우리 정원의 원류를 찾아서, 이른아침.

3. 관계의 축소와 자연미

다음으로 그는 관계의 축소란 대상과의 거리라는 관계를 축소시키는 것이며 이 때 대상이 점점 <구체화>된다고 하면서 "자연미는 이 구체화에의 방향에서 포착되는 「미」라고 생각할 수 있다. 여기서 주의해야 할 것은 자연의 대상이 존재해도 그리고 그 대상에 거리적으로 가깝게 있다 해도 그것만으로써는 자연미가 포착된다고는 할 수 없다. 결국 자연미가 성립하기 위해서는 인간과 대상의 사이에 「매개」가 있어야 된다는 것이다. 앞에서 수공(手工)에 관한 이야기를 했는데, 손으로 만드는 것만으로 매개 그 자체도 축소되고 짧아지지만 설혹 짧아졌다고 해도 이 매개는 필요하다" 고 나카무라 교수는 주장하면서 그 매개의 예로 일본의 문학 장르인 <하이쿠(俳句)>를 예로 들었다.[30]

우리의 시조와 비슷하나 하이쿠(俳句)는 5·7·5의 음수율을 지닌 17자로 된 일본의 짧은 정형시로서 계절을 상징하는 키고(季語)가 필히 있어야 하며, 짧은 시의 형태인 만큼 한꺼번에 읽어 내려가는 것을 막기 위해 기레지(切字)라는 것이 필수조건이다. 키고는 계절을 상징하는 시어를 가리키는 말로, 특정한 계절을 환기시키면서 오랜 일본시가의 흐름 속에서 형성된 미의식을 함축적으로 나타낸 것이다. 또한 기레지(切字)는 5·7·5 음율의 어느 한 단락에서 끊어줌으로써 강한 영탄이나 여운을 줄 때 사용하는 표현을 지칭한다. 예컨대 「~や(~이여)」「~かな(~로다)」「~けり(~구나)」와 같은 것이다. 기레지는 짧은 시의 폐단이라 할 수 있는 단순구조를 벗어날 수 있는 좋은 수단이 된다. 즉, 짧은 시의 어느 한 부분을 끊어줌으로써 그 다음 부분과의 산순 연결을 피하고 중층적인 효과를 노릴 수도 있다.

나카무라 교수는 자신의 감정을 함축적인 짧은 문장으로 표현하는 이 「하이쿠」를 자연미를 포착하는 매우 훌륭한 매개라고 하면서 "초급의 예술로서 우리들의 감정에 자연미를 이입해준다" 라고 했다. 그는 유명한 「하이쿠」 작가인 마츠오 바쇼오(松尾芭蕉, 1644-1694)[31]의 작품 중에 "오래된 연못(古池)/ 개구리 뛰어드는/ 물소리 퐁당!" 이라는 유명한

30) 영문학자 김욱동에 따르면 서양문화권에 비하여 동양문화권의 시가들이 자연과 환경의 중요성을 일깨우는 작품이 많았다고 전제하고, 서양의 시인들이 자연에 눈을 돌린 것은 산업혁명으로 인하여 자연과 환경이 파괴되기 시작하면서부터라고 했다 (김욱동 (2003), 생태학적 상상력, 서울: 나무 심는 사람).

31) 우리나라 윤선도가 활약하던 시대인 17세기에 활약했던 일본의 유명한 하이쿠(俳句) 작가로서 자연에 얼마나 순응하고 자연과 얼마나 깊은 교감을 갖느냐에 따라 예술가의 자질을 가늠하려고 했다고 한다. 바쇼오는 한낱 말장난에 불과했던 초기 하이쿠에 자연과 인생의 의미를 담아 문학의 한 장르로 완성시킨 인물

시구를 예로 들었다. 한편 이 시구는 많은 사람들에게 여러 가지의 이미지를 부여하고, 또 여러 가지의 다양한 해석이 가능하다. 하이쿠는 짤막한 몇 글자에 많은 것을 함축한 채 엉뚱한 힌트만 제시해 놓고 나머지는 독자의 상상에 맡긴다는 점에서 선시(禪詩)적인 분위기가 느껴지기도 한다. 그러나 원래 하이쿠는 반드시 계절적 미학을 살리고 해학적 요소가 살아 있어야 한다는 점도 간과해서는 안 된다.

"…개구리 …퐁당!" 역시 계절감과 해학을 놓치지 않은 작품이다.[32] 그러나 무엇보다도 하이쿠는 원래 연작시인 렌가(連歌)를 여는 첫 구절을 뜻했으며 렌가가 궁정에서 불리던 노래였다면, 하이쿠는 민중의 삶과 애환을 노래하였다. 그리고 필시 원래 봉건시대의 무사였던 마츠오 바쇼오가 평범한 소시민이 되어 민중을 위한 시가인 하이쿠작가가 된 동기에는 근대적 의도가 숨어있었다고 우에쓰기(上杉武夫)는 주장했다.[33]

조경은 자연의 「대상」과 그것에 대한 「관계」라고 하는 두 가지의 요인을 축소시킴으로서 자연미를 추구한다. 이는 어디까지나 「대상」이나 「관계」모두가 존재해야 한다는 것이며, 이 둘 가운데 어느 한 쪽이라도 없다면 자연미는 결코 얻을 수 없으리라는 것이 나카무라 교수의 주장이다. 따라서 그의 주장처럼 자연미를 주요 주제로 하는 조경이라는 학문이 존속되기 위해서 자연 혹은 환경의 보전과 복원은 필수 불가결한 조건이라고 하겠다. 따라서 생태적 친수공간은 도시민 모두를 위한 경관 만들기이며 실용적인 공간 만들기다.

4. 조경의 근대성과 친수공간 만들기[34]

우선 정원(庭園)의 개념은 영어의 가든(garden)과 불어인 자르딩(jardin)의 번역어로서, 일본의 경우 메이지[35] 초기부터 사용되었다고 한다.[36] 정원이 과연 garden이나 jardin의 번역어로서 적합한 지의 여부에 대해서는 여러 가지 논의가 있었지만, 이시가와(石川 格)는 유럽의 garden은 "식물을 재배하기 위해 울타리를 친 장소"라고 해석하여, 정원이라고 하기보다는 채소의 재배 혹은 가축을 기르기 위하여 주위가 둘러싸인 토

32) 유옥희 (2000) '세상에서 가장 짧은 시' 하이쿠 감상법, 신동아 6월호.

33) 김수봉 (2000), 도시환경녹지계획론, 중문.

34) 이 글은 김수봉(2000)저 <도시환경녹지계획론> 중문, pp.13-16의 내용을 가필하여 재구성하였습니다.

35) 明治, 1868-1910: 일본의 근대가 시작된 시대, 다이쇼(大正)-쇼와(昭和)-헤이세이((平成) 時代로 이어져 오늘에 이름.

36) 石川 格(1978) 造園學, 성문당신공사 p.10.

지를 의미하는데, 기능적인 측면을 강조하는 원(園), 즉 その(소노)라고 하는 것이 옳다고 주장했다.

유럽에서의 가든(Garden)은 오리엔트[37], 즉 티그리스 · 유프라테스강 유역의 메소포타미아와 나일강 유역의 이집트에서 그 기원을 찾을 수 있다. 이곳에서 B.C. 3,000경에 일본의 정(庭)[38]에 해당하는 garden이 생겨났으며[39], 성서에도 "garden(에덴가든)은 푸른 수목과 관목으로 둘러싸인 녹음과 위안을 위한 장소" [40]라고 기술되어 있다. 따라서 서양의 가든은 "庭" 과 "園" 두 가지의 의미를 동시에 가지고 있는 결합어로서 정원이라는 단어에는 아무런 문제가 없다고 판단된다.

우리나라의 경우 예전에는 일본의 정원(庭園)이 아니라 정원(庭苑)이라는 용어를 사용했다고 하여 우리나라의 정원학회에서도 庭苑을 쓰고 있으나, 일반적으로는 garden의 번역어로 정원(庭園)이라는 용어를 사용하고 있다. 한편, 일본에서는 조원(造園)이라는 말은 다이쇼(大正)시대(1912-1926년) 중반 다무라(田村) 등이 영어인 "Landscape Architecture" 의 번역어로서 시작되었다.

한편 조경(Landscape Architecture)이라는 용어 사용은 20세기에 들어와서, 대략 미국의 옴스테드(F. L. Olmsted) 이후에 와서야 조경이라는 단어가 자리를 잡기 시작했다. 그러나 언어가 정착되었다는 것이 반드시 창설자들의 의도처럼 이해되었다는 것은 아니다. 1930년대에 들어와서 미국조경은 에크보(G. Eckbo) 등에 의해서 엄청나게 발전되었다. 신진 조경가들은 "조경은 무엇인가" 그리고 "그 목적은 어디에 두어야 하는가" 등과 같은 근본적인 문제를 제기했다. 당시의 문제의식은 에크보의 「경관론: The Landscape We See」으로 결실을 맺었다. I see(특정 개인이 보고 즐기는 경관)가 아니고 We see(대중이 보고 즐기는 경관)인 것에 에크보가 고민하여 이룬 조경의 본질이 숨어있다.

한편, 우리나라의 경우는 영어 Landscape의 우리말 "풍경(風景) 혹은 경관(景觀)" 에서의 산수나 풍물이 가지는 미 · 시각적인 아름다움에 초점을 맞추어 조원이라는 용어대신에 조경(造景)이라는 명칭을 사용하고 있으나, 그 의미는 전혀 근대적인 것과는 무관하다.

이상과 같은 배경에서 정원과 조원(造園, 즉 조경)은 각각 「Garden」

37) 오리엔트는 해가 뜨는 곳이라는 뜻의 라틴어 오리엔스(Oriens)에서 유래되었다. 유럽에서 볼 때, 근동, 서양사에서는, 특히 고대의 이집트, 메소포타미아를 가리킨다.

38) 일본어로 にわ(니와)를 말하며 원래는 원시공동체의 영역을 뜻했으나 오늘날에는 우리의 삶을 둘러싼 모든 것, 즉 생활환경과 비슷한 의미로 사용되고 있음.

39) 김수봉(2000) <도시환경녹지계획론> 중문.

40) Rohode, E. S. (1967), Garden-craft in Bible, p.16.

및 「Landscape Architecture」의 번역어로서 타당하다고 생각한다. 따라서 조경이론과 정원이론은 상대적으로 구별될 필요가 있다. 간략하게 그 차이점을 이야기하면, 정원이 예술론이라고 한다면, 조경은 디자인론이라고 할 수 있다. 구미(歐美)에서는 Garden Art(정원예술)에 대하여 Landscape Design(경관 디자인)이 있으며 그 구별은 역사를 통하여 형성되어져 왔다. 정원이 소수 사람(I see)을 위한 예술적 행위자체에 가치를 둔다면, 조경디자인은 시민 모두(We see)을 위해 경관을 조성하는 것이라고 말 할 수 있다.

즉, 정원예술의 발전이 봉건사회 및 르네상스와 관련이 있다면, 조경디자인은 근대시민사회와 중대한 관계를 가진다. 따라서 민주주의와 조경은 관계가 있다<그림 8-7>.

조 경 : Landscape Architecture

민중을 의식한 "정(庭)" 만들기, 또는 "원(園)" 만들기

에크보의 「경관론 : The Landscape We See」

I see(특정 개인이 보고 즐기는 경관)가 아니고 We see(대중이 보고 즐기는 경관)

정 원	조 경
Garden	Landscape Architecture
예술적 행위 중시, 예술론	민주적인 의사결정과정 중시, 디자인론
근대이전(봉건, 르네상스)	근대시민사회(민주주의)
일인 혹은 소수의 권력자를 위해 조성 I See	시민 모두를 위한 정(庭) 혹은 원(園)만들기 We See

<그림 8-7> 정원과 조경의 차이점 요약

오늘날의 조경은 당연하게 이러한 근대적 의도를 가지고 있으며, 따라서 시민 모두를 위한 경관 만들기가 그 핵심인 조경이라는 매개가 하천이나 강 주변 지역주민을 위한 생태적 친수공간과 같은 실용적인 녹지공간의 조성에 있어서 마땅히 그 주축이 되어야 한다.

9 녹지공간

9.1 녹지공간의 개념과 기능[1)]

1. 공원녹지의 개념

영어의 오픈 스페이스(Open Space)는 우리가 도시 환경을 이야기할 때 자주 사용하는 상용어였으나, 개인이나 전문분야에 따라 그 정의는 다양하다. 그리고 그린 스페이스(Green Space)는 종종 오픈스페이스의 대용어(代用語)로 쓰여져 왔으나, 오픈 스페이스도 그린 스페이스라는 용어를 대신하여 뚜렷한 구분을 하지 않고 지금까지 사용되어져 온 것이 사실이다(김수봉 외 1인, 1992).

이러한 다양한 오픈스페이스에 대한 정의는 여러 분야의 학자들이 다양한 방법으로 오픈스페이스에 관한 문제를 해석하고 접근하였음을 반영하는 것이라고 생각한다. 따라서 오픈스페이스에 관한 정의는 해결해야 할 문제의 속성에 따라 다양하다.

2. 공원녹지의 성격과 기능

먼저 오픈스페이스의 성격에 대해 Tankel(1963) · Gold(1980) · Morris(1984)와 같은 이들은 건물로 채워지지 않은 토지나 물로 정의하였고, Eckbo(1969)와 Cranz(1982)는 오픈스페이스의 민주적인 성격에 대하여 정확한 의미를 전달하고 있다. 우리나라의 조경관련 학자들도 오픈스페이스를 도시 내의 비건폐지로 비슷한 정의를 내리고 있다.(양윤제: 1982, 임승빈: 1998)

한편, Little(1968)은 스페이스를 오픈스페이스가 도시 내의 모든 자연환경을 대표하는 것이라고 주장했다.

1) 김수봉(2004), 공원녹지정책, 대영문화사

오픈스페이스의 기능에 대하여서는 여러 가지 주장들이 있으나 종합하여 보면 공통적으로 다음과 같은 적어도 네 가지 정도로 나눌 수 있다. 우선 Eckbo(1968), Balmer(1972) · Gold(1980) 그리고 Garabet(1982)와 같은 학자 들은 오픈스페이스의 도시형태의 규제 및 유도 그리고 위락기능에 대하여 강조하였고, 환경론자들(Laurie, 1979; Michert, 1983; Gilbert, 1989)은 도시 형성과정(natural process)의 기반으로서의 자연, 즉 도시 내 자연의 유보지로서의 오픈스페이스의 기능에 대하여 강조했다. Spirn(1984) 교수는 도시의 모습을 상징화하는데 크게 기여한다고 주장했다(Spirn, 1984, pp.9-11). 또 다른 일군의 학자들은 농업 혹은 어메니티(Fairbrother, 1970), 경제적 가치와 에너지 보전(Fox, 1990), 학습의 장(Fraser, 1984), 심리적효과(內山, 1987) 그리고 건강과 생물적인 기능(Cregan, 1990) 등과 같은 환경론자들의 주장과는 사뭇 다른 오픈스페이스의 기능을 제시했다.

임승빈(1998)은 여가공간의 제공, 경제활성화의 촉진, 도시생태계의 건강성 유지, 사회적 교류증대, 도시경관의 향상, 재해 시 피난처 제공 그리고 경작지 제공 등과 같은 오픈스페이스의 독특한 기능을 제시하였다. 그리고 김승환교수(1986)는 오픈스페이스의 기능은 필요(needs)에 따라서 차이가 나며 그 필요성은 문화레벨에 따라 변화한다고 주장하면서 생태적 안전성, 자원 및 환경조절기능, 미화, 휴양, 레크리에이션 그리고 어메니티(amenity)라는 4단계의 문화레벨에 의거한 오픈스페이스의 기능을 제시하였다. 그는 고차원의 문화레벨에서의 녹지의 기능은 어메니티[2)]가 될 것이라고 주장했다.

3. 공원녹지의 유형

오픈스페이스의 유형을 공식적으로 제일 먼저 제시한 사람은 영국의 Abercrombie였다. 그는 1944년 광역런던계획(the Greater London Development Plan)을 위하여 런던의 특성을 고려한 <어린이 놀이터>에서부터 <도시광장> 그리고 <그린벨트보호구역> 등에 이르기까지 약 14종의 다양한 오픈스페이스 유형을 제시하였다.

미국 캘리포니아 대학교 데이비스분교의 Francis(1987)는 오픈스페이스를「전통」과「혁신」의 두 가지 유형으로 나누어 제시하였다. 우선 전

2) 도시계획가 William Holford에 따르면 "어메니티는 단순히 하나의 성질을 말하는 것이 아니라 복수의 가치를 지닌 총체적인 카탈로그이다. 그것은 예술가가 눈으로 보고 건축가가 디자인하는 아름다움, 역사가 낳은 상쾌하고 친근감 있는 풍경을 포함해 일정한 상황 하에서는 효용, 가령 주거, 따뜻함, 빛, 맑은 공기, 집안의 서비스 등 '있어야 할 것이 있어야 할 곳에 있는 것'(The right thing in the right place.) 또는 '전체로서 쾌적한 상태'를 말한다."

자의 경우는 근린공원, 어린이 놀이터, 공공공원, 보행자전용도로 그리고 도시광장 등을 포함하고 있으며, 후자의 경우는 커뮤니티 오픈스페이스, 학교운동장, 가로, 수변, 그리고 공터 등으로 이루어진다고 주장했다.

그리고 최근 영국 런던대학 지리학과의 Burgess교수 연구팀(1998)은 주민의 환경녹지의식에 기초하여 공식적인 것과 비공식적인 것 등으로 나누었다. 공식적인 오픈스페이스는 도시공원이나 공공식물원 등을 말하며, 반면에 비공식적인 오픈스페이스란 동네의 녹지, 강변, 운동장, 유휴지, 보울링 그린, 분구원 그리고 도시농원 등을 말한다.

한편, 우리나라의 경우는 주로 오픈스페이스의 유형을 독자적인 연구나 지역의 특성에 의하기보다는 기존의 법 테두리에 기초하여 분류하고 있다. 예를 들면, 오픈스페이스를 도시계획시설인 각종 공원과 녹지 외에도 유사 도시계획시설로서 유원지 · 공공공지 · 광장 · 운동장 · 공동묘지 · 하천 · 저수지 · 유수지 및 지역지구개념으로서의 녹지지역, 개발제한구역 그리고 풍치지구 등으로 분류하고 있다(황기원, 1986; 임승빈, 1998).

위에서 살펴본 여러 분야 전문가들의 견해에 기초한 오픈스페이스의 정의는 어떠한 특정한 문제 해결을 위한 방안으로 만들어진 것 같으며, 오픈스페이스의 유형은 특정국가나 지역의 특성에 따라 그 내용이 무척 다양하다. 다소간 그 정의의 차이는 오픈스페이스의 복잡하고 광범위한 개념 때문인 것으로 사료된다.

4. 공원녹지의 조작적 정의

앞에서 언급된 오픈스페이스에 대한 다양한 정의와 특히 오늘 날 부각되는 도시의 환경문제와 관련하여 볼 때, 영어인 그린 스페이스(Green Space)라는 용어가 계획 분야에서 흔히 사용되는 오픈스페이스(Open Space)에 비해 환경적인 측면에서 볼 때 좀 더 그 범위가 넓고, 좀 더 적합하며 그 의미가 명확한 현대적인 개념이다.

저자는 그린 스페이스(Green Space)를 우리말로는 도시공원녹지, 줄여서 공원녹지 혹은 도시녹지로 부르고자 하며, 그 조작적인 정의(operational definition)를 단순히 도시계획법 상에 규정된 도시계획시설로서의 공원 혹은 녹지와 같은 제도권 공원녹지뿐만 아니라 공과 사와 같은 소유여부에 상관없이 하천 · 산림 · 농경지 · 자투리땅 등을 포함하는 비 제도권의 공원녹지까지를 포함하는 좀 더 넓은 의미로서 <도시 속의 자연>이라고 할 수 있겠다.

그리고 이러한 도시의 공원녹지는 현재 식물이 자랄 수 있는 토양을 가진 도시 지역 내의 토지와 물, 대기 등으로 이루어지며, 오픈스페이스 중에서 도시 내 부족한 자연과의 접촉을 통하여 도시민에게 심리적 안정감과 삶에 활력을 제공하는 <위락적 기능>, 아름답고 특징 있는 도시경관을 창조하며 또한 도시형태를 규제 · 유도하는 <도시경관 향상의 기능> 등과 함께 기온의 조절효과, 대기오염의 정화 그리고 생물 종 다양성 증진을 위한 야생 동 · 식물의 서식공간을 제공하는 <도시 생태학적 기능>과 같은 주요 역할과 아울러 <경제적 · 교육적 · 사회 · 문화적 기능> 등을 가진 것이라고 할 수 있다.

5. 공원녹지의 법률상 분류

공원녹지란 쾌적한 도시환경을 조성하고 시민의 휴식과 정서 함양에 이바지하는 공간 또는 시설을 말하며,「도시공원 및 녹지 등에 관한 법률(2012.12.18)」상의 분류는 다음과 같다.

도시공원은 그 기능 및 주제에 따라 생활권공원과 주제공원(Theme park)로 구분한다. 먼저 생활권공원을 도시생활권의 기반이 되는 공원의 성격으로 설치 · 관리하는 공원으로서, 소공원 · 어린이공원 · 근린공원이 이에 해당된다. 또한 주제공원은 생활권공원 외에 다양한 목적으로 설치하는 공원으로서 역사공원 · 문화공원 · 수변공원 · 묘지공원 · 체육공원 등이 있다.

그리고 녹지는 도시지역 안에서 지연환경을 보전하거나 개선하고, 공해나 재해를 방지하고 도시경관의 향상을 도모하기 위하여 도시관리계획으로 결정된 것으로서 녹지의 성격과 기능에 따라 완충녹지 · 경관녹지 · 연결녹지로 구분된다.

9.2 공원의 기원과 발달

1. 공원의 기원

역사 속에서의 공원은 시대의 변화에 따라 고대부터 중세까지의 <수렵원 hunting park>로서의 개념, 17·8세기의 <풍경식 정원 landscape garden>으로서의 개념 그리고 18세기부터 시작된 산업혁명으로 인해 예기치 않게 나타난 도시의 급격한 팽창, 주택난, 그리고 환경오염 등과 같은 도시환경 문제에 대응하기 위해 그 당시의 사회개혁가들을 중심으로 시민을 위해 만든 근대적 의미의 <대중공원 public park>으로서의 개념 등으로 요약된다.

왕이나 귀족의 <수렵원>은 공원의 원형으로서 숲을 중심으로 사냥용 짐승이 잘 자랄 수 있도록 수목과 잔디밭과 연못을 조성하거나 신전을 건립하여 사냥과 향연 그리고 제사 등을 위한 장소로 이용하였다. 그러나 이곳은 엄밀하게 말하자면 일반 시민을 위한 장소가 아니라 귀족이나 왕을 위한 사유지였다<그림 9-1>.

<그림 9-1> 베를린의 티어가르텐(Tiergarten) 영어로 Animal Garden이란 뜻 즉 수렵원이다

18세기는 공원에 있어서 가장 영광스러웠던 시기였다. <풍경식 정원> 형식을 띤 공원은 르네상스를 거치면서 유행한 풍경화와 18세기 민주적 영국인들에게는 어울리지 않았던 권위적 기하학식 정원에 대한 비판에서 나온 당시 영국의 사회적 문화적 변동 특히 자연미에 대한 각성을 통한 픽처레스크(Picturesque)의 정원관의 영향에 의해 탄생되었다. 즉 풍경식 정원이란 당시의 정원관인 픽처레스크취미를 반영한 <그림 같은 정원>이라고 부를 수 있겠다. 이 <풍경식 정원>은 인공적이고 제한적인 공간에서 탈피하여 시각적으로 개방된 식재지역을 별장 주변에 조성하여 승마와 산책 등과 같은 레크리에이션 활동이 귀족들을 중심으로 이루어졌다.

영국은 산업혁명을 거치면서 왕족이나 귀족소유의 정원이 일반시민에게 개방되거나 양여됨으로 인해 <공원>으로 전환되는 경로를 거치게 되는데, 이는 당시 영국 시민들이 왕후나 귀족들의 생활양식을 동경하였고, 이러한 욕구가 지배층의 전유물이던 개인정원을 대중에게 개방하여 공원화 하였다.

이러한 요구를 수용한 대표적인 공원이 바로 리버풀 교외의 버큰헤드 공원이었다<그림 9-2>. 1844년 조셉 팩스톤은 이 도시공원의 전형을 설계하고 건설하기 위해 지자체에 의해 초빙되었으며, 그는 브라운의 전통을 살려 수목이 많은 지역과 중앙의 잔디광장을 대비시키고, 산책로가 있는 공원구역과 스포츠와 게임을 위한 오픈스페이스의 균형을 맞추었다. 오픈스페이스의 도입은 이전의 유럽의 정원에서는 찾아 볼 수 없었던 것이었다. 버큰헤드 공원에서 가장 흥미로운 점은 두 개의 독립된 네트워크에 의해 만들어진 보행자들을 위한 좁고 불규칙한 원로와 외곽을 따라 공원을 가로지르는 마차나 승마를 위한 도로였다.

<그림 9-2> 버큰헤드파크의 마차나 승마를 위한 도로

2. 센트럴파크(Central Park)

왕이 존재하지 않았던 미국에서 옴스테드에 의해 만들어진 뉴욕의 센트럴파크는 진정한 의미에서의 공원(public park)의 시작이라고 할 수 있다. 그는 처음으로 영국 여행을 마치고 돌아와서 쓴 글에서 옴스테드는 민주주의 국가인 미국이 지금까지 국민을 위한 정원이나 그와 유사한 그 어떠한 것도 생각하지 않고 있었음을 인정하면서 그 때부터 대중을 위한 공원에 깊은 관심을 표명하였다. 영국 풍경식 정원의 바탕에는 낭만주의 원리가 있었다면, 옴스테드 조경의 핵심인 공공적 경관, 즉 공공공원에 대한 이념은 청교도정신과 민주주의에 그 기초를 두고 있었기 때문이다. 낭만주의와 청교도 정신이 근대 시민사회를 형성하는 사상적 기반이었으며 이것이 센트럴파크조성의 근본정신이었다.

그는 미국경관의 특징인 야생과 문명, 즉 숭고미와 우미의 융합을 픽처레스크라는 미학적 이상으로 표현했는데 바로 센트럴파크가 이 픽처레스크 미학이 실현된 대표적인 공원이었고, 푸른 잔디밭은 숭고미<그림 9-3>, 도시적 미가 풍기는 몰(Mall)은 우미 그리고 구불구불한 산책길은 픽처레스크 미가 표현되는 공간이었다. 옴스테드는 영국 정원의 미학이론을 미국적 관점에서 재해석하여 미국의 도시공원에 도입하였다(조경진, 2003, pp. 32-33).[3]

3) 조경진(2003), 프레데릭 로 옴스테드의 도시공원관에 대한 재해석, 한국조경학회지 30권 6호.

<그림 9-3> 벨베데레 궁전에서 바라본 센트럴파크의 대규모 잔디밭의 모습

공원조성의 초기부터 옴스테드는 파리를 개조한 오스만 남작처럼 미래에 대한 전망을 가지고 있었다. 우선 언젠가는 공원주위가 건물에 의해 둘러싸일 것을 예견하여 모든 시민들이 그 공원의 경관을 구경할 수 있게 공원의 면적은 843에이커의 대규모로 하였다. 옴스테드는 공원이 그가 추정한 장래의 인구 200만을 가진 도시 뉴욕의 중심지가 되어야 함을 주장했으나 1903년 그가 사망할 당시의 인구가 이미 400만이 이르렀다. 그는 교외에서 휴일을 보낼 수 없는 도시 노동자들이 이 공원 안에서 교외에서처럼 휴식을 누려야 한다고 주장했다. 이러한 문제의 해결은 19세기 후반을 풍미했던 서큘레이션 네트워크의 개념을 도입하여 큰 효과를 보았다<그림 9-4>.

<그림 9-4> 차도와 보도가 분리된 센트럴파크의 서큘레이션 시스템

우선 공원의 모습은 한 폭의 전원 풍경처럼 그리고 공원경계에 지어질 건물들을 차폐하도록 설계되었다. 그리고 옴스테드는 공원 내의 모든 교

통시스템을 분리하였다. 공원은 역사상 최초로 4개의 교통망(보행자용, 마차용, 서행 또는 급행차량용)이 동시에 독립적으로 기능하도록 설계되었다. 또 옴스테드는 터널이나 고가도로, 불규칙적인 지형을 이용하여 3차원적인 활용을 도모하여 그 자신의 시스템을 실현했다.

이렇게 옴스테드에 의하여 고안된 공원은 깊은 의미를 가지고 있었다. 그는 1870년 이후 이미 센트럴파크에 지역적인 기능을 부여하였는데 이 공원시스템 이념은 도시공원의 네트워크를 체계적으로 배치하고 녹지대에 의하여 서로 연결되도록 전개해 나갔다. 이러한 방식을 최초로 적용한 곳은 1891년 보스톤이다. 이러한 파크 시스템(Park System, 그림 9-5)은 그가 죽기 직전인 1902년까지 미국의 796개의 도시에 적용되었다.

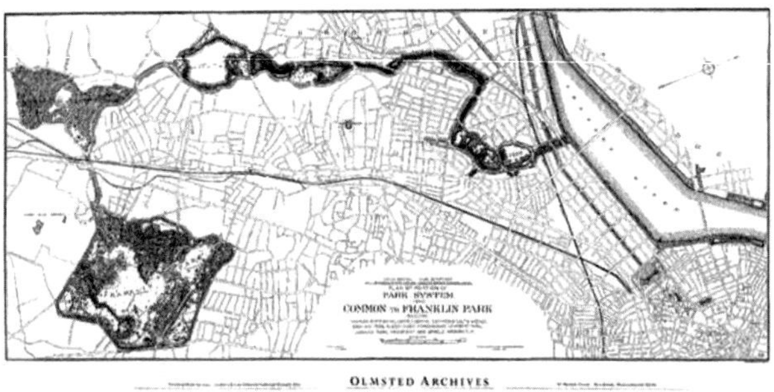

<그림 9-5> 초기 옴스테드가 제안했던 보스톤 파크시스템

한편, 2000년 타계한 미국의 위대한 조경가 에크보(G. Eckbo)는 경관디자인으로 인해 사적 풍경과 공공적 경관이 확실하게 구분되었으며, 그 전형적인 예가 바로 센트럴파크라고 이 공원의 의미에 대하여 이야기했다. 따라서 이러한 센트럴파크의 조성은 근대시민사회에서 탄생한 민주주의의 힘이었으며, 이러한 힘의 바탕은 결국 전통적인 정원 만들기 즉, 사적풍경에 심한 거부감을 가졌던 옴스테드에 의하여 대중을 위한 공공경관을 조성하는 조경학의 탄생을 가져왔다.

9.3 공원녹지 역할의 변화

1. 공원녹지의 변화 과정

역사학자인 Carr가 역사는 과거와 현재 사이를 흐르는 하나의 끊임없는 언어로서 현재를 이해하기 위해서는 과거를 무시해서는 안 된다고 하였던 것처럼[4] 녹지의 역할을 좀 더 잘 이해하기 위해서는 공원녹지 개발 역사에 있어 녹지의 역할에 영향을 미치고 있는 역사적 사실들을 이해할 필요가 있다.

먼저 인간과 공원녹지와의 관계는 녹지의 변화하는 사회적 역할에 대해 논의한 다양한 연구들을 살펴보면 잘 알 수 있다. Chadwick(1966)는 도시생활 패턴양식이 변화하면 도시공원의 개념도 변한다고 하였고[5], Einsele(1981)[6]는 사회의 변화하는 관점에 따라 인간과 오픈스페이스의 관계는 크게 영향을 받는다고 하였다. 그리고 Laurie(1979)[7]는 도시의 물리적 형태의 변화는 그 당시 사회의 태도들, 가치들, 그리고 세계관과 깊은 연관이 있으며, 특히 그는 1900년대 미국과 유럽의 주요 도시의 계획들에 있어 자연주의 운동과 대중공원운동의 영향으로 높은 비율의 도시 내 토지가 도시공원과 레크리에이션 용지로 조성되었다고 하였다. 더 나아가 그는 19세기 미국과 유럽의 많은 도시들에 있어 만연하던 공원과 레크리에이션에 대한 전통과 태도가 현재 도시계획과 녹지 관련 정책에 아직까지 영향을 미치고 있다고 지적한 적이 있다. 그래서 Walker and Duffield(1983)를 포함한 많은 학자들은 도시 오픈스페이스는 산업도시를 발전시키는 기능을 수행하고 있으며, 빠르게 거대해지는 지역사회의 사회적·공간적 구성요소의 하나로 여기고 있다.[8]

또한 역사적으로 보아 도시 녹지는 19세기의 산업화와 미국과 유럽의 여러 도시들에서 만연한 자연주의 운동과 같이 한 시대를 지배했던 사회적 이데올로기의 산물이라고 할 수 있다. 이 두 요소는 도시의 공원녹지의 역할에 크게 영향을 미쳤다. 이에 여기서는 한국 도시의 녹지의 새로운 방향과 기능을 제시하기 위하여 다양한 영국과 미국의 참고문헌을 바탕으로 도시의 공원녹지의 역할 변화에 영향을 미친 주요한 사회적·역사적 요인을 규명해 보고자 한다.

2. 19세기 전반

영국 도시들에 있어 공원녹지의 역사를 심도 있게 살펴본 Walker and Duffield(1983)[9] 그리고 Laurie(1979)[10]의 말에 따르면 19세기의 공

4) Carr, E. H. (1961) What is History?, Harmondsworth: Penguin Books.

5) Chadwick, G. F. (1966) The Park and The Town Public Landscape In The 19th Century and 20th Century, london: Architectural Press.

6) Einsele, M.(1981) Open Space Planning in Architectural Criticism, Garten + Landschaft, 11, 898-902.

7) Laurie, M. (1979) Nature and city Planning in Nineteenth Century, In Laurie, I.C (Ed.) Nature in Cities Chichester: John Wiley & Sons.

8) Walker, S. E. and B. S. Duffield(1983) Urban Parks and Open Space -A Review, The Sports Council.

원녹지는 산업혁명으로 야기된 불량한 도시환경을 개선하는 기능을 갖고 있었다. 그중 19세기 영국 도시들에 있었던 다양한 도시 공원들은 시민의식함양(ideals of social citizenship)이라는 중산층의 사회개혁운동의 일환으로 노동자계층의 정신적·육체적 복리를 증진하는 중요한 기능을 가지고 있었다. 산업혁명으로 인한 잉여 생산물과 시민의식 함양의 두 요소는 특히 개개인이 가진 박애주의를 한층 더 조장하여 다양한 공원을 조성할 수 있는 돈과 땅의 기부를 이끌어낼 수 있었다.

다른 한편으로 빅토리아시대 공원의 특징은 잘 정돈된 잔디밭, 수경공간의 다양한 장식, 그리고 나선식 포장도로라고 할 수 있다. 이러한 특징을 가진 녹지는 도시환경 안에서 일반 대중들에게 신선한 공기와 오픈 스페이스를 제공하는 기본적인 녹지의 역할을 수행할 뿐만 아니라 노동자계층에게 좀 더 품위 있는 시민활동을 할 수 있게 하였다.

3. 1900년대에서 1930년대 사이

19세기말, 개혁자들의 시민의식함양이라는 의식들은 빠르게 사라지고 도시계획운동이 그 빈자리를 채우게 된다(Cullingworth, 1988). 그 당시 도시계획운동은 주로 도시공간의 배치와 디자인에 주된 관심을 두었다. 이는 도시 형태와 기능을 통제하고 조절하며 점차적으로 주택, 건물계획과 규제 등의 체계를 세우게 되었다.[11] 예를 들면, Ebenezer Howard에 의해 주창된 전원도시(Garden City) 운동은 조화로운 도시와 농촌 생활의 혜택을 추구할 수 있는 이상적 도시 건설을 추구하는 것이었다<그림 9-6>.

Laurie(1979)에 따르면, 1920년대 영국에 융성한 전원도시운동은 인간이 가장 살기에 좋은 도시환경은 자연과의 접촉, 즉 정원들. 토지의 외곽을 따라 조성된 가로수, 공원, 수림대, 그리고 인근 농촌으로의 접근성이 좋아야 한다는 의식에서 기인하였다고 보았다. 이에 세계제2차대전 이후 계획되고 만들어진 유럽의 많은 도시들은 다양한 보행자 및 자전거 통로들 같은 선형적 요소가 많은 넓은 공원과 오픈 스페이스를 서로 서로 잘 연결하고 있다.[12]

9) Walker, S. E. and B. S. Duffield(1983) Urban Parks and Open Space -A Review, The Sports Council.

10) Laurie, M. (1979) Nature and city Planning in Nineteenth Century, In Laurie, I.C (Ed.) Nature in Cities Chichester: John Wiley & Sons.

11) Cullingworth, J. B. (1979) Town and Country Planning in Britain, London: Allen and Unwin.

12) Laurie, M. (1979) Nature and city Planning in Nineteenth Century, In Laurie, I.C (Ed.) Nature in Cities Chichester: John Wiley & Sons.

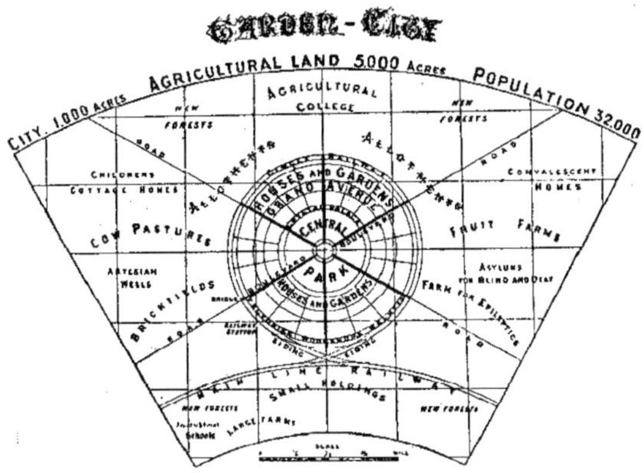

<그림 9-6> 하워드가 제시한 전원도시와 교외벨트의 개념

이는 전원도시의 공원녹지가 건폐지와 조화를 이룬 중간정도의 인구밀도를 추구할 때 도시와 농촌의 장점들을 가장 잘 조화시켜야 함을 의미한다. 이는 인구밀집으로 야기되는 부정적인 도시 삶과 다소의 고립으로 인해 불편한 농촌 생활을 동시에 해결할 수 있는 획기적인 제안이었다. 이를 위하여 기존 도시로부터 약간 떨어진 곳에 조성되어야 하는 자주적인 새로운 지역은 약 1,000에이커의 도심지역, 약 5000에이커의 경작지역, 약 6,000에이커의 삼림지대를 가져야 한다. 이러한 이론적 전원도시는 레치워스(Letchworth, 그림 9-8)에 그 원형이 조성되었고, 그 곳에 사용되었던 구획배치기법들과 주택양식들은 그 후 영국 및 미국의 많은 주거지역의 계획에 다양하게 영향을 미쳤다.13)

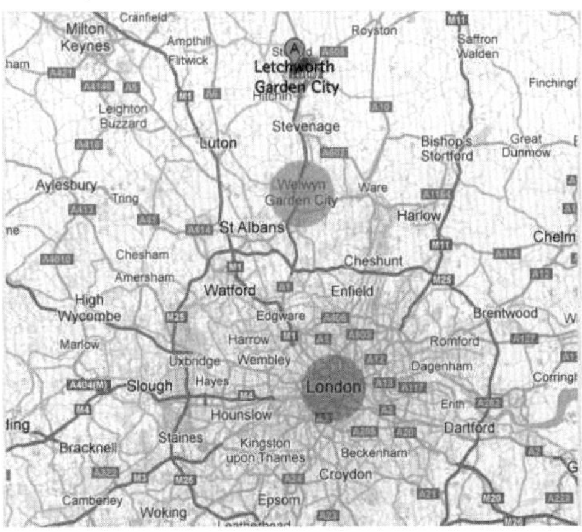

<그림 9-7> 전원도시의 위치

13) Relph, E. (1987) The Modern Urban Landscape, London: Croom Helm.

그러나 Howard(1985) 자신은 도시와 농촌은 반드시 함께 존재하여야 하며, 이를 통하여 새로운 희망, 새로운 삶, 그리고 새로운 문명이 나타난다고 하였다. 사실 전원도시는 도시의 물리적 형태보다는 사회적 변화에 근본적인 목적을 두고 있었으며, Howard에게 전원도시운동은 단순히 농촌지역이 도시의 주변부에 위치해야 한다는 것이 아니라 보다 나은 삶에 이를 수 있는 하나의 해결책이었다[14].

<그림 9-8> 최초의 전원도시였던 레치워스(Letchworth)

한편으로 1930년대에 들어서는 젊은층들에게 정신적 · 육체적 복지향상이 사회적 큰 문제로 대두되었다. 이 시대는 빅토리아 시대의 공공 산책 및 휴식의 공간에서 활동적인 스포츠와 체력 단련을 위한 운동 및 레크리에이션 공간으로서의 녹지 공급이 주목적이었다. 특히 1937년 The Physical Training and Recreation Act(체력단련과 레크리에이션 법)은 지방자치단체들에게 독자적으로 스포츠와 육체적 레크리에이션을 위한 운동공간을 조성할 수 있는 가능성을 제공해 주었다. 나아가 1925년 National Playing Fields Association(국립운동장협회 NPFA)[15]의 설립은 그것의 설립으로 인해 조성된 많은 재원과 부동산의 기부를 기반으로 1933년까지 1,200개의 새로운 운동공간들을 마련하였다. 전반적으로 레크리에이션 용지가 주로 활동적인 운동장(pitch) 스포츠들의 수요를 충족시킨다는 점에서 보면 도시공원은 주로 도시의 특징이나 성격들을 증진하기 위하여 디자인되었다. 따라서 결과적으로는 레크리에이션 용지들은 대다수 도시 거주인구들의 사용을 주목적으로 디자인되었다. 그래서 이 기간 동안 도시 오픈 스페이스의 주요 역할은 젊은이들의 정신적 · 육체적 복지향상을

14) Allan, F. H. A. (1992) English Origin, in Ward S, V.(Ed.) The Garden City Past, Present and Future, London: E & FN Spon.

15) NPFA는 2007년 Fields in Trust (FIT)로 그 이름을 바꾸었다.

위한 많은 우려들을 해결할 수 있는 방안의 하나로 실용적이고 활동적인 스포츠 공간을 제공하는 것이었다<그림 9-9>.

<그림 9-9> 축구를 즐길 운동장이 없으니 NPFA를 돕자는 내용의 만화

4. 1940년대에서 1970년대까지

2차대전 이후 도시 공원녹지의 공급을 위한 다양한 접근방법 중에서 세 가지 괄목할 만한 점은 우선 도시공간에서 공원녹지의 공급을 위한 다양하고 새로운 자원을 찾음으로서 계획된 도시 공원녹지를 마련하려고 했다는 것이다. 그리고 실내 스포츠 시설들에 대하여 점점 커지고 있는 우려와 단순히 도시 오픈 스페이스의 활용보다 보다 다양한 농촌 오픈 스페이스로의 접근방법의 모색 등을 들 수 있다.

Walker and Duffield(1983, p17)[16]에 따르면 이 중 가장 중요한 변화는 오픈 스페이스 공급계획에 있어 하나의 원칙을 제공하려고 시도했다는 것이라고 지적한다. 그들은 또한 도시 디자인과 계획이 발달함으로써 끊임없이 나타나는 새로운 타입의 오픈 스페이스와 함께 자원 기반의 확장이 두 번째로 중요한 변화라고 하였다. 그리고 마지막으로 농촌지역의 오픈 스페이스들과 실내 스포츠 시설들의 대용으로서의 도시 오픈 스페이스에 대한 관심의 쇠퇴가 세 번째 변화라고 지적하였다.

그러는 동안 2차대전 이후 새롭고 다양한 종류의 녹지들, 예를 들면 보행

16) Walker, S. E. and B. S. Duffield(1983) Urban Parks and Open Space -A Review, The Sports Council.

자도로, 쇼핑몰, 소광장, 대형광장, 쌈지공원, 그리고 옥상정원 등이 도시공간에 여기저기에 나타났다. 어린이들을 위한 놀이터들이나 운동장들 역시 이 기간 동안 공공건강운동에 부합하여 나타났었다. Conway는 <시민의 공원, Peoples' Park>이란 그의 저서에서 이러한 새로운 형태의 오픈 스페이스는 세계 2차 대전 이후 나타난 모더니즘(modernism), 건축과 다른 계획분야의 더 명확한 용어로는 기능주의의 영향을 반영하는 것이라고 주장하였다.

그에 따르면 2차대전 이후 전쟁기간동안 중단되었던 모더니즘의 영향은 단순히 건축과 도시계획에만 영향을 미친 것이 아니라 도시공원에도 영향을 미쳤다고 볼 수 있다. 화려한 식물과 꽃들로 획일적으로 꾸며진 도시공원은 관리의 용이성 및 비용의 절감을 가져왔으나 공원 이용객들의 관점에서는 관심거리가 되지는 못하였다.[17] 1940년대 이후 공원녹지의 주 역할은 그린벨트에서처럼 도시 형태를 조절하고 도시의 미적이고 쾌적성을 향상시키는 것이라고 Morris(1979)[18]는 주장하였다. 도시계획과 관련하여 오픈스페이스의 생태적인 기능과 전 지구적 보전과 농촌의 생태적 원칙을 염려하는 McHarg[19]에 의해 새로운 기능들이 주장되기도 하였다.

나아가 영국은 급속하게 진행된 사회변화의 시기를 경험하게 되었다. 그 중에서 레저의 활성화는 단축된 근무시간, 길어진 휴가, 소득의 증가, 그리고 의무교육기간의 연장 및 교육기회의 확대 등으로 인하여 일어나 가장 괄목할 만한 현상의 하나라고 할 수 있었다. 그러나 아마 전쟁이후 레저활동에 가장 큰 영향을 끼친 것은 증가된 자동차의 보급일 것이다. 참고로 영국에서는 1950년대와 1970년대 사이 자동차 소유자수는 2백만 명에서 1천2백만으로 증가하였다. 자동차 보급의 이러한 급속한 증가는 도시민의 관심을 도심의 공원녹지로부터 실내 스포츠와 활동적인 레크리에이션 활동인 캠핑 · 등산 · 암벽등반 · 행글라이딩 · 단거리 자동차 관광 등으로 변화시켰다. 1965년 Dower가 쓴 <네 번째 물결: 레저의 도전, Fourth Wave: The Challenge of Leisure>에 따르면 도시민의 주말 이용패턴은 자동차에 의하여 크게 영향을 받았다고 했다. 즉 1930년대의 경우 거주하

17) Conway, H. (1991) People's Parks: The Design and Development of Victorian Parks in Britan, Cambridge: Cambridge University Press.

18) Morris E. K. (1979) Changing Concept of Local Open Space in Inner Urban Areas, Unpublished Ph.D Thesis, University of Edinburgh.

19) Ian L. McHarg (November 20, 1920 - March 5, 2001)는 스코트랜드 Clydebank에서 출생했으며 조경가이며 자연시스템을 이용한 지역계획가 그리고 작가였다. 그는 University of Pennsylvania 조경학과를 창설했으며 1969년 생태계획의 선구적 개념을 소개한 Design with Nature는 조경계와 토지이용분야의 바이블이다. 그가 이 책에서 소개한 생태계획의 기본개념은 후에 지리정보체계(Geographic Information Systems)의 근간이 되었다.

는 곳에서 가장 가까운 공원을 방문하기 위하여 버스나 기차를 이용했던 수많은 도시민들이 이제 일요일 오후 도시를 떠나 어느 농촌지역의 아름다운 곳과 공원을 방문하기 위해 차를 이용하였다는 것이다.[20]

지금까지 살펴본 것을 요약하면 이 기간 세 가지 큰 사회적 사건들, 즉 NPFA의 설립, 모더니즘 혹은 기능주의의 영향, 그리고 소득의 증가, 자동차의 대량보급 그리고 새로운 삶의 방식들과 같은 급속한 사회변화는 도시에 있어서 오픈 스페이스의 역할과 녹지의 디자인에 큰 영향을 미쳤다. 따라서 이 시대의 녹지는 농업용지의 보전, 심미적이고 심리적인 안정, 도시 생태와 레크리에이션을 위한 도시 시스템의 실질적이거나 인지된 요구를 충족시킬 수 있는 적절한 크기 및 장소 등을 근거로 하는 이상적인 도시형태를 증진시키는 데 중요한 역할을 했다.

5. 1970년대와 그 이후

1970년 이후 많은 학자와 지식인들은 도시 공원녹지의 역할이 단순히 빅토리아 시대의 공공성 제공에서 벗어나 동시대의 도시 거주자의 다양한 요구를 충족시킬 수 있어야 한다고 주장하였다. 그들 중에서 특히 Laurie(1979)는 현재 도시민들이 요구하는 것이 과거 도시민들이 요구한 것과 어느 정도 일치하는가?, 약 백 년 전에 조성된 공원들에게서 현재 도시민들은 어느 정도 만족 할 수 있을까? 라는 질문을 통하여 도시 내 녹지의 역할을 좀 더 깊이 이해하기 위해서는 동시대의 수요자들의 관점 및 요구사항들을 조사하는 것이 꼭 필요하다고 지적하였다. 또한 Walker and Duffield(1983)[21]는 공원 이용자의 관점 및 요구사항을 조사한 결과 활동적이고 적극적인 레크리에이션 활동들을 위한 장소, 지역사회기반시설들, 도시에서의 자연을 접할 수 있는 장소로서 다음과 같은 네 가지 주목할 만한 도시 공원들의 역할이 있다고 하였다.

- 도시녹지들은 도시 주변부의 농촌지역보다 야외 레크리에이션 부지로서 상당히 중요한 역할을 한다.
- 도시녹지들은 공원의 2km 반경에 살고 있는 지역 주민들에게 중요한 지역시설이 되고 있다.
- 도시녹지들은 주로 정적인 레크리에이션시설로서 이용되고
- 도시 오픈 스페이스들은 그들이 지닌 자연적 지형 및 지세, 평화롭고

20) Dower, M. (1965) Fourth Wave: The Challenge of Leisure, The Architect's Journal, Vol 141 no. 3 January pp. 122-190.

21) Walker, S. E. and B. S. Duffield(1983) Urban Parks and Open Space -A Review, The Sports Council.

조용한 특성들로서 지역주민을 교화할 수 있는 도시 내에서 있어 유일한 자연공간들이다.

최근에 도시녹지의 생태적인 기능이 Laurie(1979) · Dower(1984) · Fraser(1984) 등과 같은 환경주의자들로부터 대단한 호응을 받았다.

Fraser에 따르면, 1980년대 '도시 속의 자연(Nature in Cities)' 운동은 토지이용구획은 반드시 생태학적인 원칙과 자연자원의 패턴에 근거하여야만 한다고 믿는 조경학자와 생태학자들에 의하여 크게 지지를 받았다. 또한 그는 "이 운동은 도시에 있어 녹지의 새로운 형태의 조성과 더불어 기존에 존재하는 공원과 오픈스페이스가 좀 더 자연을 추구할 수 있도록 개조될 필요가 있다는 것을 요구하였던 것이다. 특히 어떤 녹지들은 도시 거주자들에게 자연환경의 풍부함과 큰 시각적 흥미를 부여할 수 있는 생물종다양성을 제공하여야 한다" 고 주장하였다.[22] 생물종다양성이란 생명체의 다양성과 생명체가 살아가는 서식처의 다양성을 총칭하며, 생명체를 보는 단계에 따라 유전자 수준의 다양성, 종 수준의 다양성 그리고 생태계 수준의 다양성 등 세 가지 유형으로 구분된다.

더불어 Dower(1984)는 도시에 있어 왜 도시민들이 녹지를 원하는지 그 이유를 밝힌 적이 있다. 그는 도시 내에서 오픈 스페이스가 크게 세 가지 역할, 바꾸어 말하면 쾌적함, 자연보존, 레크리에이션 장소제공을 수행하기 때문이라고 보았다. 그는 "우리가 도시를 푸르게 가꾸는 것은 인간이 아름다움을 필요로 하기 때문이다. 인간은 자연, 수목들, 푸르름, 새, 다람쥐, 계절의 변화, 흙과의 교감 등을 필요로 하기 때문이다.

<그림 9-10> 인간의 마음과 육체를 재충전하기 위한 레저를 즐길 수 있는 공간

22) Fraser, J.(1984): The Planner's Contribution to the Changing Role of Open Space in the Inner City, The Planner, Vol. 70 45-50.

또한 인간은 마음과 육체를 재충전하기 위한 레저를 즐길 수 있는 공간이 필요하며 또한 달리거나 놀고 고기를 잡거나 자전거 타거나 휴식하거나 사교를 위한 공간을 필요로 하기 때문이다. 또한 녹지는 삶과 거주지의 질적 향상을 꾀할 수 있는 일부" 이기 때문이라고 하였다. 그에게 도시 녹지는 도시에 거주하는 시민들에게 심미적이고 다양한 레크리에이션 기회를 제공하는 실질적인 역할로 인하여 굉장히 중요하다고 하였다<그림 9-10>. 이러한 움직임은 도시 생태계의 한 부분으로서 시민들을 더욱 높게 평가하여 도시에서 인간 거주의 근본적인 요소로서 도시 녹지의 역할을 부각시킬 수 있었다.

그 이후 다양한 연구가 수행되었다. 그들 중 Conway(1991)에 따르면 생태운동과 자연보전의 중요성이 도시 공원들이 수행하는 역할을 새롭게 인지하게 하였으며, 심지어 어떤 지방자치단체들은 공원 주위에 야생 동·식물들이 서식할 수 있는 공간들을 마련하기도 하였다. 이러한 공원들은 야생 동·식물들이 잘 번성하고 유지될 수 있도록 그리고 그러한 공간이 도시민들에게 흥미를 부여하는 매력적인 공간이 되기 위하여 다양한 지역 단위 모임이나 자원봉사자들의 도움이 필요하다. 만약 이러한 공원들이 잘 이용되지 않거나 혹은 다음 세기 도시환경에서 만족할 만한 역할을 수행하지 못한다면 우리들은 이것들을 영원히 잃어버릴지도 모른다.[23]

또한 Walker and Diffield(1983)는 녹지의 현재 역할들을 파악하기 위해서는 동시대 사회의 다양한 요구들을 이해하는 것이 필요하다는 전제하에 독특하고 무한한 가치를 가진 레크리에이션·환경적인 자원이 20세기를 살게 될 영국 시민들의 욕구를 충족시키기 위하여 이제 그 적절한 평가가 이루어져야 할 것이라고 말했다.

즉, 1970년대 이후 지속되어온 녹지의 역할은 주로 도시민인 도시 오픈스페이스를 어떻게 생각하는가에 의존하였다. 그래서 이제 도시에서 녹지의 역할을 평가하기 위하여 도시 녹지에 대한 일반시민의 요구를 조사하는 곳이 필요하다. 이러한 생각에 발맞추어 최근에 다양한 주민참가방법을 동원한 조경 및 공원계획들이 도시 녹지의 역할을 조사하는데 가장 대중적인 방법이 되었다. 이러한 방법들은 전통적인 계층 기준들에 근거하여 도시 녹지 계획을 하던 근대적(모더니즘) 접근방법과는 사뭇 다른 것이었다.

6. 요약정리

근대적 계획이 거대한 규모와 국가적 혹은 세계적인 모델을 이용하고 지역주민들을 위하여 가장 필요한 것이 무엇인지를 알고 있는 것처럼 행

23) Conway, H. (1991) People's Parks: The Design and Development of Victorian Parks in Britan, Cambridge: Cambridge University Press.

동하는 전문가들에 의하여 해결책이 제시되는 반면, 의뢰인이며 실제 이용자인 지역주민과 함께 하는 디자인은 저비용이며 과정이 민주적이란 특성을 가지고 있다. 표 1은 전통적인 디자인과 지역주민이 참여하는 디자인의 차이점들을 나타낸다. 이제 조경계획에 있어 지역주민이 참여하는 것은 다반사며 이는 도시에 거주하는 시민들 입장에서 도시 녹지의 역할을 밝히는 가장 적절한 방법이라고 할 수 있다.

<표 9-1> 전통적 디자인과 지역중심 디자인의 주요 차이점[24)]

지역 중심 디지인(지역 주민이 참가하고 지역 디자이너에 의해 제시된)	전통적인 디자인(거대한 조경계획 및 건축설계회사에서 제시된)
• 소규모 • 지역적 • 저 난이도 기술 및 기교 • 인간 중심 • 이용자를 포함한 고객중심적 • 과정적 행위중심적 • 의미와 내용중심적 • 적은 경비 • Bottom up 디자인 어프로치 • 포괄적 • 민주주의적	• 대규모 • 국가적 혹은 세계적 • 고 난이도 기술 및 기교 • 특정 집단 중심적 • 개인과 고객중심적 • 건물과 계획 중심적 • 스타일과 장식 중심적 • 높은 비용 • Top down 디자인 어프로치 • 배타적 • 권위주의적

한편, <표 9-2>는 영국에서 19세기 이후 도시 녹지 역할의 변화에 영향을 미친 주요 사회적 요인들을 요약 · 정리한 것이다.

<표 9-2> 영국 도시녹지 변화의 주요 사회적 요인들

시기	사회적 요인들
19세기	• 산업화, 자연주의 운동, 사회개혁 운동
1900 ~ 1930년대	• 전원 도시운동 • 1937년 체력단련과 레크리에이션 법 제정 • 젊은이들의 육체적 정신적 복지 향상을 위한 국립운동장협회(NPFA) 설립
1940 ~ 1970년대	• 위계에 의한 오픈 스페이스 계획 기준 • 모더니즘 계획의 영향 • 줄어든 노동시간, 길어진 휴가, 높아진 수입과 다양한 교육기회 등으로 인한 레저 붐
1970년대 이후	• 생태운동 • 주민참가를 통한 조경계획 등의 지역 계획

24) Francis, M. et al. (1984) Community Open Space, Washington D.C: Island Press.

10 옥상공간

10.1 옥상공간의 의의

도심의 옥상공간에 녹화를 조성해야 할 이유는 무엇보다 도시공간이 점점 입체화·고층화되어 가고 있다는 것이다. 도시의 토지이용 특성상 건물은 점점 초고층화로 치닫고, 도로와 철도 등이 입체·교차화됨에 의해서 도시민의 생활공간은 지금보다 더 고층화되고 입체화될 것으로 전망된다. 이러한 시민들의 생활공간은 풍부한 녹지공간이 조성되었을 때 비로소 쾌적하고 안전한 공간이 될 것이다<그림 10-1>.

<그림 10-1> 도심의 옥상공간

사람들이 생활하는 공간은 기본적으로 콘크리트나 금속, 유리 등과 같은 무기질 소재로 이루어져 있기 때문에 사람이 건강하게 생활하기 위해서는 녹지나 생물 요소와 친밀하게 접할 수 있는 공간이어야 한다. 그리고 입체화 고층화된 도시에서는 대지와 녹지가 연결되어 건물과 조화된

옥상녹화는 도시의 새로운 품격과 개성 그리고 시민들에게 친근감을 주는 경관을 창조한다. 특히 입체화되고 고층화된 점점 더워지고 있는 도시공간에서 쾌적하고 건강한 도시, 에너지의 소비가 적은 지속가능한 도시로 만들기 위해서는 옥상녹화의 조성은 반드시 필요하다고 생각된다.

10.2 도시열섬현상

1. 미기후와 열섬현상

1820년 영국의 Luke Howard가 처음으로 열섬의 존재를 밝혀낸 이후, 런던의 도시기후에 관한 광범위한 연구가 시작되었다. 그 연구내용은 Chandler의 '런던의 기후(The Climate of London, 1965)' 라는 책에 잘 기술되어있다. 즉 런던 기상청의 조사에 따르면 런던 중심부의 연평균 기온이 그 주변지역보다 1.4℃ 높다는 것이 주요 내용이다. 런던의 열섬현상은 해마다 다르면, 1933년과 1934년에는 그 전해보다 더 포근하였고 이듬해와 비교해서는 건조하였는데 이맘때 뚜렷한 열섬현상이 관측되었다고 한다.

이렇듯 도시열섬(Urban Heat Island)현상은 도심의 기온이 주변에 비하여 높게 나타나는 미기후현상의 대표적인 현상으로 이는 도시지역의 건물이 고층화되고 지표가 대부분 아스팔트나 콘크리트로 피복되어 있으며, 인공열을 대기층으로 방출하게 되고 각종 오염물질이 도시 기후에 영향을 주어 도시의 등온선은 대체로 동심원상으로 나타나며 도심부가 주변보다 온도가 높은 고온지대가 형성된다<그림 10-2>.

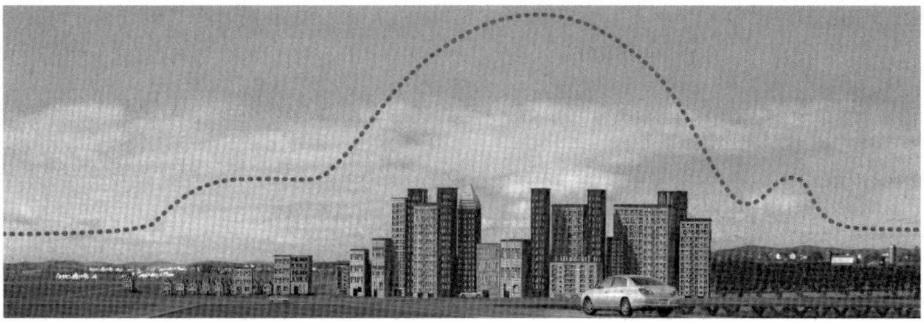

<그림 10-2> 도시열섬(Urban Heat Island)현상은 도심의 기온이 주변에 비하여 높게 나타나는 미기후현상의 대표적인 현상이다

열섬의 강도는 여름보다 겨울에 현저하게 나타나고, 낮보다는 밤에 도심부와 주변부의 기온차가 크게 나타나는데 이는 여름철 낮에 교외의 지

표면은 풀밭이나 수림 등에서 토양수분의 증발산작용으로 지표면의 열에너지가 흡수되어 기온이 낮아지지만, 도심은 건물과 아스팔트, 콘크리트 등으로 덮여 있기 때문에 열의 발산작용이 미약하여, 아스팔트나 콘크리트 건물은 태양광에 의해 쉽게 가열되기 때문에 열을 방출할 수 없는 이유다. 이로 인해 여름철 밤엔 열대야와 같은 현상을 발생시킨다.

2. 열섬현상의 원인

일반적으로 도시열섬현상이 일어나는 원인은 주택의 난방, 공장의 가동, 냉·난방기의 사용으로 인한 인공열의 발생량 증대<그림 10-3>, 자동차 배기가스 등과 같이 화석연료 사용증대로 인한 대기오염의 증가<그림 10-4>, 마지막으로 건축물의 건설, 지표면의 불투성 포장<그림 10-5>으로 인한 지상피복상태의 변화 등을 들 수 있다.

이런 도시열섬현상으로 나타나게 되는 영향은 대기의 정체와 고온에 의한 대기질의 악화, 냉방을 위한 에너지의 추가소비 등에 밀접하게 연관이 되며, 일사량 감소와 시정악화, 운량 및 안개일수의 증가 등의 기상여건의 변화를 초래하며, 에너지 평형을 보전하기 위한 에너지의 추가소비에 의한 대기오염도는 더욱 악화되는 등 악순환을 낳는다. 이러한 악순환은 지구온난화의 직접적인 관련은 없으나 전 세계인구의 반인 33억 명이 살고 있는 도시가 지구온난화의 주범인 이산화탄소의 주요 배출지이기 때문에 지구온난화문제 해결을 위해서는 도시열섬현상에 주목해야 한다.

<그림 10-3> 도시의 인공열 증대의 주요 원인인 냉난방기

대기권 내에서는 지상에서 위로 올라갈수록 온도가 낮아지기 때문에 (100m당 0.98℃ 정도) 때문에 오염된 공기덩어리가 주변의 공기보다 따뜻하다면 위로 상승할 수 있기 때문이다. 왜냐하면 따뜻한 공기덩어리는 찬 공기보다 (공기의 밀도차로 인하여) 상대적으로 가볍기 때문이다. 대

기가 이러한 상태라면 대기오염 방지차원에서는 매우 바람직하다.

자동차나 공장 굴뚝 등에서 발생한 대기오염물질들이 지상에 체류하지 않고 공기의 상승기류에 섞여 위로 올라가 확산될 수 있기 때문이다. 그러나 만일 위층의 공기가 아래층의 공기보다 기온이 높다고 하면 오염된 공기는 위로 상승하지 못하고 지상에 정체된다. 이처럼 공기의 안정도는 오염물질의 확산에 영향을 미치며, 공기가 안정될수록 발생된 오염물질은 계속 축적되므로 바람직하지 않다.

결론적으로, 오염물질을 확산시키기 위해서는 대기의 기류가 활발하게 운동을 하여야 하는데 열섬현상이 나타날 경우 도심의 하늘을 뜨거운 공기가 뚜껑처럼 덮고 있어서 공기가 정체되게 된다. 도심주변 상공의 찬 공기에 눌려서 움직이기가 어렵게 된다. 이로 인하여 자동차 배기가스를 포함한 대기오염물질들도 함께 도심상공에 체류하면서 오염농도가 높아진다. 한편 도심지 내에 온도가 급상승하게 되면, 많은 시민들이 불쾌감을 가지고 생활하게 되며, 바깥나들이를 싫어하게 된다.

<그림 10-4> 중국 베이징의 대기오염

더위에 대한 시민들의 반응은 일반적으로 부정적이며(김수봉, 2006, 135), 특히 열대야현상이 두드러질 때에는 더위에 대한 시민들의 불쾌감은 극에 달하기 때문에 도시열섬을 완화시킬 수 있는 방안이 적극 검토되어야 한다.

3. 열섬현상의 대책

한편 도시열섬현상을 완화하기 위한 일반적 방안으로는 먼저, 도시 내의 포장 재료를 변화시키는 것이다. 도시의 대부분을 덮고 있는 콘크리트와 같은 불투성 표면을 투수성 표면으로 바꾸고, 지붕과 도로에 밝은 색을 사용하는 등 포장 재료를 열반사율이 높은 것으로 교체해야 한다.

<그림 10-5> 불투성표면으로 포장된 주차장

다음으로, 도시계획 단계에 있어서 바람길<그림 10-6>이나 물길을 고려하는 것이다. 바람길 혹은 물길을 고려하여 토지이용계획을 수립할 경우 대기오염 저감효과와 아울러 도시열섬을 저감시켜 도시를 시원하게 해주는 이익을 동시에 얻을 수 있다. 그리고 마지막으로, 도심 내에 녹지를 늘리는 것이다. 도시의 녹지는 시원한 그늘을 제공할 뿐만 아니라 수목에 의하여 땅속 지하수를 흡수하여 주변공기를 시원하게 하는 것이다.

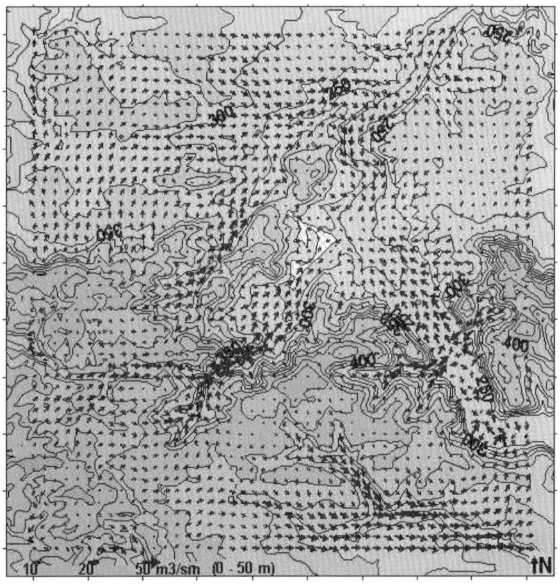

<그림 10-6> Stuttgart시의 찬바람생성 및 유동 모형계산결과(Schädler, 1996)
(출처: Landeshauptstadt Stuttgart, Stadtklima 21, Grundlagen Zum Stadtklima und zur Planung "Stuttgart 21", Version3, 2000.7)

근래 들어 대도시를 중심으로 도시녹화사업을 적극적으로 전개하고 도시녹지 보전에 역점을 두고 있으나 대도시의 경우는 녹화를 할 만한 토지를 확보하기가 어려운 실정이다. 특히 녹지가 절대적으로 부족한 도심부의 경우는 거의 모든 토지가 건물이 들어서 있어서 건물을 뜯어내지 않으면 녹지로 조성하기가 불가능하다. 도심부에서 녹지를 만들 만한 가능성 있는 장소를 찾아보면 건물의 옥상을 비롯하여 건물부지 내에 확보된 옥외주차장밖에 없다. 이러한 상황에서 도시 내에서 특히 도심부에서 녹지를 확보하기 위하여 건축물의 상부에 녹화를 하는 옥상녹화 방안이 그 대안 중의 하나라 할 수 있다.

4. 옥상녹화를 통한 열섬저감 사례: 아크로스 후쿠오카[1)]

1995년에 준공된 일본 후쿠오카 시내 중심부에 있는 지상 14층, 지하 4층, 높이 60m인 아크로스 후쿠오카는 남측 면이 계단으로 이루어진 옥상정원으로 되어 있어 흔히 스텝정원으로 부르고 있다<그림 10-7>. 13층으로 되어 있는 이 스텝가든은 가로 폭이 120~98m(층에 따라 다르다), 층별 폭이 6m이며 76종 7,000그루의 수목이 식재되어 있다. 이 스텝정원의 열 저감 효과를 측정하기 위하여 각 스텝정원을 대상으로 열환경을 측정하였다. 최고층, 10층, 6층 그리고 5층에 장단파반사계, 초음파 3차원 풍속온도계 등의 측정기기를 설치하여 데이터를 수집하였으며 건물녹화를 통한 열섬현상 완화에 대한 가능성을 파악하였다고 한다.

<그림 10-7> 아크로스 후쿠오카 스텝정원

1) 김수봉 외 저, 2007, 친환경도시계획 p.141.

1) 바람의 발생

최고층, 10층, 5층에 설치한 초음파 3차원풍속온도계에서 얻은 데이터에 의하면 야간에는 건물 아래로 내려오는 바람, 낮에는 건물에서 올라가는 바람이 발생했고, 바람의 각도는 약 30도로 스텝정원의 경사 34.5도와 거의 일치하는 것으로 경사를 따라 바람이 부는 것으로 확인 되었다.

바람이 약한 야간에 건물로 내려오는 바람이 발생하는 것은 식재의 표면온도가 방사냉각에 의하여 내려가고, 그에 따라 나치 분지나 사면에서 발생하는 냉기류현상처럼 근처의 공기가 냉각되어 스텝정원으로 냉기가 내려오는 것이 관측되었다<그림 10-8>.

이러한 기류에 의해서 도심의 열대야를 시원하게 식혀주는 바람을 끌어오는 효과를 기대할 수 있다.

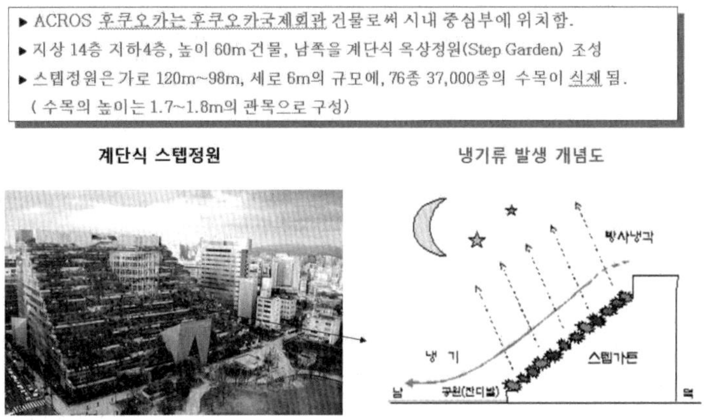

<그림 10-8> 스텝가든에서 발생하는 냉기류의 개념도

2) 콘크리트와 수목의 표면온도차

적외선 방사온도계로 콘크리트와 식재된 수목의 표면온도를 측정한 결과 낮 시간 동안에는 콘크리트의 표면온도가 50℃ 이상까지 올라갔지만, 식재 수목의 표면온도는 38℃ 전후로 평균 15℃ 정도 낮았다<그림 10-9>.

또한 식재된 수목의 표면은 해가 진 이후에 급격한 온도저하를 보였고 5일간 측정한 결과 야간에는 대기기온과 같든지 대기기온보다 낮은 상태가 됨을 확인하였다.

건물정면에서 촬영한 열화상을 보면 건물을 둘러싼 식재의 표면온도가 콘크리트 표면과 비교했을 때 더 낮음을 확인했다.

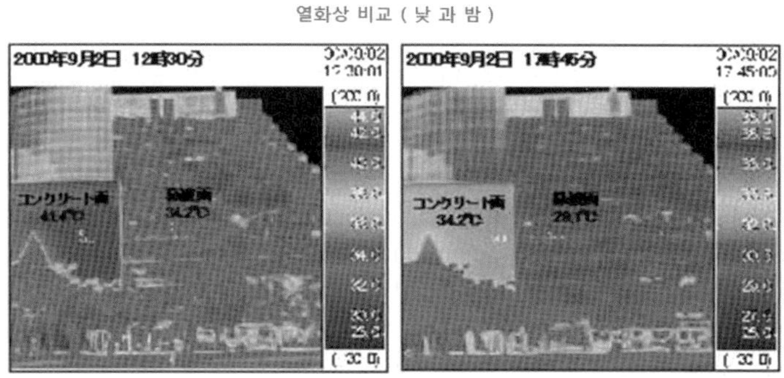

<그림 10-9> 아크로스 후쿠오카 스텝정원 낮과 밤의 열화상 비교

3) 건물녹화는 주변공기의 온도상승 억제효과

콘크리트 면에서는 햇볕을 받으면 표면온도가 올라가서 주변의 공기를 데우고, 식재 면에서는 증발산 작용에 의하여 다량의 열을 소비하므로 주변공기의 온도상승을 억제한다.

이것은 마치 정원에 물을 뿌리면 기화열로 대기의 열을 소비하기 때문에 시원하게 느껴지는 것과 같은 현상이다.

열수지의 측정에서는, 야간의 경우 표면온도가 낮은 스텝가든의 식재된 수목이 공기를 냉각시키고, 낮 시간 동안 식물의 증산에 의한 열의 소비로 주변 공기의 온도상승을 억제하는 효과가 있음이 확인 되었다.

건물로의 열의 전달 흐름이 매우 적다는 점에서, 식재된 수목이 토양이나 콘크리트 등을 통하여 건물로 관류하는 열도 다소 억제시키는 것이 증명되었다. 결과적으로 여름철 건물의 냉방부하도 저감시킨다는 것이 관측되었다.

5. 기후변화에 대비한 우리나라의 대응[2)]

1) 우리나라의 기후변화 현상

국토연구원 자료에 따르면 1904년~2000년 사이 도시열섬현상을 포함한 연평균 기온이 1.5℃ 상승하여 세계평균을 상회하고 있다고 한다. 최근 10년간 기온이 약 0.5℃ 상승하여 온난화 추세가 가속화되고 있으며, 이는 도시화에 의한 영향이 20~30%나 차지하고 있다고 한다. 그리고 사망률과 관련이 있는 열파지속지수(1961~1990년을 기준으로 최고기온이 평년보다 5℃ 이상 높은 날이 5일 이상 지속되는 것을 기상연구소에서는 열파지속기간이라고 정의하여 지수화하고 있다) 10년 평균 중부지역을 중심으로 상승하고 있다.

2) 국토연구원(2008), 국토정책 제198호(10월 20일) 참조.

한편 기후변화의 간접적인 영향으로 천식 및 아토피 환자가 증가하고 있다. 서울의 경우 29.9℃에서 1℃ 상승하면 사망률이 3% 증가하고, 혹서가 7일 이상 지속될 때 사망률은 9% 이상 증가한다고 한다. 더하여 2006년 기상연구소의 조사에 따르면 32℃ 이상에서 1℃ 상승할 때마다 노인 사망자수는 9명씩 늘어나고, 서울지역의 혹서기간 중 사망자수는 평년의 평균사망자수에 비하여 75%나 높은 것으로 나타났다고 한다.

2) 기후변화에 대응한 공간전략

국토연구원에서는 우리나라도 기상이상이 심화되고, 2012년 이후 온실감소 의무감축국에 포함될 가능성이 높아짐에 따라 기후변화에 대비한 공간계획 측면의 대응전략 수립이 필요하다고 주장하고 있다. 연구원에 따르면, 중앙정부에서는 신재생에너지와 결합된 토지이용계획을 통하여 효율적 에너지계획을 수립하고, 교통에너지 절약을 위한 토지이용계획과 교통계획을 통합하고, 온실가스 흡수원 확보를 위한 녹지 및 친수계획을 공간계획에 확대반영하며, 이상기상에 대응한 안전한 공간조성을 위한 방재도시계획을 수립하며 마지막으로 열섬현상 완화 등을 위한 바람길 그리고 생태회랑 등을 공간계획에 반영해야 할 것을 권고하고 있다.

한편 기후변화에 대비하기 위하여 지자체에서는 다음과 같은 분야의 실천계획을 수립하고 이행할 것을 권고하고 있다. 먼저 공공시설물, 하수도 처리시설 등의 운영과 관리를 통한 에너지 절약, 다음으로 주거 · 상업 · 공업지역과 관련된 각종 제도개선을 통한 에너지 효율성 증가, 그리고 건물 배치, 밀도 결정, 녹지 확보 등의 토지이용계획 수립으로 열섬현상 완화, 마지막으로 통행거리 · 횟수 · 수단을 결정하는 시설정비로 직주접근을 유도하여 탄소배출 감축 등을 제안하고 있다(국토정책 제198호 2008년 10월 20일).

이러한 배경에서 옥상녹화의 조성은 도시녹지의 일부로서 도시열섬현상의 완화를 통한 도시환경문제의 개선뿐만 아니라 지구온난화방지를 위한 온실가스 흡수원의 확보라는 차원에서도 매우 중요한 정책적 의미가 있다.

10.3 옥상조경

1. 옥상조경의 정의

옥상조경은 인공지반조경 중 지표면에서 높이 2 m 이상인 곳에 설치한 조경을 말하며 단, 발코니에 설치하는 화훼시설은 제외(건축법 제32조 제2

항, 국토해양부 조경기준 제 1 장 제 3 조)하고, 한국조경학회에서는 옥상 · 데크 · 침상 · 광장 · 발코니 · 베란다 등의 건축물, 지하시설물 위, 하천복개 상부, 인공산 또는 인공암벽 등 인위적인 구조물 위의 조경이라고 정의하고 있다. 국토해양부 조경기준 제 4 장 13 조에 따르면 옥상 및 인공지반에는 건조한 기후와 바람에 강한 수종인 초화류(바위연꽃, 민들레, 난쟁이 붓꽃, 한국잔디류 등), 관목류(철쭉류, 회양목, 사철나무, 무궁화 등), 교목류(단풍나무, 향나무, 섬잣나무, 비자나무 등)를 식재해야 한다고 명시하고 있다.

한편 독일의 경우는 옥상조경을 조성과 관리의 측면에서 크게 세 가지로 분류하여 옥상피복녹화(Green Roof), 혼합형 그린옥상(Green Roof Hybrid) 그리고 옥상정원(Roof Garden)으로 분류하고 있다. 옥상피복녹화는 하중은 경량, 저비용으로 조성하여 일반적으로 사람들의 출입이 금지된 (저)비관리·경량형이며, 혼합형 그린옥상은 중간정도의 조성비용에 경량에서 중간정도의 하중에 비(저)관리형이지만 관리형처럼 사람의 출입이 가능하며, 마지막으로 옥상정원은 고비용에 하중은 중량형이고 사람들의 출입이 가능하도록 만들어진 관리·중량형 옥상조경이다. 이러한 분류는 우리나라의 환경부의 1998년도의 분류나 한국인공지반녹화협회 등에서의 옥상조경분류법과 거의 동일하다(그림 11-10).

옥상조경은 개인이나 기관에 따라 다양하나 쉽게 이야기하면 건물옥상의 일부나 전부를 방수처리해서 옥상의 전부 또는 부분을 식물과 토양 또는 물을 이용하여 녹화공간을 조성하는 것으로 정의한다.

<그림 10-10> 저관리 옥상녹화의 예와 옥상녹화시스템

2. 독일 옥상조경의 발전

독일에서는 2차대전 후에는 개별적인 옥상정원이 만들어졌으며, 다른 유럽 국가들의 경우는 스위스의 베른(Bern)의 'Schanze' 나 바즐(Basle)의 'Kantonskapitel' 과 같은 잡지에서 그 예를 찾아볼 수 있다.

1970년대 말까지 옥상조경이라는 말은 지하주차장이나 지하철공사로 인해 생기는 인공지반의 녹화를 지칭하였다. 그러나 이러한 인공지반녹화는 사람의 이용이 가능한 녹지공간으로서 새로운 주거지역에 통합되곤 했다. 인공지반녹화사업은 수목의 뿌리 침투로 인하여 발생하는 건물의 누수현상으로 인하여 대규모 보수작업을 필요로 하였다. 옥상조경을 위한 특별한 누수방지처리공법이 이때까지는 개발이 되지 않았고, 공사에 사용된 수목의 종류와 관련되어 발생되는 식물문제 또한 대개 무시되었다.

1980년대에는 생태건축에 대한 방법에 대하여 많은 이야기들이 오고 갔다. 옥상조경과 관련하여 에너지절약형 및 환경친화형 건축에 대한 연구도 진행되었다. 아주 뛰어난 옥상조경의 예를 80년대 이후로부터 살펴보면 아마도 가장 멋진 녹화의 모습은 빈의 훈데르트바써(Hundertwasser)[3] 하우스이다. 실제로 초기에는 매우 논쟁의 여지가 많은 프로젝트였으나 현재는 아주 훌륭한 사례로 소개되고 있다.

<그림 10-11> 훈데르트바써 하우스

1982년 독일 환경문제의 주체인 FLL(Forschungsgesellschaft Landschaftsentwicklung Land)에서 발간한 '옥상조경의 지침(Guidelines for the Planning, Execution and Upkeep of Green-roof sites)'은 옥상조경건설의 생태적인 문제와 관련하여 아주 중요한 역할을 하고 있으며, 옥상조경을 조성 후 발생할 수 있는 안전문제와 불신문제와 관련하여 이용자들에게 기술적으로 상세한 지침을 제공하고 있다.

동시에 이 당시부터 독일의 시민환경단체들(Bürgerinitiativen)이 도시 내의 환경문제에 대하여 적극적인 관심을 보이기 시작하였다. 당시 아주

3) 훈데르트바써(Hundertwasser, 1928~2000)는 오스트리아 빈에서 태어났다. 화가, 건축가, 환경주의자, 평화주의자 등으로 다양한 활동을 하였고 사람과 자연의 조화를 꿈꾸었으며, 자연과 닮은 모습을 가장 이상적으로 생각했다. 대표건축물에는 훈데르트바써 하우스, 쿤스트 하우스, 블루마우 리조트, 슈피텔아우 쓰레기소각장 등이 있다. 훈데르트바써는 '백 개의 강'이라는 뜻으로 스스로 지어 부른 이름이라고 한다[바바라 슈피트 지음(김경연 옮김), Hundertwasser für Kinder by Barbara Stieff(훈데르트바써)에서 참조].

심각한 도시화와 녹지의 고갈과 같은 문제에 적절하게 대응하지 못하는 무능한 정부가 그 단체들로 하여금 그들의 발톱을 세우게 만들었다. 이때부터 많은 풀뿌리환경단체들이 자연을 도시로 불러들이는 역할을 했는데, 안마당 녹화와 건물 전면 녹화 그리고 도시 내 불투성 포장면적을 줄이는 운동 등이 좋은 예이다. 이러한 환경운동은 대중적인 인기를 등에 업고 1980년대에 강력한 정당인 '녹색당(the Greens)'의 탄생을 가져왔다.

1990년대에 이르러 옥상조경의 질에 대한 확신과 향상에 관한 중요성이 강조되었다. 이는 옥상조경계획과 관련된 법에 대한 면밀한 검토와 그 실행에 관한 철저한 점검에 대한 확신을 포함한다는 것을 의미한다. 1997년 FLL은 옥상조경에 대하여 중재/보상 법안에 대한 면밀한 고려를 포함하는 평가절차시스템을 개발했다. 이 시스템은 각 계획절차를 위해 판단과 평가를 제공함으로써 결국 정책결정자, 개발업자 그리고 건축가들에게 명확한 정보와 좋은 예를 이용하여 올바른 결정을 내리는 데 도움을 주었다.

최근 도시민들 중에서 옥상조경의 환경·경제적 가치에 대해 차츰 인식하기 시작한 사람들은 도시의 자연에 좀 더 다가가길 원하게 되었다. 옥상조경은 도시경관을 시각적으로 향상시킬 뿐만 아니라 도시환경 속의 조그만 이 녹지공간들이 도시민의 심리적 안정에 영향을 주며, 이는 결국 도시인의 삶의 질과 밀접한 관계를 가지는 매우 중요한 요소라는 것을 알게 된 것이다.

3. 옥상조경의 효과

자동차 배기가스와 먼지로 인해 공기 중의 더러운 미세먼지 분진이 초기 우수에 섞여 바로 배수 관거를 통해 빠른 속도로 유출될 경우 하천오염과 토양침식 등의 문제가 발생되는데, 옥상조경은 이러한 초기 우수를 토양층을 통하여 여과시키고 우수의 흐름을 일시적으로 지연시키는 작용을 함으로써 토양침식을 막아주고, 수질오염을 경감시켜 수중 동·식물생태계의 참살이를 향상시키는 역할을 하는 이점이 있다.

한국건설기술연구원(1999)에서는 옥상조경시스템의 도입으로 인한 총강우량에 대한 우수유출 저감비율이 약 70% 이상임을 확인했으며, 단기간의 집중홍수에 대해서도 상당한 우수유출저감 효과가 있는 것[4]으로 밝혀졌다.

베를린의 경우 옥상조경이 평균우수의 75%를 흡수하여 우수의 일시적인 지연과 집중 홍수의 위험을 줄여주며, 직접적인 우수의 방출을 25%까지 감소시켜 준다고 한다(Liesecke, 1989).[5]

4) 김현수 외 (1999), 옥상녹화시스템의 개발과 열성능에 관한 기초연구, 대한건축학회 논문집 15(3).

5) Liesecke, H-J (1989), Grundlargen der Dachbegruenung, Zur Plaunung,

브라질의 리우 데 자네이로에서는 옥상조경이 폭우기간 중 최고 강우량을 줄여주는 아주 중요한 역할을 하였다고 하며, 연간 빗물저장능력은 65%로 예상된다고 한다(Kohler et al., 2001).[6] 특히 Kohler et al.은 열대지방의 기후 특성상 옥상조경의 우수지연효과에 미치는 두 가지 특성에 대해서 언급했다. 먼저 빈번한 폭우로 인하여 새로 조성된 옥상조경에는 잠재적인 토양침식과 토양 중 효소의 작용으로 화학반응을 일으키는 물질(기질)이 빠르게 빗물에 녹아들 가능성이 높다는 것과, 두 번째는 열대의 기온특성은 옥상조경의 높은 증발량의 원인이 되며 이 증발은 생물체에서 만들어지기 때문에 이는 필시 옥상조경이 강우의 지연을 증가시킬 것으로 예상된다고 하였다. 이 주장은 우리나라처럼 여름철 강우가 집중되고 기온이 높은 지역에 많은 시사점을 준다고 하겠다.

4. 독일의 옥상조경정책

1) 직접적인 재정지원

독일의 경우 직접적인 재정지원 유인책은 관습적으로 옥상조경을 조성하는 건물소유주나 개발업자들에게 도움이 될 수 있는 보조금형식을 취한다. 이러한 보조금은 옥상조경의 목적이나 디자인에 따라 다양하고 많기 때문에 특별한 사례를 잘 검토할 필요가 있다. 보조금은 지자체나 커뮤니티 단위에서 그 집행이 이루어진다.

보조금액은 보통 두 가지 방법으로 결정되는데, 가장 흔하게 쓰는 방법으로 평방미터당 얼마라고 명기하는 방법이 있다. 2004년에 독일옥상녹화협회(FBB)에서 시행한 조사에 따르면 보조금은 평방미터당 10~30유로 사이라고 하였다. 또 다른 보조금을 산정하는 방법은 공사단가나 공사 또는 디자인 단가비율을 계산하는 방법이 있는데 종종 10~50%가 산정된다. 비록 대부분의 프로그램이 상한가가 있다 하더라도 그것은 매우 다양하고 크다. 이 프로그램은 재정지원과 함께 아마 디자인과 기술적인 조언도 제공한다.

또한 직접적인 재정지원 유인책은 도시공원녹지가 부족한 지역을 정해서 집중 지원하기도 한다. 예를 들면, 뮌헨 시내의 옥상조경으로 개조하는 공사에 평방미터당 30유로에서 최고 50%의 공사비를 제공했다.

가장 오래된 재정지원 프로그램은 1983년부터 1996년 사이 베를린에

Ausfuhrung und Unterhalyung von Extensivbegruenungen und Einfachen Intensivbegruenungen; Platzer Verlarg, Berlin - Hanover.

6) Kohler, M. et al. (2001), Urban Water Retention by Greened Roofs in Temperate and Tropical Climate, Paper presented at the conference of the 38th IFLA World Congress 2001, Singapore.

서 시행되었다. Courtyard Greening Program(안뜰 푸르게 만들기 프로그램)은 안뜰을 푸르게 만들기를 권장함과 아울러 옥상조경과 그와 관련된 벽면을 녹화하기 위해 기획되었다. 이 프로그램의 목적은 도시기후, 도시민의 삶, 그리고 도시의 외관을 개선시키기 위함이었다. 이를 위해 평방미터당 평균 19.10유로를 지원했는데 이는 별도의 조성 비용과 디자인 비용을 포함한 것이다.[7)]

2) 간접적인 재정지원 유인책[8)]

간접적인 재정지원 유인책은 대개 하수도 요금을 경감시키는 방법을 사용한다. 경감된 하수도 요금은 특히 폭우(수)처리를 위한 '이용자 부담원칙' 과 관련이 있으며, 직접적인 재정지원의 경우처럼 상세하게 규정하지는 않는다.

전통적인 요금제도는 특히 위생 및 폭우처리 모두에 지불해야 하는 상수도 이용 비율에 따라 징수하는 돈을 사용했다. 하수도 요금 경감제도 아래에서는 건물의 소유주가 상수도 사용에 따른 위생처리비와 건물의 불투수성 면적에 기준을 둔 연간 폭우처리비용을 납부한다. 폭우를 처리해주는 옥상조경과 같은 장치는 지자체의 규정에 따라 하수도 요금을 경감시켜준다. 하수도 시스템과 연결되어 있지 않는 건물의 소유주에게는 폭우 비용을 완전 면제시켜준다.

하수도 요금의 경감은 경제적으로나 환경적으로 혜택이 있다. 폭우통제를 통해서 우수의 양을 줄여 건물현장에서의 우수와 공공하수도시스템으로 들어가는 최대량의 우수를 경감시켜 준다. 물의 양을 경감시킨다는 말은 작은 파이프, 소량의 수처리시설, 인근 수역으로 오염된 물이 넘치는 것을 낮추는 것을 말하며 홍수통제기능을 개선시켜 준다는 것을 뜻한다. 폭우요금은 폭우관리의 비용을 좀 더 투명하게 해준다. 그 요금은 불투수성 포장의 건설을 억제시키고 요금을 경감시켜 줌으로써 근본적인 물의 통제를 장려해 준다.

폭우방지세금 감면과 옥상의 유량계수는 느슨한 관계가 있는데, 일반적으로 유량계수가 높을수록 폭우방지세금도 높다. 불투수성 옥상은 세금감면을 장담할 수 없다. 아주 전형적인 경량형 옥상조경은 우수의 유량계수가 0.5이며 이때 50%의 세금 감면을 받는다. 옥상조경 중에 충분한 양의 물을 보유하는 것은 도랑·습지 또는 수조와 같은 역할과 관련이 있으며 하수처리시스템과는 연결되지 않아 세금이 감면된다.

7) 김수봉(2009), 옥상조경정책연구, 서울: 운문당, 68쪽 참고

8) 김수봉(2009), 옥상조경정책연구, 서울: 문운당, 69-82쪽을 참고 바람

옥상조경의 수량보유능력은 폭우관리를 위해서 중요할 뿐만 아니라 수질의 유동도 반드시 검토되어야 한다. 옥상조경의 경우 수질은 옥상의 수목과 식물의 여과작용을 통하여 매우 양호하며, 폭우 통제와 사전여과장치 없이도 수자원을 관리해 준다. 효과적인 지속가능성을 추구하기 위해서는 옥상의 물을 세탁용, 화장실용, 그리고 잠재적인 음료수 등의 용도로 재사용해야 한다. 수질은 그 곳에 사용하는 식생의 종류에 따라 아주 많은 영향을 받는다. 유기질 함량은 질소 수준을 제한할 수 있는 최소한은 유지되어야 한다. FLL의 제안에 따르면 중량형 옥상조경의 경우 유기질 함량이 적어도 12%는 되어야 하며 다층 경량형 옥상조경의 경우는 8%, 단층 경량형은 4% 미만이면 된다고 하였다.

3) 생태적 보상수단

오스트리아의 건축가이며 도시디자이너인 F. Hundertwasser의 이 말은 자연의 간섭을 위한 보상수단으로서 옥상조경을 가장 잘 요약한 말이다. 생태적 보상수단을 위한 근거는 매일 70 ha의 개발이 이루어지고 있는 독일의 현 상황과 이러한 개발로 사라지는 자연의 손상을 위한 조경이 필요하다는 것이다.

> 지붕 위의 자연은 지금까지 우리가 파괴해왔던 지구의 아주 미미한 일부이기 때문에 그 위에 집을 지어도 된다.
>
> - Friedensreich Hundertwasser(프리덴스라이히 훈데르트바써, 1928~2000)

생태적 보상수단은 다음과 같은 두 가지 방법으로 옥상조경이 개발규정에 통합될 수 있다. 첫째 방법은 연방(또는 주)자연보전법에 준한 것이고 또 다른 하나는 연방건축법에 일반적인 골격에 의한 것이다. 어떤 경우라도 최소요구사항과 평가과정에 관한 의문사항은 있다.

옥상조경이 보상수단으로 요구될 경우에는 최소요구사항과 평가과정은 옥상조경이 무엇을 보상할지에 대하여 매우 상세하게 기술되어 있다. FLL에서는 FLL Bewertung이라 불리는 수행평가시스템을 제안하였다. 이 시스템은 지자체가 옥상조경을 통해 간섭에 의하여 발생한 생태적인 훼손을 보상해 줄 수 있는 적합한 것인지를 명확하게 규정하고 있다.

4) 개발규정으로의 통합

유인책은 그 자체가 가지는 자발적인 성격 탓에 정책을 위해서는 바람직한 형태이다. 그럼에도 의무적인 방법들은 몇몇 경우에 좀 더 효과적인 방법이다. 개발규정 속으로 옥상조경을 통합시키는 것은 옥상조경의 범위를 증가시키기 위해 가능한 방법의 한 가지이다. FBB의 또 다른 2004년도의 조사에 의하면 설문에 응한 전체지자체 중 145개의 지자체가 개발규정 속에 옥상조경을 포함시켰다고 응답했다. 그 규정이 목표로 하고 있는 옥상조경의 편익은 불투성포장면적의 축소, 수질의 개선, 도시기후의 개선, 생태적 보상, 미적·어메니티 공간의 확보처럼 매우 다양하다. 종종 그 규정은 유인책프로그램과 결합되어있는 경우가 많다. 지방자치체는 생태적 보상수단 또는 연방건축법에 기초하여 그들의 개발규정 속에 옥상조경을 포함시킨다.

또한 이 규정에 따르면 옥상은 녹화되어야 하며, 그에 대한 최소한의 요구조건을 상세히 규정하고 있다. 공통적으로 일정한 근린지구 내의 보통옥상이나 어느 정도 경사를 가진 옥상은 반드시 녹화되어야 함을 명시하고 있으며, 최소요구사항은 건물옥상이 포함하는 예상되는 이익 및 별도의 비용분석과 반드시 관련이 있어야 한다는 것이다. 그리고 토양지질의 두께를 위한 요구사항, 수량의 유지목표, 그리고 적절한 식생재료 등에 관한 요구사항이 있다.

한편, Stadt Esslingen Neckar의 옥상조경을 위한 식재의 요구사항은 다음과 같다.

- 평탄한 옥상과 옥상의 경사가 15° 이하인 옥상은 경량형으로 녹화를 하고 관리는 영구적으로 해야 한다. 잔디 옥상, 온실, 테라스, 그리고 10 m^2 이하의 옥상은 예외로 한다.
- 옥상조경은 평균수근관통을 위한 토양깊이를 최소 15 cm를 확보해야 하며, 포복성 식물의 경우 10 cm를 확보하여 영구적이고 지속적으로 옥상의 표면이 세덤, 잔디 그리고 숙근초 등으로 식생층(세덤-잔디-숙근초 녹화는 FLL의 지침을 따라서 한다)을 이루도록 보장되어야 한다. 그리고 중량형 옥상조경 역시 가능하다.
- 옥상조경에 사용하는 모든 식생재료는 적어도 36 l/m^2의 수분보유능력을 가져야 한다. 식생토양환경 속에 녹아있는 유기질재료의 성분은 흙덩어리의 3~12%여야 한다.

11 공간과 사회

11.1 공간의 사회성

1. 농촌과 도시의 사회구조

농촌에서의 생활은 여러 측면에서 도시와 다르며, 특히 사회생활 측면에서 차이를 많이 보이고 있다. 일반적으로 민족주의적 감정이나 애국심, 그리고 인간의 사회적 행동에 관한 도덕적 입장 등과 같은 전통적 가치는 아직도 농촌사회에 널리 퍼져 있다. 또한 농촌지역의 사람들은 도시지역에 비해 새로운 변화에 늦게 대응하거나 저항하는 경향을 뚜렷이 나타내며, 같은 집단 내 구성원들끼리는 매우 강한 동질성과 연대감을 가지고 있다.

도시에서의 생활은 경쟁과 이해관계 중심의 개인주의적 삶과 결합되어 집단이나 전통적 유대관계가 약해지기는 했지만, 그래서 아직 그 속에서 인종 · 민족 · 연령 · 교육수준 · 계층 · 세대 등에 의해 다양화된 사회적 유대관계가 존속되고 있다.

2. 도시공간의 공공성과 사회성

1) 도시공간의 공공성

모든 도시공간은 공공공간(public space)와 개인공간(private space)가 서로 긴밀하게 서로 연결되어 있으며, 개인의 공간만 따로 독립되어 존재할 수 없다. 도시공간은 다른 많은 공간들과 유기적으로 연결되어 있으며, 이것이 바로 도시공간이 공공성을 가지는 이유이다. 따라서 도시공간을 구성하는 사람은 그것이 다른 공간이나 사회에 끼칠 영향을 생각해야 하며, 사람들이 영위할 공간의 질을 향상시키는 방향으로 설계를 해야 한다. 왜냐하면 공간의 물리적인 변형은 단순히 그러한 행위에 머물지 않고 사회에 영향을 미치기 때문이다.

이러한 측면에서 도시의 난개발(urban sprawl)도 이해할 수 있다. 난개발은 도시공간의 공공성이 훼손된 경우로서, 건축주와 같이 이해관계에 얽힌 사람들이 개개인의 이윤을 극대화하기 위해 도시공간이 가지고 있는 공공성을 무시하고 경쟁적으로 개발을 함으로써 생긴 결과인 것이다.

2) 도시공간의 사회성(Sociality)

많은 주거지역에서 공동체의식(sense of community)을 높이기 위해 커뮤니티센터와 같은 시설을 건립하고 있다. 사회성이 높은 도시공간은 다시 말해 공동체의 복합화가 활발한 공간, 세대 간 교류가 빈번히 일어나는 공간 등으로 설명할 수 있는데, 이러한 활동이 반드시 커뮤니티시설과 같은 단위시설에서 이루어지는 것은 아니다. 이웃 간의 만남이나 친교활동은 집 앞 도로나 주차장 · 공터 등 다양한 곳에서 이루어지고 있으며, 공간을 구성하고 있는 기존 요소에 대한 이해가 먼저 이루어져야 가능하다.

결국, 도시공간의 사회성은 시민들의 사회성을 높이고, 공동체의 결속을 강화하여 친사회적 행동을 유발할 수 있는 것으로 설명할 수 있으며, 이러한 특성은 기존 재개발 · 재건축 개발방식에서 나타나고 있는 공동체 붕괴에 대한 대안의 한 방법으로 제시될 수 있다. 그러나 오늘날 우리나라에서 추진되고 있는 기존 재개발 · 재건축 개발방식은 단순히 질 좋은 주택의 공급에만 초점을 맞추어 사회계층 간 분열과 슬럼지역의 단순한 이동 및 재탄생, 원주민들의 낮은 재정착, 기존 공동체의 붕괴와 같은 사회적인 문제점을 드러내고 있다.

3. 공간밀도와 사회범죄

일반적으로 범죄율이나 정신병, 그리고 청소년비행은 높은 인구밀도와 관련 있는 것으로 밝혀지고 있다. 즉 인구밀도가 높은 도심권지역이 인구밀도가 낮은 외곽지역에 비해 질병발생률이나 범죄발생률이 높다는 것은 여러 연구결과에 의해 나타나고 있다. 그러나 주거과밀의 개념이 반드시 공간의 크기에만 좌우되는 것이 아니라 공간이 좁아도 자기소유의 소속감 · 안정감이 있는 반면에, 공간이 넓어도 남들과 여럿이 어울리는데서 오는 스트레스와 불안감 등은 심리적 개념으로 이해되어야 한다.

데서(Desor, 1972)의 실험에 의하면, 큰방에 사람들을 과밀하다고 생각될 때까지 집어넣을 때, 아무런 칸막이의 구획이 없는 경우나 꽉 막는 칸막이의 경우보다 반쯤 트인 칸막이로 큰 공간을 나누어서 집어넣을 때 가장 많은 사람들을 집어넣을 수 있었다. 그러나 우리의 도시공간은 너무 폐쇄적이다. 도시의 사람들은 이웃에 대하여 마음의 문을 닫고 있고, 도시의 건물이나 시설들도 극도로 자기완결적인 형태를 띠고 있다. 따라서 도시가 주민들의 진정한 삶의 공동체로 기능하기 위해서는 보다 개방적인 도시환경이 조성되어야 한다.

원래 담장은 대지의 경계를 구분하고, 외부로부터의 프라이버시(privacy)을 보호하며, 담장 내의 통풍과 일조 등을 조절하는 역할을 한다. 그러나 담장은 인공적인 구조물로 둘러싸는 것이기 때문에 외부와의 단절을 가져오며 폐쇄 · 방어 · 불신 · 배타성 등을 초래하기도 한다.

11.2 사회생활과 공간

1. 커뮤니티 공간

1) 도시 커뮤니티의 의의

20세기 초반 도시생태학적 관점에서 도시와 근린을 연구하여 도시의 병리현상과 공동체(community)의 붕괴에 관련이 있음을 실증적으로 분석하고 공동체의 가치를 강조했는데, 이러한 결과는 공동체의 형성을 통한 도시문제 해결의 당위성을 제시해 주는 것이라 볼 수 있다. 그 중에서도 생활공동체의 형성은 인간생활의 기반이 되는 도시의 주거지를 대상으로 한다는 점에서 중요한 의의를 가진다.

공간적 · 사회적으로 잘 구성된 생활공동체는 필요한 일이 생겼을 경우 서로 도움을 주고받는 역할을 비롯하여 사교(sociability)의 장으로서 역할과 정보교환의 장으로서 역할 등을 수행한다. 이와 같은 역할들을 고려할 때, 생활공동체는 지역사회의 공동체적 삶을 위한 기본적인 단위의 가치를 가지며, 나아가 현대 도시사회의 각종 병리현상을 치유하기 위해서라도 전통적 주거지에서 존재했던 공동체의식을 형성하는 것은 중요한 과제이다.

2) 커뮤니티공간의 유형

커뮤니티공간의 의미는 지역사회의 커뮤니티시설을 뜻하며, 커뮤니티시설이란 공동으로 관리하고 공유하는 시설로, 건강 · 여가 · 문화 · 교육 ·

복지 등을 위한 공간을 말한다. 행정적이거나 기능적 또는 동질성의 측면에서의 커뮤니티공간은 지역사회의 중심시설로서 지역사회 구성원의 생활에 능률과 활력을 주기 위한 복지시설로서 역할을 수행하기도 한다.

<표 11-1> 커뮤니티공간의 유형과 기능

유 형		기 능
커뮤니케이션	집회, 공동체 지원	지역 주민의 단체 활동이나 개인 활동, 각종 모임들을 개최할 수 있는 장
사회복지	복지, 상담	주변의 소외 계층을 위한 시설과 프로그램 제공
쾌적성	여가	지역주민들이 공동으로 참여하기도 하고 또한 각 연령별, 성별로 적합한 프로그램과 공간을 지역주민들의 여가활동의 다양성과 융통성을 제공함
	문화	각종 전시회나 공연 개최, 영화상영, 독서 및 독서대여 프로그램 제공
교육	교육	평생교육 차원에서 각 연령층에 적합한 교육, 아동·청소년 등의 방과 후 교육실
	보육	영·유아 탁아
건강	건강관리	기초적인 의료, 보건서비스
	체육	누구나 원하는 수준의 체력관리와 스포츠를 즐길 수 있는 서비스 제공/지역 사회의 옥내외 체육시설을 활용할 수 있도록 연계프로그램을 개발하여 지역주민의 체력증진에 기여
	여가, 스포츠	여가와 체력증진을 동시에 지원
서비스	서비스	공용공간의 활성화 측면과 주민들의 이용 측면의 편의를 위해 설치/벼룩시장, 물물교환 등의 프로그램을 개발하여 활용

(출처: 곽지훈, 공동주택 거주성 지원을 위한 커뮤니티 공간디자인 연구, 2005)

따라서 현대도시에서의 커뮤니티공간은 단순히 지역사회의 생활환경을 개선할 뿐 아니라, 살아가는 데 필요한 물리적 환경과 사회적 환경을 조성한다. 이와 같이 이웃 간의 상호 친밀성과 사회적 접촉기회 등이 누적되면 서로 연대감을 느끼며, 공동사회의 일원으로 소속감을 갖게 되는 커뮤니티의식이 생기게 되며, 이러한 공동체의식의 형성을 위한 상호작용에 필요한 요소이다.

하지만 지금까지 많은 커뮤니티공간은 그 기능을 상실하여 사람들로부터 외면 받는 노후된 장소로 전락하거나 범죄에 쉽게 노출된 공간이 되기도 한다.

2. 도시의 문화공간

1) 문화공간의 의의

도시의 문화는 도시의 생명이다. 흔히 '문화적' 이라는 말은 고급스러운 문화의 성질을 지칭할 때 사용하지만, 여기서는 생활양식으로서의 문화라는 넓은 의미의 문화를 의미한다. 개성 있는 도시문화는 공동체의 활성화에 기여한다.

오늘날 우리는 가까운 이웃 간에도 서로 인사와 대화를 하지 않고 지내는 각박한 삶을 살아가고 있다. 그러나 각 지역이 가지고 있는 고유한 풍습과 문화는 그 지역민이 서로 공유할 수 있는 고유한 풍습과 문화로 그 지역의 동질성과 주민의 정체성(identity)을 느끼게 해준다.

따라서 전통과 개성이 함께하는 문화도시 가꾸기는 자기가 살고 있는 지역에 대한 소속감을 함양시켜 지역공동체의 활성화에 기여할 수 있다. 또한 개성 있는 도시문화는 관광자원화의 효과가 있다. 양적 · 개발지향적 행위로 양상된 도시풍경을 가질 수 있을 뿐만 아니라, 많은 관광객을 유치할 수 있는 관광자원을 확보하게 되어 지역경제 활성화에 도움을 줄 수 있다.

시민이면 누구나 쉽게 이용이 가능한 도시의 열린 문화공간(culturefront)들은 시민공동체의 소속감과 정체성을 드높이고, 활기 있고, 개성 있는 도시로 자라나게 하는 촉매역할을 할 수 있을 것이다. 또한 문화적인 도시경관을 만드는 데 기여하고, 관광자원으로서의 역할은 물론, 도시 전체의 이미지를 증진시킬 수 있다. 결국 문화 · 관광 · 경관은 상호 긴밀히 연결되어 있는 도시품격을 나타내는 지표이며, 도시문화시설들이 시민들의 일상생활공간에 근접하여 잘 보이고 쉽게 다가갈 수 있을 때 도시환경의 질적 수준이 높아지고 도시민들의 문화의 생활화가 촉진될 것이다.

2) 문화공간의 유형

문화공간이란 문화환경을 지닌 도시 내 특정 공간을 의미하는 것으로 이해될 수 있다. 일상의 환경과는 구별되는 전문가가 주역이 되어 펼치는 예술적 · 지적 활동이 주가 되는 특정문화를 위한 환경, 예를 들면 음악당 · 미술관 · 도서관 등과 같은 문화시설이 위치하는 국소적인 범위에서의 환경이 아니라, 일반 도시민의 생활공간으로서의 환경, 즉 그 도시의 특정한 활동과 성격, 사람과 독특한 이미지 등을 형성하는 거리라는 공간을 중심으로 형성된 환경을 의미한다. 도시 내에는 역사 · 문화적 자산 내지 문화적 환경요소가 밀집한 가로, 또는 그러한 잠재력이 내재하고 있는 가로들이 있다.

그 예로서 문화상업가로(서울 인사동), 학원가로(서울 동숭동 대학로), 예술가로(서울 홍대 앞) 등을 들 수 있으며, 일반적으로 도시 내의 문화공간은 문화거리라 불려지기도 한다. 문화거리는 그 공간패턴에 따라 크게 가로(street)형과 센터(center)형의 2가지로 나누어진다. 먼저 가로형 거리는 미술관 · 공연장 등 문화활동이 특정한 가로를 따라 문화시설이 선형적으로 발달한다는 특성을 이용한 것이다.

<그림 11-1> 인사동거리

<그림 11-2> 홍대거리

또한, 센터형 거리는 큰 가구(block)내에 음악공연장 · 박물관 · 미술관 · 커뮤니티시설 그리고 문화예술 관련 상점들이 모여 있는 경우인데, 주로 계획적으로 조성되는 경우가 많다. 가장 대표적인 예로서 서울의 예술의 전당, 파리의 퐁피두센터 등을 들 수 있다.

3. 방어공간

1) 방어공간의 개념

방어공간이란 물리적 환경의 변경을 통해 범죄예방 목적을 달성하고자 하는 설계개념을 표현하는 용어로, 뉴먼(O. Newman)의 저서 「방어적 공간(Defensible Space,1966)」 즉, 방어하기 쉬운 주거공간이란 용어에서 유래되었다. "방어공간" 이란 거주자와 지역주민이 범죄에 노출되지 않도록 주변환경을 조성한 주거공간을 지칭하는 개념이다.

미국의 도시사회학자인 제이콥스(J. Jacobs)는 범죄와 물리적 환경과의 관계를 「위대한 미국도시의 삶과 죽음(The Death and life of American Cities), 1961」이란 책을 통해 기술하였다. 그녀는 공동주택을 개발할 때 물리적 설계가 어떻게 의사소통을 차단시키는지에 대한 사례연구를 통해 범죄와 물리적 환경은 체계적이고 상호 관련성이 크며 궁극적으로 범죄와 물리적 환경은 인위적으로 통제할 수 있다고 주장하였다.

또한 건축가인 뉴먼은 방어공간이란 개인 아파트의 창문 밖 공간인 공용공간을 생산적으로 이용하는 것으로서, 통행로 · 마당 · 놀이터 · 주변거리 등과 같이 주민들의 영향권 밖에 위치하는 구역들을 방범환경으로 조성하는 것을 의미한다고 하였다, 예를 들어, 건물은 층수를 줄여서 작은 규모로 만들고, 출입구의 수를 줄이고, 복도와 계단 입구는 관찰이 쉽도록 설계하고, 공적 공간(영역)과 사적 공간(영역)을 구분하도록 하는 것 등을 제안하였다.

2) 방어공간의 주요내용

방어공간의 주요내용은 도시 또는 거주환경의 건축 및 도시설계적 고려를 통해서 감시성과 영역성을 확보하려는 것이다.

Newman은 범죄를 억지하는 네 가지의 예방적 공간요소를 제안하였다. 첫째는 영역성(territorality)로서, 이것은 건물의 배치, 도로의 설계, 상징적인 혹은 실제의 장벽을 설계하여 그 지역의 거주자들에게 그것이 '자신의 것' 이라고 하는 의식을 갖도록 하는 것을 목적으로 한다.

둘째는 자연적 감시로서, 이것은 제이콥스가 언급한 거리의 눈(eyes of the street) 개념에 해당하는 것으로 특정 공간이 주민들과 통행인으로부터 자연적 감시를 받게 하는 것이다. 자연적 감시를 증진시키면 주민의 시야에서 벗어나지 않음으로써 잠재적 범죄를 방지할 수 있다.

<그림 11-3> 방어공간의 조성기법

셋째는 이미지(image)로서, 이는 범죄에 취약하게 보이지 않고 주변 지역사회로부터 고립되지 않도록 조성하는 것을 말한다. 그리고 마지막으로는 입지조건(milieu)이다. 이것은 주로 잠재적 범죄자를 밀어내기 쉬운 장소와 잠재적 범죄자를 유인하기 쉬운 장소와 시설이 주변이 있는지 여부가 문제가 된다.(정무웅, 2009:373~374)

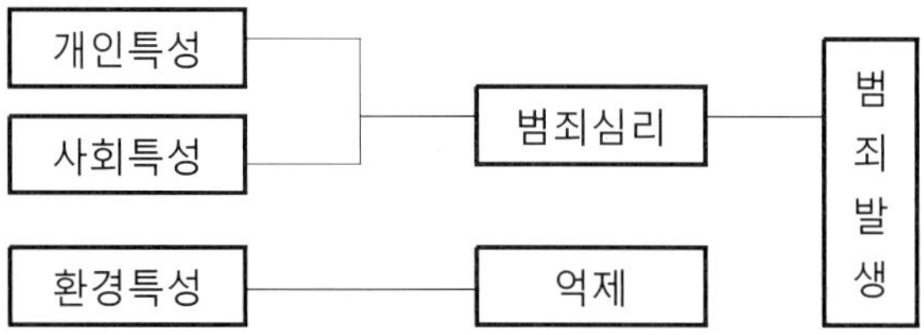

<그림 11-4> 방어공간이론의 도식화

11.3 생활약자와 공공공간

1. 생활약자의 동작특성

장애인이나 노약자들에게 만족스러운 시설 및 공간을 마련해주기 위해서는 이들의 행동범위가 정확히 파악되어야 하고, 도시공간에서 활동하고 시설을 이용하는 데 있어서 나타나는 장애요소, 그리고 장애에 직면했을 때 나타나는 행동에 대한 이해가 필요한데, 각 장애유형별 일반적인 행동특성은 다음과 같다.

- 정상인: 목적지에 직선으로 원만하게 도달할 수 있지만 짐을 들고 있거나 음주 시에는 그렇지 못하다.
- 어린이: 생각대로 행동하고, 뛰고, 구르고, 빠져나가는 등 가만히 있지 못한다.
- 노인 · 청각장애인 · 지팡이 사용자: 주위를 확인하면서 이동하고, 도중에 휴식을 자주 취한다.
- 휠체어 사용자: 익숙해지면 속력을 낼 수 있지만 회전하거나 급히 방향을 전환하기는 어렵다.
- 시각장애인: 지팡이가 닿는 범위 외에는 알 수 없고, 목적지에 도달하는데 시행착오가 계속된다.

2. 사회적 약자와 도시공간

1) 어린이와 도시공간

어린이는 부모로부터의 보호가 절대적으로 필요한 사춘기 이전의 연령층을 말하는데, 영유아기의 어린이는 가족과 환경의 영향을 결정적으로 받는 시기이며, 8살이 되면 성인이 획득하게 되는 지적 능력의 80%가 성장하게 된다고 한다. 이러한 점들을 고려해 볼 때 어린이들에게 제공되는 환경과 교육의 질은 이들의 미래를 결정지을 수 있는 중요한 영향을 미친다는 사실을 이해할 수 있다. 즉 어린이들에게 있어서는 도시공간 그 자체가 교육의 장인 것이다.

그럼에도 불구하고 최근 사회구조의 변화에 따른 가치관의 변화, 핵가족화에 따른 가족기능의 변화, 도시화에 따른 교육환경의 변화 등은 자녀 양육과 어린이 교육에 있어 많은 사회문제를 발생시키고 있다. 특히 어린이들에게 부적합한 주거양식, 위험한 보행환경, 열악하고 부족한 놀이공간 및 교육공간, 도시의 물질만능주의 환경에 어린이들은 무방비적으로 노출되어 어린이의 정상적인 발달을 위협하고 있다.

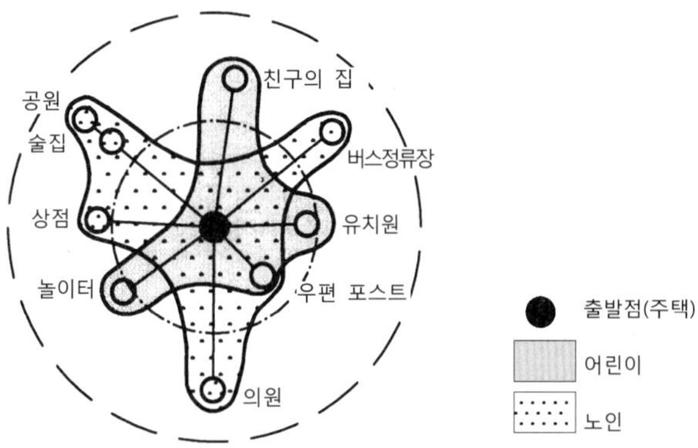

<그림 11-5> 어린이와 노인의 일상생활 범위

최근 대도시에서는 20층 이상의 고층아파트가 주거유형으로 일반화되면서 이러한 주거환경이, 특히 환경에 민감한 반응을 보이는 어린이들에게 미치는 부정적 영향에 대한 연구가 활발하다. 예를 들면, 아파트에 거주하는 어린아이들은 신경질적이고 짜증을 잘 내며, 또 집 밖에 있는 자녀들을 제대로 돌볼 수 없어서 자녀의 외출을 제한하는 그들의 부모에게 더욱 의존적이게 된다.

또한 그리스의 독시아디스(C. A. Doxiadis)가 '어린아이가 길을 안전하게 건널 수 있는 도시는 올바르게 생활할 수 있는 도시이며, 그렇지 못한 도시는 잘못된 길을 걷는 도시이다' 라고 주장했듯이, 도시의 보행자 도로는 안전하고, 볼거리가 있고, 어린이를 포용하는 것이어야 한다.

그러나 요즘 도시의 도로는 어린이들이 위험한 횡단보도를 건너야 하고, 삭막한 도시환경 속에서는 볼 것과 체험할 수 있는 일들이 많지 않다. 따라서 우리 어린이들이 학교를 오가는 길이나 동네에서 어떠한 추억이 얼마나 남을 수 있을지 의문스럽다.

<그림 11-6> 도시공간 속의 어린이들

2) 여성과 도시공간

현대도시는 양성적(unisexual)이어야 한다. 양성적 도시란 남·녀 성별에 근거한 편향된 접근이 없으며, 인간활동의 모든 영역을 지원하는 공간을 제공하는 도시를 의미하고 있다. 그러나 오늘날의 도시공간은 여성주의(feminism)에 바탕을 둔 여성들의 지속적인 남녀평등운동에도 불구하고 개인교통수단의 이용, 야간범죄에 대한 노출, 육아에 대한 부담 등과 같은 남자에 비해 불리한 활동조건이 여전히 존재하고 있다.

도시의 주거환경은 가정 밖에서 많은 시간을 보내는 남성들보다는 시·공간적으로 훨씬 많은 비중을 차지하는 여성들에게 더 큰 영향을 미친다. 따라서 집안의 관리, 아기 돌보기, 쇼핑 등의 일상생활을 편리하게 해주기 위한 보행거리(약 400m) 내의 생활편익시설 배치, 공공교통수단의 편리한 접근, 공공공간의 방범시설 설치, 그리고 어린이놀이터와 탁아시설은 오히려 가정주부들에게 매우 중요한 주거환경 요소인 것이다.

특히 취업여성들에게 가장 큰 문제로 인식되고 있는 것은 육아문제로서, 안전하고 편리하게 이용할 수 있는 놀이시설과 탁아시설의 확충은 여성을 위해 가장 우선적으로 해결해야 할 과제 중의 하나이다.

3) 노인과 도시공간

우리나라 인구의 고령화 추이는 외국에 비해 상당히 급속하여 65세 이상의 노인인구가 1990년에 불과 5.1%이던 것이 2010년에는 11.0%를 나타내어 이미 고령화사회에 들어섰고, 2030년에는 선진국 수준인 20%를 상회하여 이른바 초고령사회로 돌입할 것으로 전망되고 있다. 그리고 최근 핵가족화와 자녀들의 노인 부양의식의 결여에 의한 노인 단독가구의 증가추세를 감안할 때, 노인주거시설(silver town)이나 노인전문병원과 같은 노인들의 다양한 욕구를 충족시킬 수 있는 도시환경이 필요하다.

특히 오늘날 도시규모가 커지고 아파트 주거문화가 보편화되면서 노인들이 설 자리가 더 줄어들었고, 최근 어린이들의 교통사고는 줄어든 반면에 노인들의 교통사고가 계속 증가하고 있다. 고령자의 외출목적은 주로 지역 내의 모임이나 노인회의 단체활동, 가까운 공원으로의 산책 등이 많고, 보행통행이 주를 이루게 된다. 그러나 보행환경의 관점에서 보면 아직까지 횡단육교·교통신호·보도 등이 고령자의 입장을 고려하지 않은 채 만들어져 있다. 따라서 안전한 보행환경조성을 위하여 횡단시설은 야간조명을 밝게 하고, 청색신호시간도 고령자의 보행속도(일반인이 초당 1.2m인데 비해 노인은 0.8m임)를 감안하여 재조정해야 하며, 특히 수직이동의 편의를 위해 경사(ramp)로나 에스컬레이터 등을 설치하고, 미끄러지지 않는 재질의 보도포장이 필요하다.

또한 노인들이 여유롭게 쉬고, 만나고, 대화할 수 있는 옥외공간과 운동시설이 마련되어야 한다. 주택지는 물론 도심지의 주택지의 공원, 대학캠퍼스, 광장이나 가로변의 앉을 수 있는 공간들과 아름다운 도시경관을 바라볼 수 있는 전망이 좋은 장소에 앉아서 쉴 수 있는 시설들이 노인들에게 제공되어져야 한다.

<그림 11-7> 도시공간 속의 노인들

3. 장애인과 공공공간

1) 장애인과 도시생활

세계보건기구(WHO)의 통계에 의하면 2010년 현재 우리나라의 장애인 수는 전국민의 약 10%에 달한다고 한다. 그런데 도시생활에 있어서 이들에게 가장 불편을 주는 것은 바로 공공편의시설의 부족이다. 몇 군데 지하철역의 엘리베이터를 제외하고는 장애인이 이용할 수 있도록 배려된 대중교통수단이라고는 전혀 없는 실정에서 출퇴근이 불가능한 것은 물론이고 일반인과 괴리된 업무환경 속에서 여전히 소외될 수밖에 없는 것이다.

장애인은 기본적인 삶조차 위협당하는 현실에서 감히 문화생활이라는 것은 꿈도 꾸지 못한다. 즉 일반인들이 아무 생각 없이 넘을 수 있는 불과 5cm의 턱이지만 장애인에게는 커다란 장벽이 된다는 것을 이해해야 한다.

사회적 약자는 크게 신체장애인 · 노인 · 임산부 · 어린이 등으로 나누어 볼 수 있는데, 이들을 위한 도시기반시설은 다음과 같은 배려가 필요하다.

- 시각장애인 : 횡단보도 · 공공시설 내의 유도블록 설치, 도로변의 돌출물 제거, 공공기관에 점자지도 설치 등
- 휠체어장애인 : 횡단보도의 턱 제거, 전용주차장 설치 등
- 노인 및 임산부 : 지상의 횡단보도와 충분한 신호주기, 도로 및 이동 중간의 휴식시설 설치, 계단 대신에 완만한 경사로나 에스컬레이터 설치 등
- 어린이 : 안전한 도로와 통학로(school zone)의 지정, 주택가의 주차문제 해결, 완만한 경사로 설치 등

우리나라에서도 최근 장애인의 사회참여가 주장되고, 바로 눈앞에 고령화사회를 맞고 있는 현실에서 장애인을 위한 주차공간 · 보행공간 · 건물진입공간 · 가로시설물 등 도시환경의 정비는 시급한 과제이며, 그 중에서도 도시의 공공정보를 제공해 주는 표지판(sign)의 개선은 매우 중요하다. 그리고 선진국처럼 휠체어에 탄 채로 탈 수 있는 시내버스공급도 이루어져야 한다.

<그림 11-8> 휠체어를 탄 채로 버스에 오르는 장애인

2) 장애인을 위한 외부공간

넓은 의미에서 장애인의 개념은 신체적인 장애인뿐만 아니라 노인·어린이·임산부 등도 포함되며, 이들은 보행 및 교통수단을 통해 이동할 때 상당한 제약을 받게 된다.

도시의 외부공간(outdoor space) 시설들은 크게 주차공간·보행공간·진입공간의 시설물과 기타 가로시설물로 구분할 수 있다. 주차공간과 보행공간의 시설물은 주거시설로가 여러 공공시설을 연결해 주는 것으로서, 특히 보행공간은 보도·횡단보도·경사로(ramp)·계단 등의 시설물을 포함하여 장애인들의 활동을 위해 가장 중요한 요소이다.

지체장애인들은 주로 이동장애를 받게 되므로 모든 단차를 제거·완화하여 연속적으로 이동을 가능하게 해주어야 하며, 시각장애인은 도로의 횡단지점이나 주요 시설물 주위에 경보장치 및 점자안내판 등을 설치하여 위험한 물체에 대한 정보를 직접 알 수 있도록 해주어야 한다.

<그림 11-9> 장애인을 위한 외부공간

11.4 길찾기와 공간정보

1. 길찾기

1) 길찾기의 중요성

복잡한 도시나 건물의 내부에서 길찾기(way finding)의 문제는 일상에서 흔히 일어날 수 있으면서 동시에 그 부정적 효과가 확대될 수 있다는 점에서 매우 중요하다. 누구나 한번쯤은 복잡한 도시의 골목길이나 건물 내부에서 길을 잃어본 경험이 있을 것이며, 그럴 때의 당혹스럽던 기억을 가지고 있을 것이다. 인간이 경험하는 길찾기 문제는 심리적으로 중요하게 다루어져야 한다.

길을 잃은 경험의 문제점은 단순히 불편함에서 그치지 않고 더욱 심각한 재앙으로 작용할 수 있다고 주장한다. 예를 들어, 미국의 한 공항에서 수학을 전공하는 대학교수가 길을 잃고 헤매다가 정신적인 스트레스를 이기지 못하고 정신착란에 빠진 사례가 보도되기도 하였다.

길찾기와 심리학적 관계에 있어서 건물이 처리해야 할 기능상의 측면, 스트레스 유발이라는 경험적 측면, 시설이용률의 저하와 관련된 경제적 측면 등이 중요하게 고려되어야 한다. 건물의 규모가 점점 대형화되고 복합화되는 추세이며, 이러한 건물을 계획하는 과정에서 길찾기와 같은 환경문제의 해결은 중요한 당면과제이고, 초기의 디자인과정에서 충분히 고려되어야 한다.

2) 길찾기의 개념

길찾기의 개념을 이해하려면 종종 길찾기와 혼동되는 공간적 정위(spatial orientation)의 개념을 살펴보는 것이 필요하다. 먼저 공간적 정위(定位)는 '자신을 둘러싼 환경으로부터 정보를 제공받아 자신의 위치를 결정' 하는 일종의 정태적(static)인식이다.

이에 비해 길찾기는 특정의 목적지에 다다를 수 있는 능력을 포함하는 개념으로서, 물리적 환경으로부터 인지지도(cognitive map)를 작성하고 이를 이용하여 특정의 목적지에 가기 위한 계획을 세우고 필요한 순간에 의사결정을 해야 하는 동태적(dynamic) 과정이다. 따라서 길찾기는 복수의 공간적 정위를 포함하는 종합적이고 연속적인 동적과정이며, 공간적 문제풀기의 과정으로 정의할 수 있다.

3) 길찾기를 위한 정보

길찾기는 인간이 물리적 환경으로부터 주어지는 정보를 지각하고 인식하며, 그리고 기억과 학습의 과정을 포함하는 종합적인 차원을 가진다. 이러한 종합적인 과정으로서의 길찾기에 소요되는 개인적 능력이나 심리적 차이를 제외한다면, 건물의 계획과 관련하여 가장 중요하게 고려되어야 할 사항은 바로 길찾기가 이루어지는 건물과 그 주변환경으로부터 주어지는 정보일 것이다.

기존의 연구들에서 제안되어진 환경정보를 단순화시키면, 사인과 지도 등에 의한 표시적 정보와 건축공간을 통한 인식적 정보라는 두 가지 유형으로 크게 나눌 수 있다. 여기서 표시적 정보는 사인 · 안내판 · 지도 등을 포함하는 포괄적 의미로서 언어나 도식의 형태로 주어지는 모든 정보의 총괄을 의미한다.

<표 11-2> 길찾기 정보의 유형

구분	표시적 정보	인식적 정보
정보형태	사인 · 안내판 · 지도 등을 포함하는 언어나 도식의 형태로 주어지는 정보	건축공간과 시지각을 통해 인식되는 정보
역할	길찾기에 있어 보조적인 역할 이상을 기대하기 어려움	길찾기에 있어 본질적 역할을 담당

(출처: 정무웅, 앞의 책, p.405)

2. 도시 · 건축 공간의 길찾기

1) 도시공간 차원의 길찾기

도시적 차원에서의 길찾기는 린치(K. Lynch)의 「도시의 이미지(The Image of The City,1960)」에서 나타난 도시의 이미지에 대한 연구와 매우 긴밀한 관련을 맺고 있다. 그는 미국의 도시를 대상으로 실시한 연구에서 다섯 가지의 요소 즉, 통로 · 경계 · 지구 · 결절점 · 랜드마크를 도시의 이미지 결정요소라고 주장하였다.(제7장 참조)

통로(path)는 관찰자가 일상적으로 또는 우연히 지나갈 가능성이 있는 길을 뜻한다. 도로 · 산책로 · 운송로 · 운하 · 철도 등을 포함하며 많은 사람들에게 지배적인 이미지요소로 인식된다. 사람들은 그것을 통해 이동하며 도시를 관찰한다.

경계(edge)는 관찰자가 통로로 사용하지 않거나 고려하지 않는 선형적인 요소이다. 이는 끊어진 철길, 개발지의 자투리 땅, 벽 등 연속적인 선상의 끊김이나 두 통로 사이의 경계이다. 경계는 통로만큼 지배적이지는 않을지라도 수면이나 벽이 도시의 윤곽을 형성하는 경우처럼 막연한 영역을 하나도 묶는 역할을 해내는 점에서 중요하다.

지구(district)는 도시의 비교적 큰 한 부분지역으로서, 관찰자가 그 내부에 들어갈 수 있고, 내부의 각 부분에 무언가 공통적이고 독자적인 특징을 가지고 있다고 인식되어지는 요소이다. 지구를 결정짓는 물리적인 특징은 용도 · 건축유형 · 텍스처 · 색채 등의 테마가 연속된다는 것이다.

결절점(node)은 관찰자가 그 안으로 들어갈 수 있고, 그곳을 향하든지 그곳에서 출발할 수 있는 도시 내부에 있는 주요지점이다. 그것은 주요 접합점으로 교통이 끊기는 곳, 가로가 교차하거나 바뀌는 곳, 하나의 구조에서 다른 구조로 바뀌는 지점이다.

랜드마크(landmark)는 간략히 정의 내릴 수 있는 물리적인 물체(빌딩 · 간판 · 가게 · 산)이며, 도시 내부에 있을 수도 있고 또는 꽤 멀리 떨어져 있어 일정한 방위를 나타내는 것도 있다. 이런 종류로는 우뚝 서 있는 탑, 금색의 둥근 지붕, 큰 언덕 등이며, 가장 중요한 물리적인 특색은 주위의 물건 가운데 눈에 잘 띄어 기억하기 쉽다는 것이다.

<그림 11-10> 뉴욕의 랜드마크(Flatiron Building)

2) 건축공간 차원의 길찾기

Lynch가 주장한 도시의 이미지를 구성하는 다섯 가지 요소는 건축적인 차원에서도 적용이 가능한데, 중요한 것은 이러한 요소들이 어느 정도 강조되어야하는 문제들이다. 우리가 길찾기를 함에 있어서 어려움을 느끼는 것은 우리가 배회하는 장소에 공간적 랜드마크나 공간적 독특성이 없기 때문이다.

<표 11-3> 도시이미지 요소와 건축요소

도시이미지 요소	건축적 차원에서의 적용
통로(paths)	복도 · 통행로 · 계단 · 엘리베이터 등
경계(edges)	건축적 차원에서 약간 불분명 하다고 볼 수 있으나 대체로 벽 · 담장 등
지구(districts)	쇼핑지역 · 사무지역 · 주거지역 등
결절점(nodes)	동선의 교차점 · 홀 · 내부광장 등
랜드마크 (landmarks)	특성 있는 가게 · 술집 · 정보안내판 · 조각 · 경관 등 어떤 대상물이나 공간 자체

(출처: 정무웅, 앞의 책, p.412)

패시니(R. Passini)의 건축공간의 길찾기에 대한 연구를 보면, 피실험자를 대상으로 실시한 설문 · 면담 · 인지지도 등의 다양한 방법을 통해 건축공간의 구성이 중요하다는 결론을 내렸으나, 구체적인 제안에서는 단순한 평면구조가 인식하기 쉽다는 사실을 강조하는데 그치고 있다.

지금까지의 건축공간 차원에서의 길찾기에 대한 연구의 결론은 대부분 길찾기에 좋은 평면은 기억하기 쉬운 단순한 공간구성으로 이루어져야 한다는 그야말로 단순논리에 귀착하는 경우가 많다.

3. 공간정보와 사인

1) 도시의 공공정보

사람들은 도시의 직접적인 형태에 의하기보다는 사람 · 사물 · 공간 등의 실체 사이에 존재하는 정보라는 매개체에 의해 도시를 체험한다. 도시공간에서는 크게 나누어 두 종류의 정보가 있다. 하나는 장치화된 정보이고, 또 다른 하나는 움직이는 정보이다. 전자는 사람의 흐름이나 거리에 질서를 갖게 하는 요소로서 교통신호기나 랜드마크가 되는 표시 및 건물등과 같이 고찰된 것이며, 후자는 건물 앞에 행해지는 퍼포먼스나 버스 · 택시 · 지하철 등 차량에 부착되는 광고처럼 이동되는 것이다.

또한 정보는 도시의 기능을 충족하고 쾌적한 환경조성에 중요한 역할을 담당한다. 도시공간에 자리를 차지하는 정보는 공공정보와 상업정보로 크게 나눌 수 있다. 공공정보는 옥외생활의 안전과 행동을 원활하게 하는 도로표지판 · 지명표지판 · 버스정류장표지판 등의 사인이나 지역의 정보를 전달하는 공공게시판 · 전광뉴스, 그리고 시계 · 온도계 등의 가로장치물(street furniture)도 포함된다. 한편, 상업정보는 그 전달 목적으로부터 거의 모든 상업지역에 설치되고 점포가 그의 존재와 영업 내용을 알리는 간판, 대기업의 지명도를 높이기 위한 소형의 기업사인이나 대형의 조명광고탑 · 애드벌룬 등을 들 수 있다.

<그림 11-11> 공공정보 예

<그림 11-12> 상업정보 예

도시의 공간정보는 그 조형 · 색채 · 문자 · 소리 · 빛 등을 통해 인간의 시각이나 청각을 자극한다. 그러나 현대와 같이 정보 과다의 도시공간 속에서는 이제 정보전달 효과를 발휘할 수 없을 정도의 혼돈(chaos) 상태를 빚어내고 있기 때문에 대부분의 정보는 경관의 일부를 형성하고 있음에 지나지 않는 것이 많다.

2) 공간정보로서의 사인

사인(sign)은 넓은 의미로는 '어떤 사물이나 사상을 대리하는 것'이라고 정의할 수 있으나 좁은 의미로는 교통표지나 거리의 지도, 시설의 유도간판 등과 같은 문자나 그림이 주체가 된 사인간판을 지칭한다. 사인은 도시민이나 방문자에게 도시공간과 시설 등을 알기 쉽게 안내하고, 쾌적하게 행동할 수 있도록 각종의 정보를 전달하는 기능을 갖고 있다.

현대도시는 점점 복잡화·국제화되어 가고 있으므로 시민이나 외국인을 포함한 방문자에게 도시공간을 이해하기 쉽게 안내할 필요성이 매우 크다. 사인의 표현방법은 지도·문자·그림문자(pictograph)·영상매체 등이 있다. 정보전달 방법으로서의 지도는 지도·그림·노선도·조감도 등이 있지만 경우에 따라서는 사진이나 모형으로 표시하는 경우도 있다.

<그림 11-13> 그림문자의 예

11.5 가상공간과 사회

1. 정보사회와 가상공간

정보사회는 컴퓨터기술의 급속한 발달로 정보의 흐름과 의사소통양식이 크게 변하면서 정치·경제·사회·문화 등 사회구조 전반에 걸쳐 새로운 현상이 나타나는 모습을 말하며, 이러한 정보사회에 가장 결정적인 것은 컴퓨터기술의 발전이다. 컴퓨터에 의해 이러한 정보통신(ITC: Information and Technology Communication)이 점차 발전되면서 사회성에 대한 논의가 보다 다차원적인 관점에서 논의되고 있다.

가상공간(cyber space)은 물리적인 공간으로서 존재하지는 않지만 공간적 은유로 표현되며 물체가 없는 정보공간과 같은 의미로 사용된다. 컴퓨터의 발전에 의해서 이러한 도구로서의 정보는 그 한계를 벗어나 가상현실을 제공하고 이는 공동체로 인식되게 되었으며, 이를 경험하는 인간들의 공유를 통해 사회적 공간으로 발전하고 있다.

2. 가상공간과 사회문제

1) 가상공간의 영향: 긍정론과 부정론

인터넷과 가상현실 등의 정보통신기술이 인간의 자아인식 및 자아정체성 구성에 미치는 영향에 대해서는 크게 긍정론과 부정론이 있다. 대체로 정보사회 긍정론이 가상공간의 정체성 발달 잠재력을 높이 평가하는데 비해, 정보사회 비관론 내지 부정론은 가상공간에서 형성되는 정체성의 부정적 측면을 부각시키고 있다(Jones, 1998).

먼저, 가상공간의 긍정적인 점은 개개의 인간이 능동적 참여자로서 자아 구성의 주체이며, 자신의 정체성을 스스로 선택할 수 있다는 것이다. 즉, 이는 자신의 자아를 구성·재구성할 수 있는 새로운 사회적 장으로서의 역할을 가능하게 하며, 익명성이 보장되고 상대적으로 자유로운 사이버공간에서 현실적 자아보다도 더 진정한 자아를 발견할 수 있다는 점이다. 반면에 부정론은 가상공간이 기존의 자아로서의 경계를 허물고 자아와 정체성을 괴멸시킴으로써, 결국 인간은 다중정체성에 놓이게 된다는 것이다.

2) 가상공간의 사회적 문제점

가상공간에서의 인간활동 및 접촉과 관련한 장점에 대해서는 크게 문제시되지 않지만, 단점의 경우에는 심각한 사회문제가 될 수 있다. 이러한 관점에서 가상공간에서 나타날 수 있는 대표적인 문제점은 다음과 같다.

첫째, 사이버 공간에서는 자신의 정체성을 숨기고 또 다른 자아를 내세움으로써 자신의 익명성을 높이게 된다. 익명성은 정치적·문화적인 목소리를 높임으로써 사회에 기여하는 긍정적인 면도 있겠지만, 주로 부정적인 면에서 많이 거론된다. 대표적인 것이 스타들을 향한 악성댓글로 이른바 '최진실법' 공방도 이러한 현상에 대한 하나의 예로 볼 수 있다.

두 번째로, 논의되는 것은 폭력적인 가상현실의 혼동에서 오는 문제점이다. 최근 여러 나라에서 심각한 사회문제로 대두되고 있는 인터넷에 의한 청소년 범죄들은 현실공간에서의 자아와 가상공간에서의 자아의 괴리에서 오는 현상으로 자아의 분열에서 기인한다고 볼 수 있다.

세 번째로, 시 · 공간의 통제가 불가능하다는데서 생기는 문제점이 존재한다. 가상공간의 특성상 시간과 공간의 제약에서 거의 무한대로 해방되었고, 이는 다양한 사이버테러의 특징으로 존재한다. 예를 들어, 범인은 A나라 사람이고, 범행장소는 B, 인터넷 서버가 있는 곳은 C국가이며, 피해자는 전지구적인 것이 된다. 특정인을 가리지 않는 불특정 다수가 목표이며, 국경 없는 범죄로 행해지는 것이다.

그런데 이러한 가상공간에서 일어나는 사회적 범죄는 그 피해범위가 너무 광범위하기 때문에 대책을 세우기가 매우 어렵다는 점이며, 따라서 가상공간도 현실공간과 같은 법과 제도에 의해 강력하게 규제되어야 한다는 견해가 지배적이다.

참고문헌

1) Carmon, M., 강홍빈 외 옮김, 도시설계(Public Places · Urban Spaces), 대가, 2009.
2) 곽지훈, 공동주택 거주성 지원을 위한 커뮤니티 공간디자인 연구, 2008.
3) 국토해양부, 미래도시 비전, 2020.
4) 김철수, 도시공간의 의해, 기문당, 2006.
5) 정무웅 외, 건축디자인과 인간행태, 문운당, 2009.
6) 한국토지개발공사, 장애인을 위한 외부공간설계기준, 1987.
7) Doxiadis, C. A., Architecture in Transition, Hutchinson & Co., 1963.
8) Gold, J.R., AU Introduction to Behavioral Geography, New York: Oxford University Press, 1980.
9) Jacobs, J., The Death and Life Great American Cities, New York: Random House, 1966.
9) Newman, O., Defensible Space, New York: Macimillan, 1972
10) Spreiregen, P.D., Urban Design: The Architecture of Towns and Cities, McGraw - Hill Book Co., 1965.

12 공간과 문화

12.1 공간과 문화 · 예술

1. 생활과 문화공간

1) 문화공간의 의의

도시라고 하는 공간 속에서 여러 계층이 공동으로 살아가기 위해서는 단순히 도시의 물리적 수요를 충족시키는 일만으로는 도시생활이 정상적으로 영위될 수 없다. 따라서 도시생활이라고 하는 의미 속에는 생존과 생활, 그리고 문화라고 하는 정신적인 환경요소가 동시에 포함되어 있으며, 장기적으로 볼 때 도시의 문화환경을 조성하는 일도 사회간접자본에 투자하는 일만큼이나 중요한 의미를 갖는 것이다.

다시 말해 도시공간은 기본적으로 생물적 존재로서의 생존을 위한 생리적 욕구의 충족을 위한 생활환경의 질이 요구되지만 궁극적으로는 문화적 존재로서의 자아실현욕구 충족을 보장하는 생활환경의 질, 즉 의미 있는 문화환경이 요구되는 것이다.

이에 따라 최근 우리나라의 대도시는 공연장 · 문화회관 같은 새로운 문화공간과 시설을 대폭 확충하고 있는 추세에 있으며, 문화적 정체성을 자각하고 지방마다 도시마다 고유의 문화적 자산을 활용하고 보존하려는 자생적 운동이 음악 · 미술 · 연극 등의 여러 분야에서 많이 나타나고 있다.

2) 문화공간의 유형

문화는 물질적인 문명에 대비되는 '인간의 내적 정신활동의 소산'이라고 정의된다. 따라서 문화공간이라고 말할 때에는 인간의 정신활동이 활발히 이루어지는 공간 혹은 정신활동이 이루어지도록 구성된 공간이라고 정의할 수 있다. 이러한 정의를 내린다면 학문 · 예술 · 종교 · 법률 · 정치 등의 정신적 활동이 이루어지는 모든 공간을 문화공간이라고 부를 수 있다. 그러나 협의의 문화공간은 주로 전시 · 공연 등의 예술, 그리고 역사 · 문화재와 관련된 공간을 의미한다.

한국문화예술진흥원에 따르면 문화공간은 그 성격과 기능에 따라 크게 공연시설 · 전시시설 · 도서관 · 종교시설 · 공원의 다섯 가지로 분류된다.

- 공연시설: 종합경기장 · 일반공연장 · 소공연장 · 영화관 등
- 전시시설: 박물관 · 미술관 · 전시실 · 화랑 등
- 도서관: 공공도서관 · 대학도서관 · 학교도서관 등
- 종교시설: 불교 · 기독교 · 천주교 · 유교 · 원불교 등
- 공원: 문화공원 · 역사공원 · 근린공원 등

2. 종교와 공간

1) 종교와 공간

우리들의 생활에서는 주술(呪術)을 포함한 넓은 의미에서의 종교가 깊게 침투하고 있다. 그것은 생활의 근대화라고 일컫는 것과 거의 관계가 없다고 말해도 좋다. 실제로 고도문명사회에 있어서도 종교가 더 없이 큰 힘을 가지고 있는 것은 분명한 사실이다.

엘리아데(M. Eliade)와 같은 종교학자들의 설명에 따르면, 종교는 우선 첫 번째로 '성스러운 것(holiness)' 을 '세속된 것(profane)'과 구별하는 것으로부터 시작하는데, 물론 전자가 신앙의 대상이 되는 것이다. 그리고 신성화를 구별하는 대상은 민족이나 부족에 의해 다르고 극히 다양한 성스러운 것이 있기 때문에 전체적으로 신성화에 미치는 범위는 대단히 넓다. 당연히 공간도 신성화의 대상이 되는 것이고, 거기서 성스러운 공간이 생겨난다.

2) 신성한 공간의 상징

성스러움과 속됨은 본래 정성적 · 질적인 구별이기 때문에 둘 사이에는 의미의 단절이 있다. 같은 사물이나 장소라고 하여도, 그것이 신성화되는 것으로 의미상의 본질적인 차이가 생긴다. 예를 들면, 한 개의 돌이 신성화될 때, 사실의 레벨에서는 그것이 돌일 뿐이고, 혹은 그것의 물리적인 성질에는 어떠한 변화도 생기지 않지만, 의미의 레벨에서는 전혀 다른 것이 된다.

그러나 의미상에서의 차이를 기호나 상징(symbol)등을 통해 직관화하

는 일도 필요하다. '성스러운 것'은 성스러운 것으로 인정되지 않으면 안 되는 것이기 때문이다. 예를 들면, 같은 집들이 나란히 늘어서 있고, 그 구조상의 외견으로 본다면 모두가 주택처럼 보이지만, 어떤 한 채의 집 위의 지붕에 십자가가 걸려 있다면, 그것이 교회나 성당이라고 하는 '성스러운 공간'이라는 것이 확실하다.

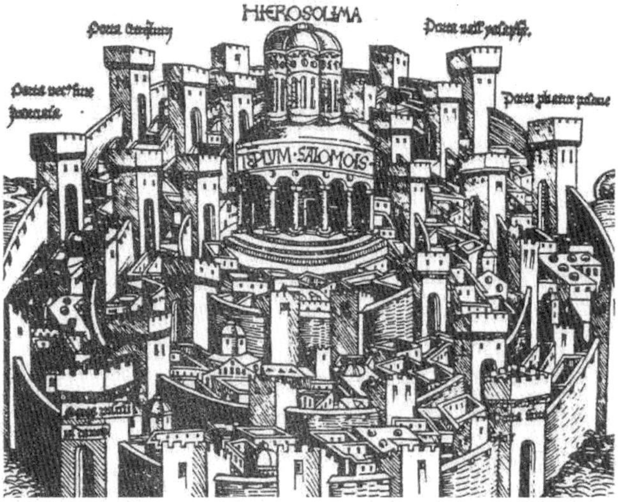

<그림 12-1> 성스러운 예루살렘(중세 목판화)
(출처: 김철수, 도시공간계획사, 기문당, 2009, p.263)

3) 신성한 내부공간

성스러운 공간은 건물의 내부공간뿐만 아니라 그 외부공간도 성스러운 것이 되고 축제의 장소가 된다. 거기에는 사람들이 모이고, 노점을 연다든지, 음식을 즐기고, 퍼레이드나 야외극·연예로 흥겨워하면서 하루를 한껏 즐거워하는 것이다.

그러나 종교의 본질적인 부분은 말할 것도 없이 외부공간보다는 주로 내부공간에서 행해진다. 성스러운 공간이라는 것은 원래 종교적인 건조물의 내측에 있고 예배가 행해지는 장소를 가리키는 것이다. 일반적으로 기도라고 하는 것은 신과 개인이 비밀스럽게 교류하는 것이기 때문에 본질적으로 비밀스러운 것이고, 따라서 원래는 닫힌 공간을 필요로 하는 것이다.

따라서 교회·성당·모스크 모두 반드시 기도를 위한 내부공간을 갖추고 있는 것이다. 이 성스러운 내부공간은 이른바 신비하고 영적인 기(氣)나 힘(力)으로 충만되고, 그것으로 깨끗하게 정화(淨化)되어 있기 때문에 당연히 외부의 속된 공간과는 완전히 이질적인 것이다.

4) 성스러운 공간의 의미

지금까지 서술한 신전이나 성당과 같이 성스러운 공간은 누구의 눈에나 성스러운 것으로 비춰지는 것만은 아니다. 예를 들면, 성스러운 산이라든지 성스러운 강이라고 일컬어지는 것이 그 예이다. 인도의 힌두교도들에게 있어서 갠지스강은 지극히 성스러운 강이고, 신자들은 천리길을 마다않고 힘들고 먼 여행을 한 끝에 그 곳에 도착하여 신앙의 희열 속에서 목욕을 한다. 그러나 힌두교도가 아닌 사람들의 눈에는 갠지스강도 다른 강과 다른 의미상의 차이가 전혀 없는 것이다.

옛날 사람들은 특정한 산에 올라가 기원을 한다든지, 때로는 산중에 들어가 수행을 하였는데, 이러한 예는 전세계의 어디서나 볼 수 있다. 그러나 이들 산도 신앙을 벗어나 생각하면 다른 산과 다른 의미가 없고, 현대의 젊은이들에게 있어서 단순한 스포츠로서 등산의 대상에 불과하다.

3. 문화 · 예술공간

1) 예술과 공간

일반적으로 예술이라고 하는 것은 세계 · 인간 · 생활에 관련된 진실이나 미(美)에 대해서 작가가 마음에 품고 있는 감정이나 이념을 특정의 소재(material)와 기법을 사용하여 객관적으로 표현하고 감상하는 사람에게 그것을 감동을 주고 호소하는 활동이기 때문에 본질적으로 창조의 행위이다.

그러므로 자연물을 충실하게 모사(imitation)하는 것은 표현기법으로서는 매우 중요하지만, 예술이라고는 말할 수 없다. 따라서 예술미는 어디까지나 창작된 아름다움이다. 이와 같이 미를 객관적으로 만드는 프로세스 중에 공간이 깊게 관련되어 있으며, 그 관계가 가장 깊은 것은 조형예술이다. 간단히 말하면, 조형예술은 이념을 공간적으로 형상화하는 행위이기 때문이다.

이 조형예술의 대표적인 것으로서 조각 · 건축 · 회화를 들 수 있는데, 이 중에서 조각과 건축이 3차원(입체)적인 공간구성을 전개하는 것에 비해, 회화는 2차원(평면)의 화면에 형상화 한다.

2) 조각

조각은 입체적으로 공간을 구성하는 예술이다. 그리고 조각은 물체를 만드는 행위이기 때문에, 거기서 구성되는 것은 실(實)공간이고 허(虛)공간은 아니라고 하는 것이 일반적이다. 즉, 조각은 기본적으로 몸체를 만든다고 하는 외적인 공간구성을 행하는 것이다.

바꿔 말하면, 조각에서는 공중의 내부공간이라고 하는 것은 그다지 중요한 의미를 가지지 않는 것이 보통이다. 물론 현대 조각 중에 일부러 내부공간을 강조하는 작품도 보이지만, 그것은 오히려 조각은 몸체라고 하는 통념에 대해서 굳이 저항(protest)하려고 하는 것은 의도적인 예외에 불과하다.

3) 회화

앞에서 서술한 것처럼, 회화는 2차원의 평면공간에 있어서 행하는 조형이지만, 그것의 대상이 되는 것은 주로 3차원의 물체이다. 예를 들면, 인물화를 그릴 때 캔버스는 2차원이고, 모델은 3차원이다. 3차원의 물체를 2차원의 작품으로 미적 이념을 표현하는 것은 조각보다 회화가 더 어렵다고 말할 수 있다. 따라서 회화에서는 평면공간에서 사물을 입체적으로 표현하는 다양한 기법(technique)을 사용하고 있다.

회화에 있어서 입체감을 나타내기 위한 가장 소박한 기법으로서 빛을 받는 부분과 그림자 지는 부분의 명암을 대비시킨 음영기법을 들 수 있는데, 그것은 극히 초보적인 연습이기도 하다. 음영기법의 예를 들면, 세계의 명화로 일컬어지는 작품에서 보이듯이, 노인의 얼굴에서 볼 수 있는 주름을 음영으로 표현하고, 거기에 새겨진 생활의 연륜을 표현한다든지, 여성의복의 주름이나 육체의 입체감을 음영으로 표현한다든지 하는 것은 거장들에게 있어서 필수의 기법이었다.

그러나 이러한 명암대비는 가까운 곳에 있는 물체의 공간적 표현에 대해서는 유효하지만 원거리 풍경의 표현에서는 충분하지 않다. 그것을 보충하기 위해 궁리되었던 것이 르네상스 시대부터 사용되어 온 원근법(perspective)으로써, 가까운 물체는 크게 그리고 멀리 있는 물체는 작게 그리는 이 원근법이 공간표현에 미친 공적은 지대하다.

이 원근법과 밀접하게 연결지어져 있고, 회화에 있어서 결정적인 의미를 갖는 공간 표현기법이 되었던 것이 구도(composition)이다. 예를 들면, 책상위의 정물을 그리는 것에 있어서도 여러 개의 과일을 어떤 식으로 배치할 것인가, 그것보다도 키가 큰 화병을 어디에 둘 것인가 등에 따라 그 정물화의 예술적 가치가 크게 좌우된다. 풍경을 그릴 때도 화면의 어디를 지평선으로 하고 어디에 화면의 초점을 두고, 그 위에 그것을 바탕으로 산이나 호수를 어떤 식으로 배치할 것인가 하는 공간적인 처리와 구성이 극히 큰 예술적 가치를 가지는 것은, 구도의 명수(名手)라고 일컬어지는 세잔(P. Cezanne/1839-1906)의 정물화(Basket of Apples) 등을 보면 분명하게 알 수 있다.

그런데 동양화의 공간구성에 있어서 주목해야 할 점은 공간을 굳이 의도적으로 구성하지 않는 것이 실제로는 처음부터 하나의 공간구성이 되어 있다고 하는 것인데, 이것은 화면의 전체를 구석구석까지 염료로 칠하는 서양화에서는 전혀 보이지 않는 현상이다. 이것에 반하여 동양화에서는 화면의 상당한 부분에 빈공간(여백)이 있는데, 이러한 특징은 완당(추사) 김정희의 세한도(歲寒圖)에서 아주 잘 나타나고 있다.

〈그림 12-2〉 세잔의 정물화

〈그림 12-3〉 김정희의 세한도

동양화의 허공간에서는 그렇게 부정적인 것은 전혀 아니고, 그 자체로서 적극적인 의미를 가지고 있다. 그것은 이른바 '충실한 허공간' 으로도 말할 수 있는 것이고, 마치 침묵이 백만 마디의 연설보다도 많은 것을 말하고 있는 것과 같은 방법이라고 말할 수 있다. 이와 같이 허공간에서 강한 효과를 발휘하여 실공간과 같은 의미를 부여한다든지, 혹은 허공간을 무의미로 보지 않고 거기에 깊은 의미로 이해한다고 하는 것은 서양적인 감성과는 다른 동양적인 감성을 표현 하는 행위라고 말할 수 있을 것이다.

4) 건축

건축의 경우에는 그 공간구성이 외부적인 것과 동시에 내부적이고, 실공간으로의 성격만을 나타내지 않으며, 허공간으로의 관심도 대단하다. 분명히 옛날부터 건축에서는 우선 바깥을 향해서 목적을 실현하는 실공간의 구성으로서 건축이 행해졌다는 것은 의심의 여지가 없다. 이집트의 피라미드, 북경의 고궁이나 모스크바의 크레믈린, 서양 중세고딕양식의 성당, 이슬람의 모스크(mosque), 뉴욕 맨하탄의 마천루, 그리고 꼬르뷔제 · 가우디(A. Gaudi) 등이 설계한 건물 등은 이를 아주 잘 대변해 주고 있다.

〈그림 12-4〉 가우디의 대표적인 건축작품

(왼쪽: 사그라다 파밀리아 성당, 오른쪽: 카사 바틀로 주택의 지붕과 굴뚝)

그러나 건축의 경우에서 중요한 것은 그러한 실공간(몸체)만은 아니다. 그 실용적 · 기능적인 가치는 오히려 그 내부에서 만들어졌던 허공간에 있다. 내부공간의 중요성은 우리들이 일상적으로 관련하고 있는 주택건축이나 오피스빌딩에 있어서 더욱 결정적이다. 이러한 것은 우리들이 살고 있는 것은 집안이고, 우리들이 일하는 것은 건물의 내부이기 때문이다. 그리고 주택에 있어서 거기에 사는 것이지만 빌딩에 있어서는 그 안에서 일을 하는 것이 제일의 목적이라고 하는 것은 말할 것까지도 없다. 물론 때로는 왕후 · 귀족이나 부호의 저택처럼, 몸체로서의 주택의 크기나 외면의 형태가 신분의 상징이 된다든지, 미국의 마천루와 같이 건물의 높이가 중요시되었던 일도 있지만, 그것들은 어떠한 건축 그 자체의 목적에 있어서는 부차적인 의미에 지나지 않는다.

건축물은 미적인 것이 어느 정도 필요하다고 하는 것은 말할 것도 없다. 그러나 원래 실용성을 목적으로 만드는 한 주택이나 건물은 특히 공간구성과의 관계에서 보면, 미는 기능에 종속해야 할 것이다. 아무리 미적으로 공들인 집이라도, 사는 것이 불편하다면 결코 훌륭한 건물이라 말할 수 없다.

5) 연극(공연)

공간구성과 밀접하게 관련된 예술 장르의 마지막 예로서 연극(공연)이 있다. 연극은 무대 위에서 현실에 있어서 인간의 행동을 재현하는 것을 표현수단으로 하는 예술이기 때문에 인간의 행동공간도 무대상에서 재현되지 않으면 안 된다.

그러나 무대 위의 행동공간은 어느 정도는 현실적이지만, 현실의 공간과 같은 것이라고는 할 수 없다. 예를 들면, 높은 산이나 평원을 무대상으로 만드는 일은 극히 어렵고, 하물며 작은 호수나 작은 하천을 현실 그대로 재현하는 것은 절대로 불가능하다. 따라서 무대 위의 행동공간은 본질적으로 가설구조물에 불과하다.

결국 연극공간이라고 하는 것은 사실공간을 가설공간으로 전환하고, 그것을 배우의 연기와 관객의 상상력에 의해 현실공간인 것처럼 역할하게 하는 것이라고 말할 수 있다.

6) 공공미술(public arts)

일반적으로 도시의 도로 · 광장 · 하천 · 건물 앞 등의 공공장소에 설치되는 환경조형물을 공공미술이라 한다. 이것은 과도한 상업주의에 의해 획일화되고 건조한 도시의 가로환경을 아름답게 해주는 장식적 요소로서 큰 역할을 하고, 특히 일반시민에게 예술작품을 감상할 수 있는 기회를 제공한다는 측면에서도 그 의미가 매우 클 뿐만 아니라 나아가서 지역에 대한 자부심과 애정을 이끌어 내는 요소로 작용하기도 한다.

도시의 광장이나 큰 길에 있어 조각 등을 설치하는 것은 먼 옛날부터 행해져 왔지만, 그것들은 기념비적인 것이 대부분인데 비하여 공공예술은 환경적인 조형물인 것에 특징이 있다. 환경적이라고 하는 의미는 그것이 놓이는 장소나 공간과의 관계를 중요시하고 미술관으로부터 나와 있는 것 같은 작품이지만 어디에 놓일지 모르는 양산품은 공공예술이 아니다.

최근에는 건축이나 광장의 일부나 그것들과 일체화한 작품, 기능을 가지는 것이 장소를 그대로 작품화한 예술까지 만들어지게 되었다.

<그림 12-5> 미국 뉴욕(좌: 로버트 인디애나, 우: 아르투로 디모디카)

4. 위락공간

1) 인간생활과 위락

네덜란드의 역사학자 호이징가(J. Huizinga/1872-1945)가 인간을 호모루덴스(homoludens, 노는 사람)로 해석한 것처럼 인간에게 있어서 '위락(play, amusement)' 이라는 것은 다른 동물과 다른 본질적인 요인이기도 하고, 또 생활문화의 불가결한 일부이기도 하다. 그러나 위락이라는 것은 살기 위한 과정으로 필요에 따라서 강제된다든지 구속된다든지 하지 않는다는 특성이 있다.

위락은 어린 아이의 장난을 비롯해서 스포츠 · 레크레이션 · 여행 · 오락 · 취미 · 연예 · 유흥 · 방탕에서 사교에 이르기까지 실로 각양각색이다.

2) 위락공간

일반적으로 어떤 행동은 반드시 공간을 필요로 하고 그것에 관계하고 있기 때문에 위락에도 공간문제가 관여되는 것은 당연하다. 게다가 위락가 행동이라고 해도 그것은 언제나 자신이 신체를 움직이고 있는 것으로 한정하지는 않는다.

위락은 이른바 소극적인 감상으로서의 위락라고 하는 반면이 있다고 하는 것도 부정할 수 없다. 실제로 우리들은 연극이나 연예장에 나간다든지 오페라나 콘서트에 간다든지 미술관이나 화랑을 방문하는 것은 주로 향수라고 하는 면에서의 위락이고, 스포츠에서조차도 그러한 소극적인 위락도 많이 있다.

그러나 앞으로 고도의 문명사회로 진전됨에 따라 여가시간(leisure time)이 늘어나고 정신적 · 물질적으로 풍부해질 것으로 전망되기 때문에 생산보다는 소비를 지향하게 되고, 거기서 생겨난 생활을 세련되게 하기 때문에 위락활동이 양적으로 증가할 뿐만 아니라 질적으로도 섬세해질 것이기 때문에 다양한 위락공간이 더욱 필요해질 것이다.

12.2 한국인의 자연관과 풍수

1. 풍수와 음양오행

건축은 공간의 형태를 만들고, 그 안에 기(氣)를 불어 넣는 작업이다. 사람은 누구나 그 공간 속에서 살아가게 되고, 그 공간의 기를 받게 된다. 따라서 건축 · 도시공간은 사람과 기를 서로 주고받으며 공생하는 생명체이며, 우리의 전통문화유산인 풍수는 바로 여기에서 출발한다.(박시익, 1999:8~9)

풍수(風水)라는 용어는 장풍득수(藏風得水)를 줄인 말이다. 풍수지리의 이론적 배경은 고대 중국의 역(易)사상, 즉 음양오행(陰陽五行)사상이며, 우리나라에는 통일신라시대 도선(道詵)스님에 의해 처음 도입된 것으로 전해지고 있다.

음양론은 우주의 모든 사물은 음과 양으로 구성되어 있고, 이들이 조화를 이루어야 서로 상생(相生)할 수 있다는 것으로서, 이 원리는 바로 남자와 여자가 만나 아기를 출산하는 것과 같은 이치이다. 즉, 양은 남자의 기운이며, 음은 여자의 기운으로 볼 수 있다. 바탕(음)이 좋아야 외형(양)이 좋듯이 여자의 내조가 있어야 남자가 성공할 수 있다. 또한 조상의 묘를 잘 써야(음) 나와 가족들이 번창(양)할 수 있다. 이렇듯 음양이론에서 모든 것이 증명되며, 풍수사상의 상징성과 중요성을 대변해 주고 있다.

오행이란 수 · 목 · 화 · 금 · 토의 5가지 기운이다. 수(水)는 물처럼 아래로 내려가는 성질에 해당되며, 겨울에 생명체 활동이 거의 정지되듯 다음 기간까지 생명력이 준비를 갖추는 것을 의미한다. 목(木)은 나무와 같이 수직 상승하는 기운을 말하며, 봄에 해당하는 나무는 솟아오르는 생명력을 뜻한다. 화(火)의 기운은 불꽃과 같이 기운이 사방팔방으로 확산되어 폭발하는 힘을 말하며, 나무가 무성해지고 꽃이 만발하듯 여름과 같다. 금(金)은 수축하려고 하는 기운이며, 가을이 되면 모든 물체는 쌀쌀한 기운 때문에 움츠려든다. 그리고 토(土)는 수 · 화 · 목 · 금의 기운을 골고루 갖고 있는 기운이며, 마치 흙이 모든 생명체를 포용 하는 것과 같이 한 계절에서 다음 계절로 넘어가는 중간쯤을 의미한다.

〈표 12-1〉 5행 요소의 상징적 의미

오행	방위	계절	색	사신사
수(水)	북	겨울	검은색	현무(玄武)
화(火)	남	여름	붉은색	주작(朱雀)
목(木)	동	봄	푸른색	청룡(靑龍)
금(金)	서	가을	흰색	백호(白虎)
토(土)	중앙	변절기	노란색	봉황(鳳凰)

즉, 풍수지리라는 전통사상은 토지에 일종의 신비한 힘(氣)이 있는 것으로 인식하고, 산과 물의 형세를 관찰하여 그 지역의 길흉화복 관계를 형이상학적으로 해석 · 판단하는 이론이라 정의할 수 있으며, 이 설은 분묘 · 사찰 · 주거 · 취락 · 도성 등을 축조하는 데 있어서 그 입지와 배치를 결정하는 가장 중요한 계획원리와 공간구성기법으로 적용되어 왔다.

2. 풍수의 기본요소

1) 산 · 수 · 방위

인간을 비롯한 모든 생물에게 있어서 바람(風)과 물(水)은 생명의 근원이다. 풍수의 기본요소는 산 · 수 · 방위의 3가지이다. 여기에서 산 과 수가 도읍 · 궁택 · 능묘 등의 입지선정의 원리였다면, 방위는 중요한 시설배치의 기준이었다고 볼 수 있다.

풍수의 목적은 혈(穴)을 찾는 데 있다. 산의 모양과 흐름이 용(龍)과 같고 생기가 넘치는 곳을 용맥이라 하며, 용맥 가운데서 가장 생기가 넘치는 곳을 혈이라 하는데, 이 혈이 양기(陽氣)이면 주 건물을 세우는 곳이고, 음택(陰宅)이면 관을 묻는 곳으로서 이를 좌(座)라 하며, 이 좌에 바로 면하는 방위를 향(向)이라 한다.

그런데 혈은 혼자 존재하는 것이 아니라 이를 옹위하는 사신사(四神砂) 즉, 좌청룡 · 우백호 · 남주작 · 북현무의 산세를 갖추어야 하며, 특히 혈의 앞에 있는 명당과 결합해야 한다. 혈은 성스러운 곳(양)이고, 명당은 속된 곳(음)이며, 이 음양이 조화되는 자리, 즉 형국(形局)의 중심은 바로 소우주를 상징한다. 산 · 수가 자연 그대로의 것이라면, 방위는 인간의 위치를 나타내며, 혈과 명당은 환경과 인간이 만나는 장소인 것이다.

따라서 어느 곳이든 형국의 명칭과 같은 풍부한 형이상학적 형태(metamophor)가 형성되어 있으며, 인간과 자연이 정서적으로 서로 교감하는 소우주(micro cosmism)로서의 인체와 같이 생명력이 넘치는 의미심장한 공간이 된다.

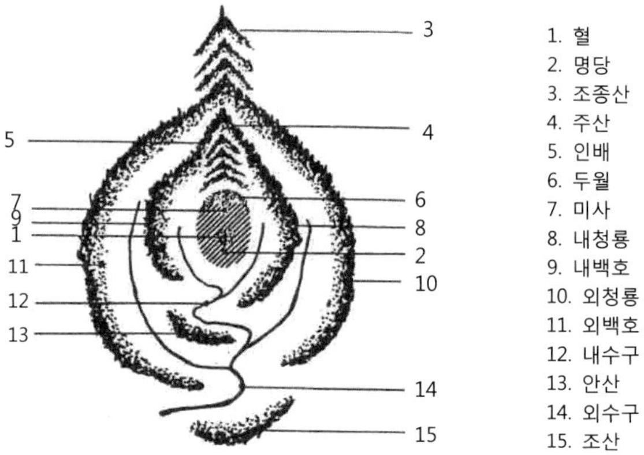

<그림 12-6> 명당의 개념도
(출처: 김철수, 도시공간계획사, 기문당, 2009, p.41)

2) 양택풍수와 음택풍수

살아있는 사람의 건물이나 도읍터를 잡는 것이 양택풍수라면, 죽은 사람의 묘 자리를 잡는 것은 음택풍수이다. 양택과 음택은 모두 땅의 기운(地氣)의 영향으로 복이 발현하게 되는데, 그 차이는 음택은 복의 발현 속도는 느리지만 여러 자손에게 오랫동안 영향을 주는 반면에, 양택은 그 집에서 태어나거나 성장한 사람 그리고 현재 거주하는 사람에 한해서 매우 빠르게 영향을 준다고 한다.

3. 풍수와 생활공간 구성

1) 도읍

우리나라의 도시에 대한 풍수의 영향은 크게 국도풍수와 도읍풍수의 두 가지 측면에서 고찰할 수 있다. 국도의 측면에서 풍수사상이 적용된 것은 고려 말에서 조선 초에 있었던 수도의 천도과정에서 한성(서울)과 개성에 관한 풍수적 해석에서였고, 그 외에도 미래의 길흉(吉凶)에 대해 예언하는 도참설(圖讖說)과 관련되어 계룡산이 거론된 바 있다.

한양의 경우, 우리 국토의 중심에 위치해 있고, 북악산은 주산, 남산은 안산이고, 인왕산은 백호, 낙타산은 청룡에 해당되어 매우 훌륭한 사신사(四神砂)의 조선을 갖추었을 뿐만 아니라, 한강은 객수(客水), 청계천은 명당수(明堂水) 등의 완벽한 조건을 바탕으로 바람을 막아주고 물을 얻기 쉬운 자리로써, 조선시대 우리나라 교통과 정치·경제의 중심지에 딱 맞는 조건을 가지고 있었고, 이 자리를 도읍으로 정하게 한 사상이 바로 풍수지리사상이다. 즉, 한양을 도읍으로 정한 가장 큰 장점은 장풍득수(藏風得水)와 명당의 조건을 모두 갖추었기 때문이라 할 수 있다.

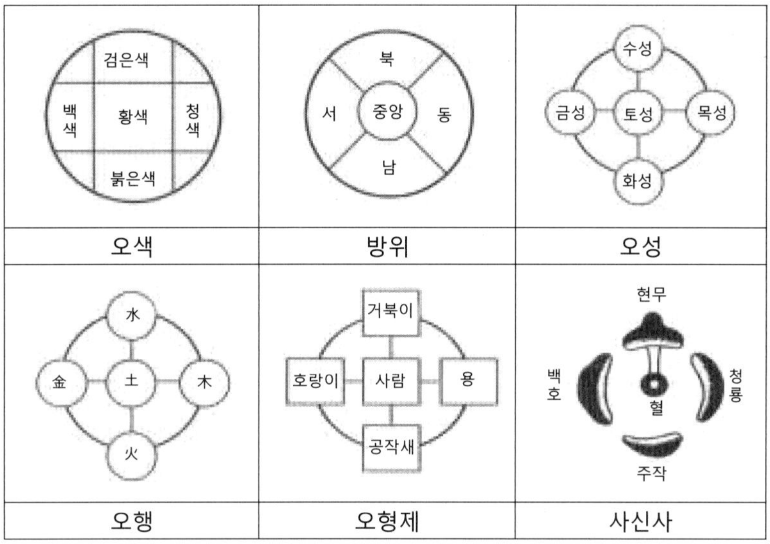

〈그림 12-7〉 오행과 사신사 개념

(출처: 박시익, 풍수지리와 건축, 경향신문사, 1997, p.97)

지방 도읍의 형성에도 풍수지리설의 영향은 매우 컸는데, 도읍풍수에서 가장 중요한 것의 하나가 진산(鎭山)의 설정이었다. 진산은 대체로 마을 뒤편에 위치하여, 멀리서도 그 마을을 대표할 수 있는 아름다운 산으로 설정되는 경우가 대부분이었다. 이것은 방풍·시각적 랜드마크·방어 등의 실질적 기능도 있지만, 땅은 어머니와 같다는 지모사상(地母思想)을 표상하였다.

2) 마을(안동 하회마을)

하회(河回)란 물이 돌아서 흘러간다는 물돌이라는 뜻으로서, 이곳에 마을이 있어서 이를 물돌이마을 또는 하회마을로 불렀다. 풍수에 있어서 물은 계수즉지(界水則止) 작용 즉, 생기(生氣)가 물줄기를 만나면 멈춘다는 풍수적 의미를 갖고 있다. 실제 S자를 형성하면서 흘러나가는 하회마을의 물줄기는 마을을 안쪽에다 놓고 있음에서 계수즉지의 특성을 잘 활용하고 있는데, 하회마을로 들어오는 산의 기운은 형세론 중에서 주로 산세를 통해 기운을 판단하는 간룡법(看龍法)에 해당된다.

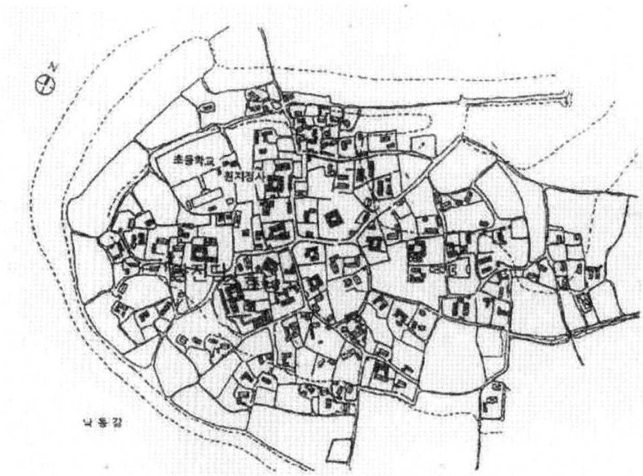

〈그림 12-8〉 하회마을 배치도

하회마을의 진산이 화산에 기운을 넣어주는 학가산은 종산에 해당된다고 할 수도 있다. 즉 학가산(勢)→화산(形)→하회마을(穴)이라는 형세론의 세(勢)→형(形)→혈(穴) 체계에 놓여지게 되는 간룡체계에 있어 하회마을의 태조산은 백두대간에 걸려 있는 옥돌봉에서 일맥 빠져 나옴에 이를 태조로 삼고 있음이다.

3) 주거건축

건축공간을 구성하는 데 있어서 풍수의 적용은 주로 건물의 평면 및 지붕, 마당 등의 형태와 배치에서 나타난다. 먼저, 건물 형태는 1층 바닥의 형태 곧 평면의 형태에서 시작된다. 평면이 원형 · 타원형 · 팔각형 · 육각형 · 정사각형이면 명당형 평면이다. 이러한 평면에서는 기운이 중심에 모이고, 바람의 회전이 용이하며, 공간에서 발생하는 진동이 안정적이다. 평면이 직사각형인 건물은 그 비례로 명당을 구분 짓는데, 성당이나 교회처럼 一자형 건물은 가로보다 세로가 길어 명당이나 가로보다 세로가 짧으면 흉가형의 건물로 본다.

지붕은 건물의 기운이 모여 있는 곳이다. 그러므로 지붕형태에 따라 건물의 기운이 달라진다. 풍수학적으로 명당형 지붕은 건물 중심에 기운이 모이는 형태를 말한다. 원형돔의 지붕이나 피라미드형 모임지붕이 대표적이다. 우리나라는 산이 많아 주택도 산의 형태를 이룬 초가집이나 기와집이 많다. 이러한 초가지붕은 둥글둥글한 능선을 배경으로 하면 더욱 평화스러운 풍경을 이룬다. 기와지붕은 언뜻 보면 중국과 일본과 비슷하다고 볼 수 있으나 한국의 기와지붕은 곡선형을 이룬다는 다른 점이 있다. 이렇듯 한이 많은 한국의 전통가옥은 산과 조화를 이루면서 아름다운 형태를 추구해왔다.

〈그림 12-9〉 낙원읍성 내의 초가지붕

주택의 외부공간인 마당은 조경(정원)이나 작업공간으로 이용된다. 건물에서 발생하는 기운이 양(陽)으로서 남성 · 인간의 이상을 추구하는 정신적인 것이라면, 마당은 하늘 · 땅 · 물 등 자연에 의해 발생하는 음(陰)의 기운으로서 여성 · 재물을 상징한다.

따라서 마당은 약간 높은 배산임수(背山臨水)배치가 좋고, 형태는 정방형의 마당이 공기회전이 자유로워 생기가 많이 발생하고, 마당에 기운이 모이면 집안의 재산도 일어나기 때문에 이상적이다. 그리고 마당은 건물의 전면에 위치하는 것이 서로 생기를 교류할 수 있어서 좋다고 판단한다.

4. 풍수의 현대적 의미

풍수란 땅의 형세를 인간의 길흉화복(吉凶禍福)에 관련시켜 설명하는 동양적 자연관의 하나이다. 풍수에 의하면 땅은 생물적 · 동적의 존재로서 만물을 키우는 힘을 가지고 있으며, 그 힘의 많고 적음에 따라 인간에게 주는 혜택도 달라진다고 한다. 풍수지리설에서는 지기(地氣)라는 무형적인 힘과 인간생활과의 관계를 설명하는 것이다.

풍수지리설이란 음양론과 오행설을 기반으로 주역(周易)의 체계를 주요한 논리구조로 삼는 중국과 우리나라의 전통적인 지리과학이다. 이것이 후세 효(孝)의 관념이나 샤머니즘과 결합되어 이기적인 속신(俗信)으로 진전되기도 하였으나, 기본적으로는 일종의 자연관이자 토지관이다.

풍수지리설에서 제시된 근원적인 원형(archetype)과 관련된 기본도식은 의식구조의 서구화에 의해 많이 사라졌지만, 이 기본원리가 갖는 상징성과 환경지각적 의미 및 실존적 사상은 실제의 건축 및 도시공간구성에 있어서도 시사하는 바가 매우 클 뿐만 아니라 현대를 사는 우리에게도 깊은 관련이 있다. 따라서 이것을 단순히 과거의 것으로만 인식할 것이 아니라, 오늘의 생활공간문제와 관련시켜 해석하고 그 해결방안을 모색하는 일이 매우 중요하다 하겠다.

12.3 한국의 전통공간

1. 전통과 조영

1) 전통(tradition)

일반적으로 전통은 '역사성을 갖는 것' 그리고 '문화적 연속성(cultural continuity)을 중시하는 것' 으로 요약할 수 있다. 이와 같이 전통이라는 개념은 다분히 추상적이고 모호하며, 분야에 따라 그 의미와 해석을 달리할 수 있으나, 다음과 같은 성격들을 갖추어야 한다. 첫째, 일정 시간이상의 '지속성' 을 지녀야 한다. 아무리 넓게 퍼져 있어도 그것이 일시적 현상이고 지속성이 없으면 전통으로 볼 수 없다. 둘째, 지속성을 지니되 '변화' 를 인정해야 하며, 변화된 모습도 지속성을 지녀야 한다. 셋째, 전통은 한 민족이나 특정 지역의 '고유성' 과 관련되어 있다. 만일 어떤 특성을 인류 전체가 동일하게 갖게 된다면, 그것은 한 국가나 지역의 전통이 될 수 없다. 전통은 남과 차별되는 특성으로 지속되고 변화되는 것이어야 한다. 넷째, 현재까지 어떤 형태든지 '관련성' 을 가지고 인식되는 것이 전통이다.(권영걸, 2008:23~24)

따라서 지역문화 혹은 고유문화에서 전통성은 이와 같은 문화적 공동체가 공유하고 있는 성격들이 현대까지 연속성을 갖고 이어 내려오는 것으로 이해할 수 있다.

그러나 한편으로 전통이라고 해서 반드시 유구한 과거로부터 이어져온 것만은 아니다. 홉스봄이 말한 것처럼 전통 가운데는 형식적으로 제도화된 전통이나 단기간에 매우 빠른 속도로 체제를 잡아가는 전통도 포함된다. 즉 수많은 '만들어진 전통' 은 따져보면 최근의 것이며, 그 내용도 오랜 기간에 걸쳐 계승된 것이라기보다 새로이 발명된 전통도 있을 수 있는 것이다(주강현, 2012:15~16).

2) 조영(造營)

조영의 사전적 의미는 궁궐이나 사찰과 같은 건축물이나 그것을 포함하는 정원 등을 세우고 가꾸는 것을 말한다. 조영은 건축의 요소들을 다루고 경관요소들을 배치해나가는 등 공간조직은 가시적인 형식과 종합적인 과정을 통해 이루어진다. 건물 · 정원 등 모든 구축물의 조영과정은 일견 조영주체의 창작정신에 의해 자유롭게 이루어진 것처럼 보이지만, 그들에는 동시대의 시대정신과 사회사상이 반영되어 있고, 시대와 장소에 따라 표현수단과 수법 또한 변화되어 왔다.(권영걸: 2008:24)

그러므로 한 나라와 지역의 전통적 공간문화를 이해하기 위해서는 당시에 적용되었던 조영의 원리와 기법을 단서로 삼게 되는바, 우리나라에서 오래전부터 이어 내려온 대표적인 전통적인 조영원리는 바로 풍수지리사상이라고 할 수 있다.

2. 자연과 공간

한국 · 중국 · 일본으로 대표되는 동아시아 삼국은 예로부터 인접한 지리적 여건을 바탕으로, 동아시아만의 고유가치를 공유하는 문화권을 이루어 왔다. 공자 · 맹자에 의한 유가(儒家)사상은 삼국의 대가족 공동생활이나 사회계층 간의 위계질서를 형성하는 데 일조하였으며, 노자 · 장자에 의한 도가(道家)사상은 인간과 자연과의 관계 설정에 지대한 영향을 주었다.

삼국의 문화에서 공유되는 대표적 특질로서의 유가사상은 공간구성과 조직에도 그 영향이 뚜렷하여 위계적 공간 질서를 이루었다. 그리고 그것은 삼국의 주거형식을 비롯하여 도시의 형성, 궁궐의 좌향, 내부공간의 배치 등에도 나타나며, 한국의 도시 형성에서도 비슷하게 나타난다. 우선 궁성을 북쪽에 배치하여 왕의 공간이 남쪽으로 면할 수 있도록 설정한 후, 그 앞으로 육조(六曹)를 두고, 그 다음에 백성들의 공간을 위치시킨 것은 사회조직에서의 위계의 표현이다. 인간과 자연과의 관계 설정에 많은 영향을 주었던 도가사상 또한 각국의 공간에 반영되어 나타났다. 도가사상에 있어서 인간은 우주와 자연으로부터 분리할 수 없는 부분으로 인식되었다. 따라서 인간은 자연이 지니는 성격을 따라야 하며, 자연을 받아들여 그것과 일치되도록 생활해야 하는 것이다.

이에 비해, 서양 사람들은 자연을 자신과 맞서고 있는 존재로 보고, 정복의 대상으로 보았으며, 인간과 자연의 관계는 실험자와 피실험자의 대립으로 인식해 왔다. 예를 들어 그리스의 아크로폴리스(acropolis)에서는 기존의 언덕 위에 건물을 지어 자연과의 대비를 통해 건축물을 과감히 드러낸다(권영걸, 2008:74-75). 한편, 우리나라의 정원이나 사찰들을 살펴보면 어디에서나 자연을 인위적으로 구속 조작하려 하지 않고, 있는 그대로 사용하면서 그것이 건축의 일부가 되게 하는 친자연적 공간개념을 읽을 수 있다.

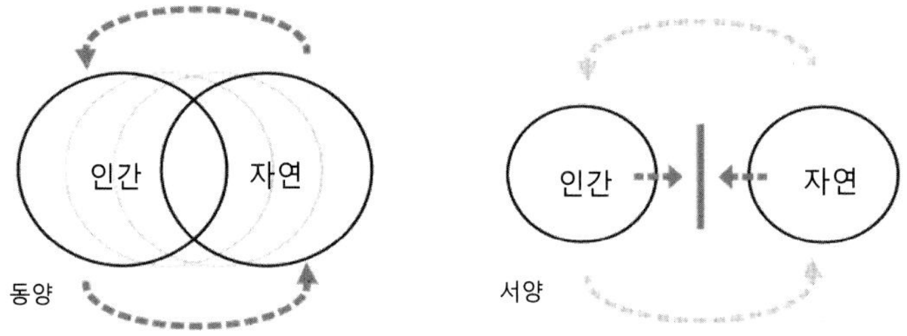

〈그림 12-10〉 동 · 서양의 인간과 자연의 관계성
(출처: 권영걸, 한 · 중 · 일의 공간조영, 도서출판국제, 2008, p.74)

3. 한국의 전통건축공간

1) 궁궐

전통공간은 궁궐 · 사찰 · 주택 · 정원 등으로 크게 나누어 볼 수 있다. 먼저 유가(儒家)사상의 영향을 가장 많이 받은 궁궐은 그것이 갖는 위엄과 절대권력의 과시라는 공간 특성으로 어느 시대와 사회를 막론하고 비교적 일정한 공간조형의 구성원리를 좇아 조영되었다.

〈그림 12-11〉 서울(한성)의 경복궁의 전경

조선시대의 수도로 조영된 서울(한성)의 공간구성은 기본적으로는 풍수(風水)의 자연적 원리와 주례(周禮)의 유교적·사회적 이념이 절충·결합된 양식을 보이고 있다. 즉, 도읍의 좌향은 백악(白岳)과 남산을 잇는 남북축으로 설정하고, 이른바 명당의 자리에 경복궁을 남향으로 배치하였으며, 동서축 상에는 유교의 상징이라 할 수 있는 종묘와 사직을 배치하였다.

2) 불교건축(사찰)

우리나라에서 불교는 건축은 물론 공예·회화 등 많은 예술 분야에 지대한 영향을 미쳐 동아시아 고대 미술에 절대적인 위치를 차지하고 있다. 국가권력의 보호와 더불어 삼국의 사회에서 중요한 정신기반을 제공한 불교는 종교공간으로 사찰을 만들었다. 이들 사찰건축은 의식과 예불을 행하는 공간에 그치지 않고, 나라의 건축미술과 조형예술의 고유한 조형원리와 축조기법을 살필 수 있는 공간이 되었는바, 그 대표적인 예로는 경주 불국사를 들 수 있다.

통일신라시대에 창건된 불국사는 극락세계를 가리키는 정토(淨土)사상이 종교적 완성체를 이루면서 경주 토함산의 경사진 지형을 뛰어난 조형기법으로 살려낸 8세기 건축예술의 결정체라고 평가되고 있다. 특히 2단의 석축 중앙에 세워진 청운·백운교를 올라 중문에 들어서면 대웅전 앞에 좌우 대칭으로 동쪽에 다보탑, 서쪽에 석가탑이 있고, 그 중앙에 석등이 있어 뛰어난 조형감각을 보여주고 있다.

〈그림 12-12〉 경주 불국사(청운·백운교) 전경

3) 유교건축

조선시대의 유교(儒敎)는 어느 하나의 주장에 지나치게 기울어지는 것을 경계하고 인간생활 전반에 일정한 질서가 유지되어야 함을 강조하는 합리정신과 질서관은 조선왕조를 건국한 지배세력의 행동지침이었다. 따라서 이들에 의해 조성되는 국가적 통치시설의 조형이념은 바로 유교의 합리성과 질서의식이었다고 말할 수 있다. 불교는 종교적 속성을 볼 때 건축물에도 장엄한 치장을 요구하는 면이 강하다. 그에 반해서 유교와 관련된 시설은 그러한 장식을 억제하는 대신 엄격하게 절제된 균형 잡힌 미학을 추구하였다고 볼 수 있다.

여러 유교건축 가운데 흥미 있는 것은 역대 임금의 신위를 모신 종묘(宗廟)와 사직단(社稷壇)이다. 특히 종묘의 뛰어난 조형성은 한 임금의 신위를 모시는 이 건물의 한 칸 한 칸의 평면구성이 전면의 반 칸을 기둥만 세운 개방된 공간으로 꾸미고 아무 장식을 가미하지 않고 간결하고 소박하게 처리하였다는 데서 찾을 수 있다.

4) 주거

주택은 인류사와 함께 존재하였으며 기후 · 풍토 · 관습 · 문화를 가장 잘 보여주는 공간이라 할 수 있다. 주거공간은 앞서 언급한 궁궐과 사찰과 비교해서 지속성이 가장 강하며, 이미 현대에서 시대적 · 사회적 변화 속에서 변용된 모습을 함께 살펴볼 수 있다는 장점을 갖는다. 또한 주거공간은 공간의 구성과 배치를 통해 생활문화의 차이를 극명하게 드러낼 수 있으며, 가구(家具) 등 주거공간을 구성하는 사물을 함께 통합하여 파악할 수 있다.

우리 전통주거의 가장 고유한 특징은 집안의 의식 절차를 치르는 대청마루와 잠을 자고 휴식을 취하는 온돌방 그리고 온돌방에 연속해 있는 부엌이 하나의 지붕아래 연속된 공간으로 이루어졌다는 점이다.

5) 정원

중국에서 먼저 발생하여 한국과 일본으로 전래된 정원문화는 고대와 중세까지는 삼국에서 양식에 있어서 유사성이 많은 정원을 형성하였다. 특히 물 · 돌 · 나무와 같은 자연요소, 누정, 부속건물과 같은 건축요소, 다리 · 석등 · 담 · 문 · 창호 · 건물기초(柱礎)와 같은 조형요소 등이 모두 어우러져 만들어지는 공간으로 다양한 관점에서 그들의 자연관 및 공간조형정신을 해석할 수 있는 가능성을 제공한다.

6) 가구(家具)

한국전통 가구의 특성은 간결한 선과 명확한 면, 단아한 비례와 짜임새 있는 구조, 소박한 금구장식, 못을 쓰지 않는 결구법 등이 나타난다. 특히 전통 목가구에 사용된 비례를 보면, 황금비와 제곱근비 그리고 정방형의 비가 많은데, 특히 가장 아름답게 느껴지는 균형미(均衡美), 즉 황금비(1:1.618)는 면의 분할에서 일련의 질서를 나타내고 있다.

또한 이러한 비례들은 어떠한 규칙성을 만들기보다는, 각각에서 보기 좋은 비례가 이루어질 수 있도록 각 부분의 크기를 조절하여 통일성의 근본이 되는 조화의 미를 보여준다.

〈그림 12-13〉 한국의 전통 목가구

7) 색채(오방색)

한국 전통공간의 색채라고 하면 자연색을 떠올리는데, 이는 주택에 이용된 재료인 목재·석재·기와·벽돌(塼)을 채색하지 않고 그대로 이용하였기 때문이다. 또 한국은 오행사상에 근거한 색채문화를 지니고 있었으며, 자연환경과 사회문화적 배경에 적응해 오면서 아름다움을 추구하기 위한 요소로서 뿐만 아니라 관념적인 상징수단으로 색채를 이용하였다.

음양오행에 의한 색채의 체계는 동서남북 및 중앙이라는 오방(五方)으로 이루어지는데 이 오방에는 각 방위에 해당하는 색채가 정해져 있다. 이른바 오방색은 황색을 중심방위로 동쪽은 청색, 남쪽은 적색, 서쪽은 백색, 북쪽은 흑색이다. 오행에서 비롯된 청색은 나무·하늘·들·동쪽·탄생·젊음을 상징하며, 적색은 밝음·고귀함·남쪽을 의미한다. 황색은 땅·중앙·황제·권위를 뜻하며, 백색은 태양·신성·길한 조짐·결실을 대표하고, 또한 흑색은 신격(神格)·물·북쪽을 상징한다.

참고문헌

1) 강영환, 한국 주거문화의 역사, 기문당, 1994.
2) 권영걸, 공간디자인 16강, 도서출판국제, 2008.
3) 권영걸, 한 · 중 · 일의 공간조영, 도서출판국제, 2008.
4) 김원룡, 한국미술사, 범문사, 1980.
5) 김철수, 도시공간계획사, 기문당, 2009.
6) 김철수, 도시공간의 의해, 기문당, 2006.
7) 박시익, 풍수지리와 건축, 경향신문사, 1997
8) 이규목, 도시와 상징, 일지사, 1988.
9) 정무웅 옮김, 세계의 건축문화(Commonsense Architecture), 기문당, 1990.
10) 주강현, 유토피아의 탄생, 돌베개, 2012.
11) 주남철, 한국건축사, 고려대학교출판부, 2000.
12) 최재석 옮김, 공간과 인간(Space & Human), 도서출판국제, 1999.
13) 최창조, 한국의 풍수사상, 민음사, 1989.
14) 한국문화예술진흥원, 도시문화환경 · 개선방안연구, 1992.
15) Rapoport, A., House Form and Culture, Prentice-Hall, 1969.
16) Rapoport, A., Human Aspects of Urban Form, Oxford: Pergamon, 1977.

13 공간디자인

13.1 공간디자인의 목표

1. 디자인의 개념과 의미

디자인은 우리의 일상생활에서 가장 빈번히 사용하는 용어들 중의 하나이다. 신문 · 잡지 · TV 보도 등에서 하루도 빠짐없이 디자인이라는 용어를 찾아볼 수 있다. 또한 아침에 잠자리에서 일어나면서부터 잠자리에 들 때까지 우리가 사용하는 주택 · 침대 · 전화 · 컴퓨터 · 자동차 등 많은 인공물(man-made object)이 거의 디자인의 산물이다. 그래서 21세기를 디자인의 시대라고 부르기도 한다.

그렇다면 디자인은 과연 무엇인가? 이 문제와 관련지어 한마디로 명확히 대답하기란 쉽지 않다. 디자인은 매우 복합적인 의미를 함축하고 있기 때문이다. 사람들은 흔히 자신의 관심사에 따라 디자인이라는 용어를 각기 다르게 사용하는 경향이 있다. 보통 사람들은 디자인을 단순히 인공물이 보다 더 매력적으로 보이도록 장식하거나 꾸미는 행위로 간주하는 경우가 많다. 디자인을 잘하면 시각적으로 돋보이게 된다는 생각이 지배적이다. 그러나 한편 정치가들은 정부구조의 변경, 국토의 구획 등과 관련지어 '그랜드 디자인(Grand Design)'이라는 용어를 즐겨 사용한다. 건축가들은 새로운 건물을 위한 설계를 디자인이라 하고, 도시계획가들은 큰 도시나 거대한 지역사회에 대한 공간계획을 수립하는 것을 디자인한다고 한다.

이와 같이 디자인은 다양한 의미를 내포하고 있지만, 일반적인 용어로서 '심리적 계획(mental plan)'이라는 뜻과, 전문적인 용어로서 '지적 조형활동'으로 구분될 수 있다. 먼저 심적 계획으로서의 디자인은 마음속에 떠오른 생각을 실행하기 위한 계획을 세우는 것이다. 이처럼 보편화된 해석 때문에 모든 사람이 디자이너가 될 수 있다는 주장이 나오는 것으로 보인다.

반면에, 디자인을 고도의 지적 조형활동이라는 관점에서 보면, 모든 사람이 디자이너가 될 수는 없다. 왜냐하면 전문적인 디자이너들의 행위는 고도로 특성화된 문제해결 능력은 물론, 심미적인 시각화 능력이 요구되기 때문이다. 물론 그와 같은 디자인 능력은 선천적으로 타고나기도 하지만 전문화된 교육과정의 이수를 통해 습득될 수 있는 것이다. 이 경우 디자인은 곧 인공물에 눈으로 드러나 보이는 조형적 특성을 부여하는 창조적인 활동을 의미한다.

한편, 「디자인이란 무엇인가(Form, Function and Design)」라는 책의 저자인 Grillo는 디자인의 창조성에 대해 "참다운 디자인은 그것만으로 하나의 완성품이며, 시간적·공간적으로 결코 재현(再現)할 수 없는 영원한 결실이 되어야 한다." 라고 강조하고 있다.

2. 디자인의 역할: 형태와 기능

전통적으로 디자인의 주요역할은 아주 좁은 의미에서 제품의 기능에 부응할 수 있는 가장 적합한 형태를 창출하는 것으로 간주되었다. 즉 형태의 창출이라고 하는 디자인의 시각적 속성이 크게 강조되어 왔다.

최적의 형태라는 개념은 오랜 기간 동안 진화되어 온 자연물의 형태와 관련지어 쉽게 이해될 수 있다. 예를 들면, 빨리 움직이는 동물과 물고기들은 공기와 물의 저항을 최소화하기 위해 유체역학적인 형태를 갖고 있으며, 같은 맥락에서 소리의 속도, 즉 음속보다 빠르게 하늘을 나는 비행기도 유체역학적인 형체를 갖고 있다.

<그림 13-1> 형태와 기능이 잘 어우러진 초음속 콩코드기

기능적인 사물이 시각적으로 만족스러운 경우가 많은 것처럼, 아름다운 디자인이 기능적인 경우도 많다. 우리 속담에 "보기 좋은 떡이 먹기도 좋다"는 표현이 곧 형태와 기능의 관계를 함축적으로 표현해 주는 것이라고 할 수 있다. 그러나 기능에 부합되는 형태라는 아이디어는 현대적인 디자인에서도 반드시 지켜져야 할 이념 중의 하나이다. 디자인이 아무리 창의성 있는 표현을 중요시하는 조형활동이라고 할지라도 기능과 동떨어진 형태를 만들어내서는 안 되기 때문이다. 말하자면, 전달하려는 메시지와 동떨어진 형태로 표현된 포스터나 사용하기에 불편한 형태를 갖고 있는 제품들은 모두 기능적이라고 할 수 없다.

즉, 디자인될 인공물에 대해 조형적 · 기능적 · 심리적 · 경제적 · 생태환경적으로 심도 있는 연구를 해야만 한다는 사실을 간과해서는 안 된다. 아무리 개성이 뚜렷하고 심미적인 형태라고 할지라도 생산에 부적합하거나, 사용하기에 불편하면 가치가 없는 것으로 볼 수밖에 없기 때문이다. 따라서 단순하게 화가나 조각가가 자신의 미적 창작욕구를 충족시키기 위해 하는 예술활동은 디자인이라고 볼 수 없다.

3. 공간디자인의 목표와 대상

1) 공간디자인의 목표

공간디자인(space design)은 인간과 공간의 관계성 위에서 공간에 경계를 설정하여 한정하는 일이며, 에워싸는 공간에 모종의 위계성(hierarchy)을 부여하는 작업이기도 하다. 그리고 그 공간 내에 인간의 삶을 수용하고 그 삶의 패턴을 설계하는 활동이다. 삶의 패턴은 수많은 시시각각의 시공간적 체험으로 이루어진다. 따라서 모든 디자인은 궁극적으로 인간의 '체험' 을 디자인 하는 것이 된다.

따라서 모든 디자인은 시 · 공간을 디자인하는 것이다. 현상학적 존재론의 공간개념은 관념론적이거나 유물론적인 공간인식을 벗어나 인간을 중심으로 하는 공간개념으로 변화하였다. 그 과정에서 공간에 대한 인간의 '체험' 이 핵심적인 문제로 부각되었다. 가령 '거주한다' 라는 말은 상자 속에 물건이 있듯이 사람이 어떤 집 속에 그저 있다는 것이 아니라, 거기에는 삶이 함축된 의미가 포함되어 있는 것이다(권영걸: 2008).

이렇듯 공간이 진정한 의미로서 삶의 터전이 되기 위해서는 공간이 인간화되어야 하는 것이다. 물리적 실체와 공간이 상통하고 일체가 되며, 인간을 위해 공간을 쾌적하게 형성하는 것, 즉 공간의 인간화가 오늘날 공간디자인의 목표이자 일반적인 지향이 되고 있다. 즉 공간디자인은 인간을 에워싸는 환경을 '인간-환경'이라는 양자의 관계성 위에서 얻어지는 제 요소를 재창조·재구성하여 질서와 조화를 이루어내는 것을 그 목표로 삼는다.

2) 공간디자인의 개념과 대상

공간디자인은 인간이 거주하고 이동하는 모든 삶의 공간을 창조하고 구축하는 공간적 문제해결의 과정이다. 모든 생물유기체와 같이 인간은 생리적으로나 육체적으로 쾌적(amenity)의 상태를 지향하는 본능적 경향을 갖는다.

공간디자인은 건축물의 내부공간과 외부공간을 대상으로 하되, 그들을 입체적 관점에서 공간 간의 상호 관입(貫入)과 흐름을 신중히 고려한다. 공간디자인은 공간이용자의 요구조건을 밝히고, 규모를 산정하며, 자원을 배치하는 프로그래밍 과정과, 공간을 미적 기능적으로 조직화하고 인간화하며 사회문화적 맥락을 갖게 하는 디자인 과정을 포괄한다.

공간디자인의 대상으로는 가구(furniture)·실내·건축·조경·도시 등 인간생활과 관련된 다양한 공간들이 있다. 그러나 디자인은 공간적 대상 및 규모에 관계없이 모든 공간조형의 문제를 형태심리학적 배경에서 연구하고, 공간조직과 인간행태의 관계를 인문학과 행동과학적 기초위에서 탐구하며, 구축공간과 개방공간의 구성적 원리를 자연의 질서와 생태학적 관계 위에서 모색해야 한다.

13.2 공간디자인의 기본원리

1. 공간 형성의 기본원리

틴(F. Teen)은 공간의 형태 및 구성 질서를 정하는 6개의 원리를 들어 "다양성이 없는 질서는 단조롭고 시시하지만 질서가 없는 다양성은 혼란에 지나지 않는다."라고 말하고 있다.

축선은 두 점에 의해서 형성되는 선이며, 그 주위에 요소가 배열된다. 대칭은 축선을 기준으로 중심점의 주위에 같은 균형적 요소를 배분하는 원리이다. 위계(hierarchy)의 구성은 다른 요소와 크기·형태·배치 등에 변화를 붙이는 것으로 하나의 요소를 눈에 띄게 하는 원리이며, 리듬과 반복은 패턴의 반복과 리듬에 의해서 일련의 같은 요소를 구성하는 원리이다. 기준선은 선이나 면 등에 의한 연속성과 규칙성에 의해서 요소의 패턴을 구성한다. 변형은 일련의 조작과 변형에 의해서 보관·유지되어 구축된다.

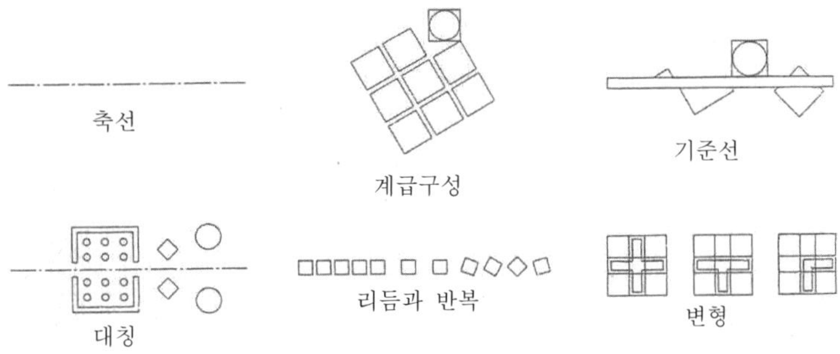

<그림 13-2> 공간구성의 원리
(출처: 일본건축학회, 공간학사전, 기문당, 2010, p.108)

한편, 린치(K. Lynch)에 의하면 도시 이미지에 있어서의 중요한 구조는 현실의 도시공간과의 위상기하학적 대응관계이다. 사람들의 이미지는 고무판에 그려진 지도와 같아서 방향을 비틀 수 있고 길게 늘어지거나 압축하는 경우가 있다. 그러나 지도가 찢어져서 다른 곳에 꿰매어 맞추는 것과 같을 수는 없고 연속성(sequence)은 정확하다. 환경이미지의 중요한 기능 가운데 하나인 경로 탐색의 용무를 충족시키기 위해서는 연속성이 매우 중요하다.

2. 형태와 공간디자인

1) 세우다

세우는 것은 건축의 시작이며, 공간구축의 원점이다. 인류는 지구의 중력에 대항하여 기둥·벽 등을 세워 보호되는 공간을 구축해 왔다. 주거는 이것의 원형이다. '중심·요소(要所)에 세우는' 기법은 공간·장소의 기점을 디자인하는 방법이다. 이 기법은 '세우는' 의미를 상징하고 동서고금의 문화권에서 공통된 보편적인 기법이다.

또한 스케일별로 보면, 신체적 또는 실내공간의 스케일에서는 중심·요소의 지점을 바닥·기둥·벽 등으로 명시하는 기법이 오래전부터 있었다. 반면에, 건축적 스케일에서는 영역·장소의 중심·요소를 상징기둥·코어·홀·광장 등의 사물 혹은 공간으로 명시하는 기법이다. 그리고 도시적 스케일에서는 신전·교회·시청사·기타 랜드마크(landmark)적 요소가 도시공간 중심부에 세워져 도시의 기능과 형태가 상징적으로 표현되어 왔다.

2) 엮다

사람이 손수 이동할 수 있는 작은 단위의 재료를 가공하여 그 부자재(部資材)를 쌓아 올림으로써 건축을 만든다. 오래전부터 기둥이나 벽을 세우고 지붕을 얹는 작업에는 '엮는' 기술이 사용되어 왔다. 또한 서있기 어려운 경사면이나 절벽에서도 격자(grid) 단위를 작게 취급함으로써 지형에 맞추어 건축할 수 있게 되었다. <그림 13-3>은 일본 교토시에 있는 사찰(키요미즈데라)로서, 급경사지에 격자형의 목구조로 기둥을 만든 좋은 예이다.

<그림 13-3> 교토의 키요미즈데라(淸水寺)

역학적으로 가장 합리적인 트러스(truss)프레임은 단위 부자재를 통해 큰 공간이나 큰 스팬(span)을 얹는 경우에 효과적인 기법이다. 이를 스페이스 프레임(space frame)이라 한다. 기본적으로 프레임에는 가벼운 재료를 사용해야 하기 때문에 가느다란 재료를 사용하여 재료의 사용량을 줄이면서 보다 큰 공간을 감싸기 위한 구조이다. 과거에는 건축보다 교량에 목재를 이용하여 많이 디자인되어져 왔으나 철강재의 등장과 함께 더욱 발달하였다.

3) 덮다

건축물을 자연으로 덮는 디자인기법은 크게 둘로 구분된다. 하나는 지형과 일체화하는 것이며, 나머지는 건물의 녹화(綠化)이다. 지형과 일체화하는 방법에도 두 종류가 있다. 지하 또는 경사면을 메우는 방법과 호주의 수도 캔버라의 국회의사당처럼 건물 전체를 흙으로 덮어 자연과 같은 지형을 만들어 이를 식물로 덮는 방법이다.

건물 녹화의 대표적 기법에는 옥상녹화가 있다. 하지만 옥상녹화의 전부가 디자인기법은 아니다. 대도시의 열섬(heat island)현상 대책으로 옥상녹화가 주목받으며 추진되고 있다. 그곳을 정원화하여 계절별로 화초를 가꾸어 휴식공간으로 만드는 것은 옥상 이용계획의 하나다.

<그림 13-4> 호주의 캔버라의 국회의사당

4) 둘러싸다

공간을 '둘러싸는' 것은 외부의 침략으로부터 안쪽을 지키기 위해 주위를 어떠한 방법으로 막는 행위이다. 또한 둘러싼 부분의 안과 밖의 구별을 분명히 하고 각각의 성격을 차별화하는 역할도 있다. 목적을 달성하기 위해서는 장소 · 건물 · 마을 · 도시를 통째로 둘러싸는 방법이 효과적이다. 특히 성곽이나 궁전 등의 중심적인 시설은 둘러쌈으로써 그 상징성을 강조할 수 있다. 또한 다수의 건물과 인구가 집중된 도시와 같이 일정한 넓이를 갖는 지역에서는 둘러싸여진 안쪽은 우위성을 주장하게 된다.

한편, 광장이나 공원 같이 사람이 많이 모이는 외부공간에서는 건축 이외에도 수목의 배치, 마운드(mound)디자인 등을 통해 완만하게 둘러싼 형태가 만들어지며 분명하게 의식되지 않지만 편안한 공간이 만들어지게 된다.

5) 쌓다

보다 높은 건축물을 만드는 것은 인류역사를 통틀어 가장 커다란 꿈이었고 인간 욕망의 하나였다. 종교나 권력, 기술의 상징으로서 오래전부터 피라미드를 비롯 다양한 상징적인 탑이 세워졌고, 현대의 초고층건축도 기념비적인 구조물로서 존재감을 가지고 있다. 기술 및 소재의 개발 · 발전과 더불어 고층화가 가능해져 건축의 표면 디자인도 다양해지게 되었다. 도시경관 가운데 랜드마크나 아이스톱(eye stop)이 되어 그 도시의 아이덴티티를 높여주고 있다.

건축물을 쌓는 기법은 동일한 디자인으로 각 층을 구성하여 반복하여 쌓음으로써 전체적인 통일감 속에 큰 리듬감을 표출하며 입면에 변화를 주는 방법과 로테르담의 수목형 주택(tree house)처럼 다양한 다른 형태의 요소나 소재를 쌓아 올려 다양한 표정을 보여주는 것이 있다.

<그림 13-5> 로테르담의 수목형 주택

6) 파다

대지에 수직으로 깊게 파 내린 건조물에는 일반시민이 만든 소박한 우물터부터 왕조시대의 위신을 상징하는 우물터까지 있는데, 왕조의 것은 단순한 우물터라 하기에는 너무나도 아름답고 화려하다. 지상과 전혀 다른 환경의 공간에는 정숙함 속에 어둠과 빛이 혼재하기 때문에 신비성과 종교성을 느끼게 한다.

또한 생활을 위한 공간으로서 인간은 원시시대부터 자연적으로 옆으로 뚫린 동굴을 이용하여 외부의 적이나 자연환경으로부터 몸을 보호해 왔다. 있는 그대로의 형태로 동굴을 이용하다가, 생활양식의 변화에 맞춰 더욱 깊숙한 곳으로 파 들어감으로써 기능성과 편리성이 높은 공간을 확보해 왔다.

7) 나열하다

건축과 도시공간을 구성하는 요소를 일정한 간격으로 균등하게 나열하는 기법에는 기둥·벽 등과 같은 부분이나 부자재를 나열하는 경우와 볼

륨을 가진 공간을 나열하는 경우가 있다. 공간의 구성요소를 나열함으로서 균질적인 공간이 창출되기도 하고 방향성을 나타내는 길쭉한 공간이 되기도 한다.

건축디자인에서 개개의 디자인은 다른 것이기는 하나 볼륨이 같다면 균등하게 나열함으로써 통일감을 줄 수 있는 경우도 있다. 도시디자인에서는 건물사이의 간격이나 높이가 통일된다면 각각의 디자인이 다르더라고 통일감이 나오게 된다.

<그림 13-6> 파리의 파레로얄 광장

8) 정돈하다

기하학적인 형태 중에서도 원 · 삼각형 · 사각형 등과 같은 지극히 원초적인 형태로서 장식이나 부위(部位), 또는 전체가 구성되어 있는 건축은 아주 많이 볼 수 있다. 그 형태에 근본적으로 갖춰져 있는 아름다움과 질서, 그리고 명쾌하게 식별되고 지각되는 특성으로 인해 원초적인 기하학 형태는 건축을 구성하는 요소 안에 오래전부터 자연스럽게 도입되어 왔다.

또한 기하학을 건축 전체의 구성에 활용하면 안전성과 완결성을 획득하는 것도 가능해진다. 그리고 평면이나 단면에 기하학을 도입하면 구심성이나 상징성 있는 외관이나 내부공간을 형성할 수 있다. 로마의 판테온 신전의 건물 높이와 직경이 일치하는 돔(dome)은 고대 로마인의 우수한 기술력과 조형성을 과시하고 있다.

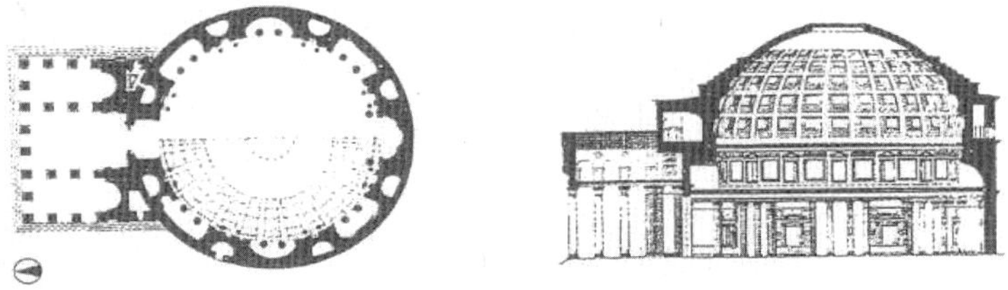

<그림 13-7> 로마의 판테온 신전(좌: 평면도, 우: 단면도)
(출처: 일본건축학회, 2007:73)

9) 구획하다

'구획하다' 는 무한정의 공간을 한정하여 특정의 장소 · 영역을 만들어내는 기법이다. 공간을 질서정연하게 하는 방법으로서 동서고금에 공통된 보편적 기법이지만 구제적인 구획방법은 시대와 기술, 풍토와 가치관 등 생활 · 문화의 영향을 강하게 받는다.

벽으로 공간을 만들고 구획하는 기법은 기능과 의미를 가장 전형적으로 나타내는 방법이다. 벽은 방어의 기능을 가질 뿐만 아니라 색채나 텍스처(texture) 등에 의해 공간이 가진 상징적 의미를 표현한다. 벽의 높이나 폭, 사용된 재료나 두께에 의해서도 신체감각이나 지각에 작용하여 영향을 준다. 이것들은 신체부터 도시까지 여러 가지 스케일 · 형태로의 공통된 특징이다.

한편, 지면이나 건물바닥면에 단차(level)를 두어 인간과 신을 구별하고 속세로부터 신성한 것으로 승화시키기도 하고, 사람의 신분적인 계층을 나타내기도 한다. 또한 보도와 차도의 레벨을 분리하여 보행자의 안전성을 도모하기도 한다.

3. 색채와 공간디자인

1) 색채의 효과

공간디자인의 대상이 되는 것은 주로 물체의 색이라고 할 수 있다. 물체색이 보이는 방법에는 색상 · 명도 · 채도의 3가지 속성이 있다. 색상은 빨강이나 파랑 등의 색조, 명도는 밝기, 채도는 선명함의 정도를 나타낸다. 색채는 인간에게 아름다움과 같은 여러 가지 감정을 일으키는바, 재질감과 같이 공간 · 지각에도 역할을 담당하고 있으므로 디자인에 있어서 매우 중요한 요소이다.

색채의 감정에 미치는 효과 가운데 온도감 · 중량감 · 거리감 · 경연감 등은 비교적 누구나 같은 인상을 가지는 것이다. 한편 쾌감 · 불쾌감이나 호감 · 비호감과 같은 것은 개인차가 크다. 일반적으로 빨강이나 노랑은 따듯하게 느껴지고(난색), 파랑이나 초록은 차갑게 느껴진다(한색). 난색은 가까이 있는 것처럼 보이고 한색은 멀리 있는 것처럼 보인다. 그리고 밝은 색은 가볍고 어두운 색은 무겁게 느껴진다.

또한 색채는 예를 들어 빨강은 불이나 피 등을 연상시킨다든가, 파랑은 하늘이나 바다를 연상시키는 등의 연상효과도 있다. 그러나 이러한 것은 시대에 의해서도 변화하고 문화와 민족에 의해서도 다를 가능성이 있다는 것에 주의할 필요가 있다.

2) 색채와 재료

물체는 대체로 표면을 구성하는 재료에 따라 색채가 결정된다. 또한 재료는 그 특성에 따라 고유의 표면특성을 지니고 있는데, 이를 질감(texture)이라고 한다. 재료는 환경을 창조하고 건축물이나 실내공간을 구성하는데 필수적인 요소이며, 공간이나 구조에 물리적이고 심리적인 형태를 제공한다. 재료에 따라 돌 · 목재 같은 건축물의 구조에 포함되는 경우도 있지만, 단지 색조로만 칠해진다거나 문양 · 패턴 등을 통해 외부마감으로 사용되는 경우도 있다.

재료는 천연재료 · 가공재료 · 합성재료로 분류될 수 있다. 천연재료는 목재 · 석재와 같이 표면적으로 변경할 필요가 없는 경우를 제외하고는 그대로 사용되는 재료이다. 가공재료인 진흙을 벽돌 혹은 타일로 구워 사용하거나 목재를 합판으로 만드는 것이 이에 해당된다. 또한 모든 금속은 광석 상태에서 추출된 후 가공하여 사용하게 된다. 합성재료는 천연으로는 존재하지 않으나 인공처리 공정을 통해 제조하거나 가공한 것으로서 유리나 플라스틱 그 대표적인 예이다.

천연재료와 합성재료는 색채에 있어 각각의 특징을 가지는데, 목재나 석재 같은 천연재료는 그 고유의 색채를 가지므로 색의 범위가 제한된다. 그러나 플라스틱이나 유리의 경우 가공과정에서 다양한 색채로 생산이 가능하므로 같은 재료라도 선택할 수 있는 색의 범위가 매우 넓다. 따라서 색채계획에서 어떤 재료를 사용하는가는 매우 큰 영향을 미치게 된다.

3) 색채와 조명

모든 물체의 색채는 조명에 따라 크게 좌우되며, 조명은 각각의 색의 성질이 다른 광원(光源)에 의해 생성되는데, 광원에 의한 조명색채의 특징은 다음과 같다.

먼저, 백열등으로 조명된 실내공간은 따뜻한 느낌이 있는 난색계의 빛이 특징이며, 그림자를 만들고 무드 있는 분위기를 연출한다. 또한 유연한 빛으로 마음을 온화하게 해준다. 현재 가장 널리 사용되고 있는 형광등은 대체로 활동적인 분위기를 연출하고, 공간을 균등한 밝기로 비추며, 램프의 수명도 긴 편이며 경제성도 뛰어나다. 네온 빛은 순수한 색의 분광선을 생산하며 흰색 네온 빛은 유리관 안에서 가스들의 혼합에 의해 만들어질 수 있으나, 모든 빛은 비연속적인 분광 때문에 색의 지각이 왜곡된다.

또한, 수은등과 나트륨등은 일반시가지 내의 가로 및 고속도로 등에서 많이 사용되어 왔다. 최근에는 LED가 푸른빛을 띠고 있어 선명하고 전력소모가 적어 실내 및 실외공간에서 가장 많이 보급되고 있는 추세이다.

4. 도시환경 디자인(Urban Design)

1) 도시디자인의 개념

도시의 최종 형태는 개별적인 건축행위에 의해 완성된다. 그러나 건축행위는 그 밑그림이 되는 거시적 환경을 잘 그려낼 수 없는 특성을 가지며, 도시계획은 도시기능과 사회경제적인 제반요소들에 주로 주목하는 까닭에 개별 건축물들의 구체적인 형태 구성과 조합에 대해서는 미온적인 특성을 가진다. 그러므로 도시계획적인 이념과 건축적인 창의가 서로 공존하면서 도시의 물리적인 환경을 조화롭게 조성할 수 있도록 하는 매개체적 장치가 필요하게 된다.

<표 13-1> 건축과 도시의 상대적 속성 비교

구 분	건 축	도 시
존재 가치	개별적 가치	집단적 가치
공간 성격	사적 · 내부공간	공적 · 외부공간
형태결정 요인	감성적/예술적	논리적/과학적
표현	그림(figure)	배경(ground)
형성과정	일시적/완결적 형태	누적적/과정적 형태

(출처: 김철수, 단지계획, 기문당, 2012. p.349)

이에 따라 1960년대 초 도시환경의 구축에 관계되는 건축 · 조경 · 도시계획 등 각 전문분야가 동일한 권한과 동등한 참여를 통해 이루어지는 규범적 전문분야이자 활동영역으로서 도시설계(urban design)가 자리잡게 되었다.

2) 도시디자인의 역할

도시디자인은 도시의 물리적 구성요소 일체를 설계하여 의도한 대로 조성하기 위한 일련의 과정으로 이해하는 것으로, 도시의 물리적 환경을 구성하는 모든 요소에 대한 세부적인 설계도를 준비하는 일이다.

도시는 적절하게 기능해야 하고, 경제적 · 사회적으로도 건전해야 함은 물론 보는 사람이 즐거워야 한다. 결국 도시디자인으로의 접근이 필요한 것이다. 이에 도버(R. P. Dover)는 도시디자인의 역할을 크게 다음 세 가지로 지적하고 있다.

- 물적 공간을 종합적으로 형태화하여 조직화하는 설계행위
- 시스템으로써 도시계획과 개별 공간을 취급하는 건축디자인과의 사이를 메우는 행위
- 도시공간 안에서 실제로 생활하는 인간의 공간감각에 기초해서 환경을 실제화하는 행위

한편, 도시설계 패러다임의 흐름을 보면, 건물과 공간의 시각적 특성에 관심을 쏟는 시각예술과 사람 · 장소 · 활동의 사회적 특성에 집중하는 사회적 활용성에 관심을 갖는 두 가지 대조적인 시각이 역사를 지배해 왔다. 그러나 이러한 대조적인 접근시각은 최근 '장소 만들기(place making)'라는 세 번째 유형으로 통합되어오고 있다(강홍빈: 23~32).

3) 도시환경의 토털디자인

환경디자인(environmental design)이란 인간생활에 관련되는 수많은 전문분야간의 유대를 통해서 바람직한 생활을 영위할 수 있는 환경을 창조하고 정비하는 종합적인 계획 · 설계활동이라 할 수 있다.

지금까지 우리나라에서 도시환경에 대한 디자인은 주로 건축적 관점에서 이루어져 왔다고 해도 과언이 아니다. 도시의 공공공간의 디자인(public design)과 그 정비에 있어서는, 도시공간을 다루는 공학분야로서 도시계획(설계)을 비롯하여 건축 · 조경 · 토목 · 교통 · 환경공학 등이 있고, 디자인분야로서 미학 · 인더스트리얼 디자인 · 인테리어 디자인 등이 있다. 그리고 인간의 활동을 지지하는 분야로서 경제 · 사회 · 심리 · 생리학 등의 영역이 관련된다.

그러나 도시환경디자인에는 엄청난 민간 및 공공부문의 투자가 필요하고, 워낙 여러 분야가 복잡하고 다양하게 얽혀 있기 때문에 이른바 토털디자인(total design)이라는 개념으로 접근한다는 것을 이해해야 한다.

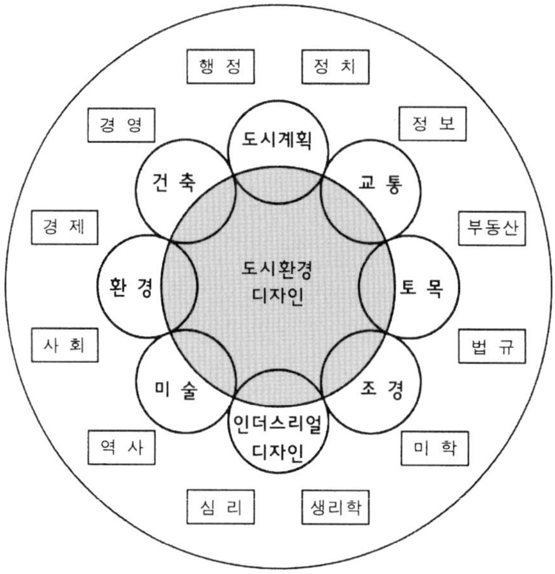

<그림 13-8> 도시환경의 토탈디자인 개념
(출처: 김철수, 도시공간의 이해, 기문당, 2006, P.263)

13.3 공간디자인의 비전과 패러다임

1. 공간디자인의 비전

오늘날 모든 세분된 디자인 영역의 성취와 결과물들은 종국적으로 우리의 삶의 공간속에서 공간적으로 통합된다. 그러므로 미래의 공간디자인은 만들어낸 개별적인 조형예술 장르들 간의 통합영역이 되어야하며, 인간이 사용하는 작은 도구에서부터 건물 · 주택 · 마을 · 도시 등을 통합하는 원리로 작용해야 한다.

따라서 공간디자이너(space designer)는 인간의 물적 · 기능적 · 기술적 측면에서의 요구의 충족을 넘어 심미적 · 심리적 · 생태적 욕구의 충족에 더 많은 관심을 가져야 하며, 그렇게 함으로써 현대사회가 직면한 물질주의, 인간 소외, 가치관 혼란 등 위기적 상황의 극복에 기여하게 될 것이다. 이에 권영걸 교수는 미래의 새로운 공간디자인 패러다임을 인간중심 · 문화지향 · 디지털 주도 · 생태기반의 4가지 관점에서 전망하고 있다. (권영걸, 2009:321~343)

첫째는 인간중심디자인(Human-centered Design)이다. 인간의 존재와 행위는 사실상 모두 공간적 체험에 연결되어 있다. 예를 들어, 사람이 인

기척이 없는 빈집은 그저 물적 대상으로만 존재할 뿐만 아니라 그곳에 사람이 살게 되면서 비로소 공간의 인간화가 이루어진다. 그러므로 공간이용의 주체인 인간에게 공간체험의 장(場)을 마련해 주는 것이 바로 공간디자이너의 몫인 것이다.

인간중심디자인의 경향으로 감성적 디자인을 들 수 있다. 산업시대의 가치척도였던 경제성과 기능성은 지식정보사회의 도래와 함께 사용자의 정서적과 같은 보다 개인적이고 감성적인 척도로 바뀌고 있다. 따라서 앞으로의 공간디자인은 인간의 전감각(全感覺)을 통한 모든 감성적 요구사항을 디자인의 기본요소 즉, 형태 · 질감 · 공간 · 명암 · 색채 등을 중심으로 발전해 나아갈 것이다.

둘째는 문화지향디자인(Culture-oriented Design)이다. 21세기는 '문화의 시대'로 규정되어 있다. 이와 같은 전망은 오늘날 세계적으로 일고 있는 디지털문명의 새로운 물결과 더불어 보다 구체적으로 현실화되고 있다. 그리고 이러한 변화의 방향과 속도에 맞추어 공간디자인에도 인간 삶의 에너지인 문화를 형성하고 지역의 고유성과 특수성을 찾으려는 새로운 패러다임이 형성되고 있다.

따라서 미래의 공간디자인은 반드시 각국의 문화를 이해해야 하며, 세계적(global) 차원에서 작동하는 교차문화적 디자인을 수행하기 위해서는 타문화에 대한 지식과 소통의 기술을 필수적으로 갖추어야 한다. 그리고 우리 한국인의 사상과 전통문화 즉, 자연관 · 미의식 · 기질 등을 이해하고 적용하려는 창조적 노력이 절대적으로 중요하다.

셋째는 디지털주도디자인(Digital-driven Design)이다. 선진국에서는 이미 60년대부터 디지털기술이 공간디자인에 도입되기 시작하고, CAD가 개발됨에 따라 디자이너들로 하여금 가상현실의 재현에 더욱 접근할 수 있게 하였다. 2차원적 평면을 기본으로 하는 종래의 디자인 프로세스와 추상적인 스케치작업에 의해서는 검토될 수 없는 공간조직과 형태의 복합성 · 비례감 등 다차원적인 디자인 검토사항들이 컴퓨터 3D모델링에 의한 시뮬레이션과 동영상까지고 쉽게 검토될 수 있게 되었다.

따라서 미래의 공간디자이너들은 어쩔 수 없이 물질(material)이면서 미디어디자이너가 되어야 할 것이며, 공간디자이너들이 사용하는 구축재료도 날이 갈수록 물질적인 것만이 아니라 비물질적인 프로그램도 포함하게 될 것이다.

마지막으로 생태기반디자인(Ecology-based Design)이다. 공간디자인에서의 환경친화적 경향은 자연생태계와 그 안에서 이루어지는 인간의 삶과 디자인 행위 간의 온전한 공존관계로 나타나고 있다. 각 민족과 지역의 풍토건축에서 디자인의 지혜를 얻고자 했던 것이나, 에너지문제의 대두와 함께 발전된 에너지 절약 설계로의 디자인 가치관의 전환, 그리고 아직은 새로운 디자인패러다임으로 완전하게 정착되지는 못했지만 친환경성의 한 실천적 형식으로 대두된 그린디자인(Green design) 등이 생태디자인(Eco-design)의 다양한 흐름으로 이해되고 있다.

생태디자인에서는 '아름다움이란 무엇인가?' 라는 것의 정의도 달라지며, 디자인에 대한 평가도 구축공간의 매혹적인 외관뿐만 아니라 그것이 얼마나 인간의 필요에 봉사하며, 그와 동시에 생태학적으로 건강한가? 라는 것이 새로운 기준이 될 것이다. 그리고 생태기반의 디자인은 단순히 실용적인 문제에 그치지 않고 보다 광범한 윤리적인 문제에 결부되어 있다.

즉 미래의 공간디자인은 자연에 새로운 질서를 부여하기보다는 자연과의 평형을 중시함으로써, 자연의 순환원리를 디자인에 적용하고 자연의 물성을 통해 인간에게 쾌적하고 자연에 합일되는 환경을 목표로 하게 될 것이다.

2. 공간디자인의 방향

20세기 말까지만 해도 생활공간디자인은 이른바 게슈탈트 지각이론(Gestalt Theory)에 기초한 공간조형이론, 즉 주로 2차원의 기초 위에서 점·선·면들을 이용하여 보기 좋은 형태패턴을 만드는 데 중점을 두어 왔다. 즉, 인간환경 내에서 구축환경이 어떻게 이용되는지, 어떻게 보이는지, 또 주변환경과 어떻게 상호작용 하는지에 대한 고려보다는 단순히 형태구성 측면이 강조되었다.

그러나 인간이 체험하는 흥미나 즐거움은 '움직이는 가운데 주변환경의 변화를 지각' 하는 데서 느끼게 된다. 그러므로 실제 공간디자인 방향과 과정은 단순히 선이나 면을 이용한 형태구성의 측면에서 진행되는 것이 아니라, 구축물의 생태학적 역할이나 사용자의 행태적 측면, 나아가 상징적 의미까지 모두 고려해서 진행되어야 한다.

13.4 스페이스 마케팅과 디자인

1. 공간의 경쟁성

21세기를 살아가는 오늘날의 우리 주변은 수많은 것으로 채워져 있으며, 대다수의 채워짐은 도시라는 밀집된 생활공간을 바탕으로 한다. 모든 것이 풍요롭고 부족함이 없지만, 무상으로 제공되지는 않는다. 이러한 상황은 특히 기업 차원의 상업적 경쟁이 치열한 현대사회에서 더 쉽게 나타난다. 과거에는 이런 현상이 민간의 영역에서만 나타났지만, 최근에는 공공의 영역에서도 확연히 나타나고 있다. 이제 국민의 세금에 의해 유지되는 공공영역에서도 경쟁력이 요구되기 시작한 것이다.

아마도 이러한 상황이 가장 치열하고 가시적으로 전개되는 분야는 도시라는 무대의 배경인 장소(place)이다. 여기에는 도시를 이루는 수많은 시설 공항 · 체육관 · 시민회관 · 미술관 · 박물관 등의 공공시설로부터 백화점, 기업의 상점, 작게는 개인의 소규모 점포까지 해당된다. 이러한 도시의 집적물들은 도시를 이루는 단위체이며, 이들은 전제 중 하나로서 각기 다른 단위체들과 경쟁하고 있다.

그런가 하면 과거에는 다뤄지지 않던 주택에서도 이러한 경향이 나타나고 있다. 주택업체들은 다양하고 차별화된 외관과 유행을 선도하는 내부 인테리어 공간을 제공하면서 소비자를 찾아 나서고 있다. 이와 같은 경향은 관광객이나 도시민을 모으기 위한 광장 계획이나 쇼핑을 위한 가로공간계획 등에서 발견된다. 이런 측면에서 최근에는 사람들을 모으는 중요한 요소로 인식되는 브랜드(brand)와 경관(scape)을 합성한 브랜드스케이프(brandscape)라는 단어를 사용하기도 한다.

2. 감성적 공간

구체적으로 말하면 우리가 이용하는 작은 상점의 경우도 과거처럼 일방적이고 직설적인 매장구조에서 벗어나 보다 시각화되어나 합리적이고 과학적인 동선 및 시선의 분석을 통해 매장의 레이아웃(lay out)이 결정된다. 또한 공통의 상품을 판매하는 커피숍이나 바(bar)같은 공간의 경우에 상품의 내용은 동일하지만 내부 인테리어나 익스테리어(exterior) 심지어는 종업원의 행위마저 디자인해 직접 소비자에게 다가서도록 노력하고 있다. 공장에서 생산되어 어느 장소에서건 같은 상태를 보장하는 상품의 경우는 더욱 확연히 구분된다. 자판기에서 나오는 콜라나, 거리 노점에서 파는 콜라나, 카페에서 마시는 콜라나 모두 같다. 그러나 이처럼 같은 상품도 장소에 따라 다른 가격이 결정되고, 소비자들은 이런 이해하기 힘든 상황을 인정하고 소비한다. 단순한 동일 제품의 추가 요소를 인정한 소비자의 이러한 행동은 다분히 감성적인 상황에 의거한다.

흥미요소를 유발시켜 사람들을 모으는 개념으로 상업적으로는 서점 · 극장 · 음식점 같은 요소들이 집객(集客)을 유발시키는 대표적인 대상 공간이다. 그밖에도 흥미로운 다양한 요소들, 예를 들면 매력적인 공원이나 거리 등도 감성적 공간으로 구성된다.

3. 스페이스 마케팅과 디자인

1) 스페이스 마케팅

우리 주변의 일상적 공간을 살펴보면 주거를 비롯해 다양하게 제공되는 유무형의 공간들이 있다. 개인이 소유한 작은 단위 공간인 주거뿐만 아니라, 공공 영역의 거대한 공간인 공항과 역사 등으로부터 좀 더 확장하면 도시공간에 이르기까지 아우를 수 있다. 특히 어떤 이유에서든 상업적 결과를 이야기하는 현 상황에서 본다면 인간의 주변을 둘러싼 거의 모든 공간이 직간접적으로 상업적 배경을 두고 있다고 해도 과언이 아니다.

한편, 마케팅이라는 단어를 살펴보면 'market+ing' 라는 구성에서도 보이는 것처럼 'market(시장)' 이라는 명사에 현재분사 '~ing' 를 첨가한 행위적 단어임을 이해할 수 있다. 다시 말해 시장이라고 부르는 실제적이지만 추상적인 개념 공간의 영역에서 지속적인 변화가 이루어지고 있음을 알 수 있다. 공간의 용어에 행위의 의미까지 포함해 설명하고 있는 것이다. 구체적으로 장소를 나타내는 '시장' 은 우리 눈에 직접 목격되는 시공간이기도 하지만, 온라인쇼핑 공간과 같은 가상의 영역일 수도 있다.

결국 우리 주변의 상업적 배경을 가진 모든 생활공간에서 이루어지는 마케팅적 부분들을 '스페이스 마케팅' 이라 할 수 있다.

2) 상업적 가치 창출

수익을 창출하는 공간으로서 건축은 보통 우리가 알고 있는 단순한 요소 이상을 포함하고 있다. 건축이나 도시는 사람들이 머물 때 생명력이 있고 그 가치와 의미가 강조된다. 왜냐하면 건축이나 도시는 근본적으로 미술관에서 체험하는 조각물이 아니라 이용의 대상이기 때문이다. 사람이 모이지 않는 공간은 이미 실패한 죽은 공간이다. 이러한 공간은 자연스럽게 경제적 수익 저하 또는 자생력 약화로 이어지며, 공간 자체의 존재이유가 흔들린다. 물론 건축공간의 활성화는 공간으로서의 매력 못지않게 내부적으로 운영되는 프로그램에 의해 그 성패가 좌우된다.

과거 국내 경제의 빠른 경제성장과 더불어 도시개발 수요가 급증하던 시기에는 대지가 있는 곳에 건물을 지어대기만 하면 저절로 분양·임대되는 상황이었다. 말 그대로 땅 짚고 헤엄치기 수준이었다. 하지만 오늘날에는 개발되는 거의 모든 공간(시설)들은 상업적 가치창출이라는 측면에서 새로운 공간디자인 패러다임의 접근을 요구하고 있다.

3) 상업공간의 디자인 방향

2000년대 이후 과거 같으면 생각지도 못할 브랜드파워, 디자인파워, 마케팅전략 등 수익성과 관련된 용어들이 어느새 건축시장에서 유행처럼 사용되고 있다. 이러한 시대의 변화는 건축으로 하여금 좀 더 치열해지고, 세밀해지고, 전략적으로 접근하기를 요구하는 것이다. 더욱이 이제는 개발 가능한 새로운 대지가 점점 줄어드는 상황이기 때문에 단순히 공간의 크기만을 고려하던 건축 프로젝트들은 더 이상 의미가 없게 되었다.

이러한 변화는 본래의 유일한 목적만 강조하던 생산자 중심의 시장이 점차 사용자 중심으로 이동한 데서 비롯되었다. <그림 13-10>에서 보듯이 주체의 이동에 따라 디자인의 성격과 방향도 변해 가는데, 그 변화의 이유는 궁극적으로 포괄적인 경험의 대상이 되어야 확실한 마케팅효과가 있기 때문이다.

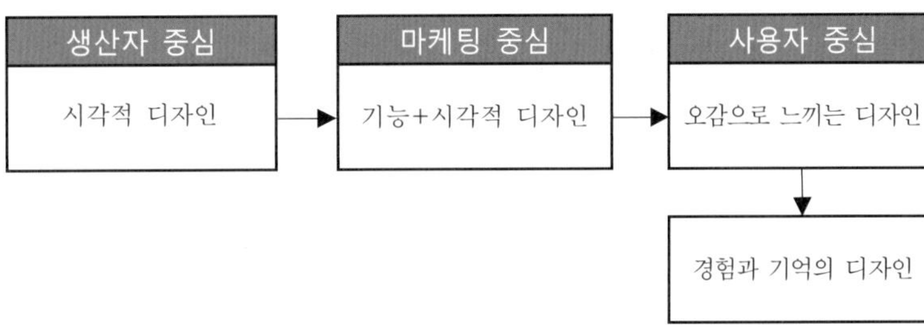

<그림 13-9> 디자인의 적용과정
(출처: 홍성용, 스페이스 마케팅, 삼성경제연구소, 2007, p.48)

13.5 디자인 경영

1. 디자인활동의 특성과 변천

디자인에서는 전통적으로 학문이나 연구에 대해 소홀히 다루어져 온 경향이 있었는바, 그것은 디자인활동이 주로 미술이나 공예적인 속성을 강하게 띄고 있었다는 데서 유래된 것으로 보인다. 그러나 현대적인 디자인은 예술분야는 물론 인문학 · 공학 · 경영학 등 여러 학문분야의 속성을 공유하는 학제적인 특성을 갖고 있으므로 다른 학문분야들과의 유기적인 협조와 교류가 요구된다.

디자인의 학제적 특성과 주요 관심사가 시대상황과 관련지어 어떻게 변화하는가에 대해 리차드슨(D. Richardson, 1993)은 1950년대부터 2000년대에 이르는 기간 동안 디자인의 주요과제가 심미성으로부터 시장성 ·

기술성 · 사회성 · 문화성으로 변화되어 왔다고 주장했다.

시대	주요과제
1950~1960년대	심미성: 외관디자인
1970년대	기술성: 합리주의 디자인
1980년대	사회성: 사용자 상호작용 디자인
1990년대	사회성: 시츄에이션 디자인
2000년대	문화성: 디자인 다원주의

<그림 13-10> 시대에 따른 디자인의 주요과제

따라서 디자인활동은 한 개인의 심미적인 조형행위라는 범주를 넘어서서, 여러 분야의 전문가들로 구성된 학제적인 팀에 의한 접근을 요구하게 된다. 한 사람의 디자이너가 제반 분야의 지식과 노하우(know-how)를 모두 갖춘다는 것은 거의 불가능에 가까운 일이다. 디자이너는 조형 예술 분야의 전문성을 바탕으로 연관분야의 전문가(specialist)들과 원활히 협조해야만 한다.

2. 디자인경영과 창의성

1) 디자인 경영의 목표

1990년대 이후 이른바 디자인경영(design management)에 대한 관심이 고조되고 있는데, 디자인경영에는 두 가지의 측면이 있다. 첫 번째는 디자인활동에 경영기법을 도입함으로써 생상성과 효율성을 높이려는 것이고, 두 번째는 경영에 디자인의 효능을 도입하여 창조적인 기획활동을 활성화하는 것이다.

디자인경영은 곧 디자인과 경영의 지식체계를 접합시켜 새로운 비전과 가치를 창출함으로써 조직의 목표를 달성하고 궁극적으로는 생활문화의 창달에 이바지하는 것을 목표로 한다.

2) 디자인경영과 창의성

디자인경영에서는 특히 관리적인 절차나 기법보다 창의성이 더욱 중요하다. 획일적인 틀이나 규정 등에 짜맞추려는 관리적 측면을 너무 강조하면 창의성이 위축될 수 있기 때문이다. 창의성의 기본적인 요소로는 감수성(sensitivity) · 직관력(intution) · 상상력(imagaination)으로 구분될 수 있으며, 각각의 특성은 다음과 같다.

감수성은 예리한 관찰력의 원동력이다. 감수성이 예민한 디자이너는 평범한 자연현상이나 사회현상에서 남들이 미처 느끼지 못하는 독특한 인상을 느낀다. 그 인상들은 디자이너의 잠재의식 속에 남아 서로 결합되는 과정을 거쳐 독특한 형태를 창안하는 데 기여한다. 따라서 디자이너와 감수성의 관계는 좋은 카메라와 렌즈의 관계와 같다고 할 수 있다.

직관력은 디자인 작업에서 획기적인 개념이나 아이디어를 제공해준다. 어떤 지식이나 현상을 편견이나 선입견 없이 받아들여 즉각적으로 판단하는 것이 직관이다. 즉 어떤 대상을 보았을 때, '좋다, 나쁘다' 라고 느끼는 것이 곧 직관의 작용이다. 무엇이든 처음 보았을 때 가장 강한 인상을 받지만 자주 접하게 되면 오히려 둔감해지는 것을 통해 직관의 중요성을 알 수 있다. 첫인상(first impression)이 중요한 것도 같은 이유 때문이다.

상상력은 어떠한 억압이나 제약을 받지 않고 마음속에서 자유롭게 꿈과 같은 세계를 상상해보는 것이다. 상상의 발동은 과거의 경험에서 얻어진 이미지의 결합에만 의존하지 않으며 지성(知性)과도 관련이 적다. 같은 맥락에서 아인슈타인은 지식보다 상상력이 중요하다고 강조했다. 디자이너의 상상력은 독특한 형태나 기능을 생각해내는 원동력이 된다.

이처럼 창의성은 <그림 13-12>과 같이 감수성 · 상상력 · 직관력이 인간의 두뇌라고 하는 블랙박스(black box) 속에서 상호작용을 할 때 발휘하는 능력이다. 창의성은 특히 평범한 것들로부터 차별화를 이룰 수 있도록 해주는 독창성(originality)을 고취시킨다.

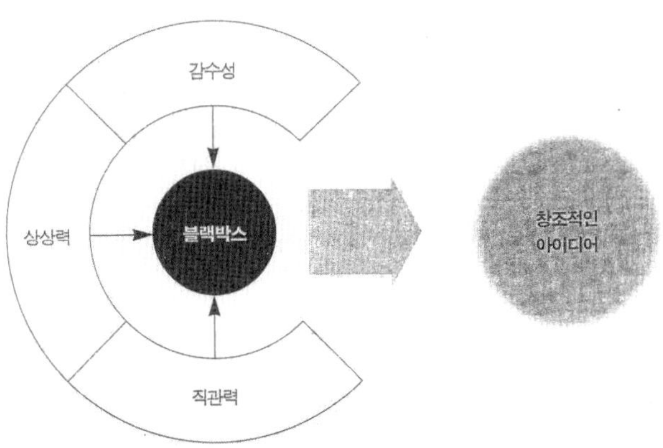

<그림 13-11> 창의성의 주요요소
(출처: 정경원, 디자인 경영, 안그라픽스, 1999, p.106)

참고문헌

1) Carmon, M., 강홍빈 외 옮김, 도시설계(Public Places · Urban Spaces), 대가, 2009.
2) 권영걸, 공간디자인 16강, 도서출판국제, 2008.
3) 김철수, 단지계획, 기문당, 2012.
4) 대한건축학회, 건축공간론, 기문당, 2010.
5) Geoffrey Broadbent, 안건혁 외 옮김, 건축 · 도시공간 디자인의 사조, 기문당, 2010.
6) Grillo, P.J., 안병의 · 김광문 옮김(P. J. Grillo), 디자인이란 무엇인가(Form, Function Design), 형제사, 1980.
7) 요사다 신고, 이석현 옮김, 도시의 색을 만들자(환경색채 디자인기법), 미세움, 2008.
8) 유수연 외, 색채와 공간, 기문당, 2008.
9) 일본건축학회, 한영호 외 옮김, 공간디자인이해, 기문당, 2007.
10) 일본건축학회, 한영호 외 옮김, 공간학사전, 기문당, 2010.
11) 정경원, 디자인경영, 안그라픽스, 1999.
12) Transik, R., 진경돈 외 옮김, 도시공간디자인의 이론 · 역사 · 방법론, 도서출판 집문사, 1992.
13) Deasy, C.M., 한필원 옮김, 인간행태와 건축디자인(Designing Places For People), 기문당, 1996.
14) 홍성용, 스페이스 마케팅, 삼성경제연구소, 2007.
15) Lynch, K., The Image Of the City, The MIT Press, 1960
16) Spreiregen, P. D., Urban Design: The Architecture of Towns and Cities, McGraw-Hill Book Co., 1965.
17) Trancik, R., Finding Lost Space, Van Nostrand Reinhold Co., 1986.

공간의 이해

발행일 초판 1쇄 발행 2013년 2월 22일
초판 2쇄 발행 2014년 4월 30일

지은이 김철수 · 김수봉 · 공성훈
펴낸이 신일희
펴낸곳 계명대학교 출판부
주 소 704-701 대구광역시 달서구 달구벌대로 1095
전 화 053-580-6233 | **팩 스** 053-583-6235
등록번호 1970. 9. 1.(신고번호 제347-1998-1호)
홈페이지 www.kmupress.com

ISBN 978-89-7585-614-3 93540

잘못된 책은 교환하여 드립니다.
정가 15,000원